建筑的前世今生

[英] 爱德华·霍利斯 著
朱 珠 吕 品 译

中国建筑工业出版社

著作权合同登记图字：01－2011－5328号

图书在版编目（CIP）数据

建筑的前世今生／（英）霍利斯著；朱珠，吕品译．
北京：中国建筑工业出版社，2014.3
ISBN 978-7-112-16409-7

Ⅰ．①建… Ⅱ．①霍… ②朱… ③吕… Ⅲ．①建筑史－
世界 Ⅳ．①TU-091

中国版本图书馆CIP数据核字（2014）第027058号

责任编辑：程素荣　率　琦
责任设计：董建平
责任校对：张　颖　关　健

建筑的前世今生
［英］爱德华·霍利斯　著
朱　珠　吕　品　译
*
中国建筑工业出版社出版、发行（北京西郊百万庄）
各地新华书店、建筑书店经销
北京锋尚制版有限公司制版
北京云浩印刷有限责任公司印刷
*
开本：880×1230毫米　1/32　印张：10¾　字数：400千字
2014年5月第一版　2014年5月第一次印刷
定价：38.00元
ISBN 978-7-112-16409-7
（25114）

谨以此书献给我的母亲与兄弟，
没有他们，
便没有此书的开始。

也以此书献给保罗，
没有他，
便没有此书的完成。

致　谢

首先我要感谢的是以其洞察力启发我撰写此书的人们：Tom Muir、Peter Hardwick、Brigid Hardwick、Anthony John、Geoffrey Bawa、Channa Daswatte、Peter Besley、Richard Murphy、Matthew Turner、Jason Orringe以及其他很多人。

其次我要感谢我的旅行伙伴，他们和我一起跋涉到破落的神殿，即使劳神费力，也毫无怨言：Rachel Holmes（婚前名为 Rachel Findlay）和Jonathan Hart。

然后我要感谢阅读了本书部分章节草稿并向我提供宝贵意见的专家和朋友们：Ian Boyd White、Brendan de Caires、Inge Foeppel、Miles Glendinning、Emine Gorgule、Peter Hardwick、Nicholas King SJ、Edward Leigh、Caroline Mitchell、David Mitchell、David Neuhaus SJ、Heather Tyrrell，还有爱丁堡艺术学院室内设计系的学生们。

我还要感谢爱丁堡艺术学院批准我学术休假，为我的写作提供了时间方面的支持，如果没有这些假期，我便不可能完成这部作品。在这方面给予很大帮助的包括Willie Brown、Alex Milton、Alan Murray以及Susie McCorquodale等同事。

最后我要感谢帮助编辑、设计和制作本书的人们，还有我的代理Patrick Walsh，如果没有他的极力推荐，这本书恐怕还是电脑上一堆无人知晓的数字文档。

目　录

引　言 ………………………………………………… 1

第 1 章　雅典之帕提农神庙：被亵渎的圣女 ……………… 15

第 2 章　威尼斯之圣马可教堂：被窃去的四匹马和一个帝国 … 41

第 3 章　伊斯坦布尔之圣索菲亚大教堂：苏丹的咒语改变了世界的中心 ………………………… 63

第 4 章　洛雷托之圣母小屋：飞来飞去的圣屋 ………… 85

第 5 章　格洛斯特大教堂：赋予建筑以生命的亡魂 ……… 107

第 6 章　格拉纳达之阿尔罕布拉宫：表亲之配 ………… 125

第 7 章　里米尼之马拉泰斯塔礼拜堂：被学者彻底改变的教堂 ………………………… 147

第 8 章　波茨坦之无忧宫：一如往昔 …………………… 171

第 9 章　巴黎圣母院：修整一座理性的神庙 …………… 193

第 10 章　曼彻斯特之休姆新月楼群：未来成真………… 215

第 11 章　柏林墙：历史的终结………………………… 241

第 12 章　拉斯韦加斯之威尼斯：历史被抛诸脑后……………… 265
第 13 章　耶路撒冷之哭墙：或是一如往昔，或是沧海桑田… 289

参考文献…………………………………………………………… 315
图片来源…………………………………………………………… 329
译后记……………………………………………………………… 333

引　言

《建筑师之梦》：
托马斯·科尔（Thomas Cole），1838年

建筑师之梦

从前，一位建筑师做了一个梦。在梦中，富丽堂皇的客厅里窗帘拉在一边，他自己却斜躺在巨型圆柱的顶端，俯瞰海港。近处山丘上幽暗的树林中，尖尖的柏树之后清晰可见的是一座哥特式大教堂的尖顶。在河的另一边，一座科林斯式的（Corinthian）圆顶建筑和罗马高架水渠正沐浴在金色的光芒中。高架水渠修建在一排古希腊柱廊之上，柱廊前面，从水边到一座精美的爱奥尼式的（Ionic）神庙之前是姿态各异的人群。远处，一座多立克式的（Doric）庙宇伏卧在埃及式宫殿的脚下，而在两者的后方，却是一座巍峨的大金字塔，笼罩在一抹云烟之中。

历史在那一刻凝固。时空转换，种种建筑风格，从现代派客厅的窗帘，一直到遥远的古希腊、古罗马时代，井井有条地一一呈现。欧洲中世纪的黑暗时代，在一定程度上掩盖了古典的雄伟壮丽。古罗马的辉煌建立在对古希腊的诠释之上，而古希腊的建筑却又植根于古埃及的理念之中。这一系列的建筑呈现了建筑所谓的正典，每一种风格都赋予人以灵感与启迪，却又从建筑历史上的黄金时期为出发点，给建筑师以警示。

历史上所有宏伟的建筑均在这一夜复活。一切崭新如昔，没有风霜的侵蚀，没有战争的破坏，也没有因为审美风格的改变而带来的创伤。一切的一切都体现了设计者的初衷：每一座建筑都是一部杰作、一件艺术品、一曲凝固的旋律，没有因为妥协、错误或者失望而带来的遗憾。增之一点则多，减之一点则缺。每一座建筑都是美的化身，并且在形式与功能之间找到了完美的平衡。

这梦中之景，曾经是，现在是，也应该是建筑师所追求的境界。然而，梦中的建筑师在醒来前的一瞬却意识到这仅仅是美梦一场而已，不禁喃喃念出莎士比亚戏剧《暴风雨》中反复无常的术士普洛斯彼罗（Prospero）誓言放弃魔法的句子[①]：

> 入云的高楼，富丽的宫殿，
> 庄严的庙宇，乃至地球本身，
> 对了，还有地球上的一切，
> 都必将像这毫无根基的幻象消逝，
> 并且也会如这刚幻灭的空虚戏景一般，
> 不留下一点痕迹。
> 我们原本也如梦境一般，短促的一生不过是一场梦而已。

① Shakespeare, *The Tempest*, Act IV, scene i.

《建筑师之梦》其实是从欧洲移居新大陆的浪漫主义风景画家托马斯·科尔用画笔勾勒的梦境。托马斯·科尔1801年出生于英国兰开夏郡，却在美国纽约城北边哈得孙河谷的山丘与森林间度过了成年时光，在那里，他创作的一幅幅作品，描绘的都是尚未充斥着高楼、宫殿和庙宇的世外桃源。然而，科尔却禁不住想到已远离的欧洲，他清楚地知道，终有一天，新大陆也会慢慢地变得和欧洲一样。他名为《帝国兴衰》的系列画描绘了哈得孙河谷五个不同时期的景象：《蛮荒时代》、《田园生活》、《辉煌成就》、《毁灭》和《荒芜》。在这五幅画中，沐浴在晨曦中的原始森林渐渐发展成为一座艳阳高照下的辉煌城市，而日薄西山之时却又破败为如水的月光笼罩之下的残垣断壁。

1840年，建筑师伊瑟尔·汤恩（Ithiel Town）聘请科尔绘制油画《建筑师之梦》。虽然当时汤恩并不十分喜欢，这幅画后来却成为科尔的名作。在科尔的葬礼上，这幅画在悼词中被颂扬为"表现科尔天才的主要作品"，"它集古埃及、哥特式、古希腊、摩尔式等各种建筑风格于一体，惟妙惟肖地表现了一个人在刚刚看完有关各种建筑风格的书后就昏然睡去时可能看见的梦境[①]。"

科尔的视角到如今仍然让建筑师们难以忘却。随手翻开任何一本有关建筑的经典著作，看看其中的图片，你都会发现自己迷失于一种包括"各种风格"的全景图中。清晰的线条勾勒出的古代建筑经典巨作仿佛跟刚落成一般清新，蔚蓝的天空、洁净的街道以及不出现任何人物的做法使反映建筑的图片具有《建筑师之梦》一般的永恒性。建筑书籍的插图

① William Cullen Bryant, 'A Funeral Oration Occasioned by the Death of Thomas Cole, Delivered before the National Academy of Design, New York, May 4th 1848' http://books.google.com/books?id=OL4UAAAAYAAJ.

是这样，建筑史又何尝不是建筑经典本身的重复，不会改变也没有改变，从古埃及尼罗河三角洲上的金字塔到如今巴黎或拉斯韦加斯的金字塔形玻璃建筑，就是最好的例证。历史上伟大的建筑描述起来就像是一件全新的作品，脚手架刚刚撤去，墙上油漆未干，剪彩仪式也尚未举行，是的，这似乎不是历史，是现实。

这是一种永恒的视角，因为永恒恰恰是我们对伟大建筑的期盼。大约在100年前，维也纳建筑师阿道夫·路斯（Adolf Loos）认为建筑学并不像有的人想象的那样起源于住宅，而是起源于纪念性建筑。人类祖先的房屋随着需要的不断改变而改变，直至消失。而坟墓和庙宇在修建之时便是为了亡灵和神明的永恒，因此留了下来，成为建筑历史的主流。

谈论建筑其实就是在讨论什么是"完美"，"完美"一词起源于拉丁语的"完成"一词。古罗马理论家维特鲁威（Vitruvius）宣称，如果建筑能够在实用、稳固和美观之间找到微妙的平衡，就可以达到完美。1500年以后的文艺复兴时期，阿尔伯蒂（Leone Battista Alberti）将他的这番话诠释为：完美即为增之一点则多，减之一点则缺。瑞士的现代主义建筑师勒·柯布西耶（Le Corbusier）认为，建筑行业的职责就是"通过对标准的不断修正而力求完美[①]。"

在有关建筑的论述中，所有的建筑，为了保持美丽，就一定不能改变；而且所有的建筑，为了保持不变，就必须追求纪念碑般悲怆的意境。著名英国建筑师克里斯托弗·雷恩（Christopher Wren）的墓冢位于伦敦圣保罗大教堂（St Paul' s Cathedral）的地下墓穴之中，其墓冢相对于他的伟大可以说非常朴素，可是镌刻在石棺上和墙面上的拉丁语碑文却毫不谦虚："如果你在寻找纪念碑，就请环顾四周吧。"每一位建筑师都希望自

① Le Corbusier, *Vers un Architecture*, tr. Etchells, Frederick (Academy Editions 1987), p. 133（first published 1923）.

己设计的建筑是对自己天才的纪念，因此希望自己的建筑能存在到永远，永不改变。

***

然而，《建筑师之梦》不过是一场梦、一个幻境、一幅装帧好的画作而已。那位建筑师终究会从梦境中醒来，将思绪从画中收回，一步步走出展览画作的博物馆。

也许，他仍然会站在巨型圆柱的顶端，可是看到的却不会是壮丽的美景。他看到的，可能是公共住宅楼中的楼梯间。如果他爬上位于巴塞罗那的奥古斯托斯神殿（temple of Augustus）中残存的巨型圆柱的话，看到的正好是这样一番景象。哥特式大教堂不会位于幽暗的森林深处，而是近在咫尺，其地下墓穴的墙壁可能取材于一度为太阳神阿波罗所建的神殿的地基，而在西班牙的赫罗那（Girona），人们就是这么做的。大圆柱支撑的部分可能被用来作为大教堂的柱廊，就像在意大利的锡拉库萨（Syracuse）那样；教堂内的祭坛是一个倒置的罗马时期的浴缸，如今在罗马的希腊圣母堂（Santa Maria in Cosmedin）中，你便可看到这样的场景。像法国的沙特尔大教堂（Chartres）或是英国的格洛斯特大教堂（Gloucester）一样，这座大教堂的修建也可能经历了数百年的时间，完全是各种建筑风格的大杂烩，充斥着维多利亚时期崇尚的狂热与矛盾。古希腊爱奥尼式的神庙，比如以弗所的月亮神阿泰密斯女神庙（Ephesus' Temple of Diana）[①]，完全有可能被公元5世纪怒不可遏的基督徒一把火烧掉，而古希腊科林斯式的圆顶建筑物也很有可能变为军事堡垒，在中世纪罗马时期，雅典的帕提农神庙（Pantheon）就遭受了这样的

① 阿泰密斯女神庙为该神庙初建时的用名，公元1世纪时，罗马人占领以弗所，将神庙改名为戴安娜女神庙。——译者注

际遇。古希腊多立克式的神庙完全有可能搬离故土，其中的雕塑可能在伦敦展出，就像所谓的“额尔金大理石”[①]一样。而这些神庙的原型，却会在别处重现，正如古希腊的宙斯祭坛（altar of Pergamene Zeus）就在柏林重建。罗马高架水渠的拱形结构可能就埋葬在今天巴勒斯坦的耶路撒冷或意大利的那不勒斯拥挤不堪的贫民窟下，其穹拱部分则可能成为犯罪分子或秘密警察的躲藏之处。只有大金字塔，那座巨大的坟墓，可能原封不动地保留下来，默默伫立在埃及东北部吉萨（Giza）的滚滚黄沙中。

《建筑师之梦》的意境完全可能表现为爵士乐时期的曼哈顿、21世纪的上海、奥斯曼帝国时期的伊斯坦布尔，或是中世纪的威尼斯：形形色色、风格不一的建筑物在嘈杂、污秽的环境中经历着不断的变化。这样的城市与平静无缘、无休无止的修建伴随的是旧建筑的破败和新建筑的不断涌现，而旧建筑或是不断消失，或是在废墟中重建，或是在旧址改建，或是新旧共存、不分彼此。不同时期的建筑经历的是一个对抗、握手言欢、彼此妥协共存的过程。没有任何一座幸存的建筑能够保持其建筑师的初衷。

那位建筑师在梦醒之后也许会发现自己走进了一场真正的噩梦，因为现实世界比油画更荒诞如梦。在回到画中的圆柱上之前，他也许会最后看一眼窗外风暴来临前的景象，回想起莎士比亚《暴风雨》中的另外一段[②]：

> 你的父亲静卧五哼深水之处，

---

① 18世纪末、19世纪初英国驻奥斯曼帝国大使额尔金伯爵（Lord Elgin）洗劫帕提农神庙，切割下大量石材带回英国，后展出于伦敦。——译者注

② Shakespeare, *The Tempest*, Act I, scene ii.

骨骸已化为珊瑚，

眼睛已变成珍珠，

他的一切并没有陨灭，

只是经历了大海的洗礼，

而变得奇异却丰富。

***

这本书将展现的是建筑所经历的一次又一次的生命，经过一次次的蜕变，均“变得奇异却丰富”。而且，正因为存在不同时期建筑概念的冲突，真实的建筑史才不会像《建筑师之梦》中所描绘的那样。本书讲述的故事就会像一剂解药，将人们唤醒，不再沉浸于画家科尔的幻想或是所谓的建筑正统观念之中。其实，这恰恰是建筑拥有秘密生命力的原因之所在：因为这些故事往往被人们有意无意地忽视。

建筑理论的中心其实是一对矛盾的综合体：建筑设计的目的就是要持久，因此在设计建筑的初衷与环境都不复存在之后，建筑却还继续存在。然后，当建筑从直接功用与主人意图的枷锁中解脱出来之后，便获得了自由。建筑存在的时间远远长于建造者的初衷，长于修建之时的技术水平，也长于决定其存在形式的美学观念。建筑会遭受无尽的拆减、增建、分拆与大量仿建，很快，建筑的形式与功能不再有任何关联。举例来说，建筑师阿尔多·罗西（Aldo Rossi）对其身处的意大利北部环境便有这样一番评论：“城市里矗立着大型宫殿和各种各样的建筑群，可是这些建筑均失去了原本的功能。当人们参观这些建筑杰作之时，无不惊叹于建筑随着时间的推移所具备的功能多重性，惊叹于建筑的功能原来可以如此独立于形式[1]。”

建筑理论中最言之凿凿的部分常常被建筑本身所蕴含的秘密生命力所削弱，而建筑的生命力却又如此变幻莫测，使人难以捉摸。然而，在现实生活中，对这一矛盾进行研究的仅限于从事文化遗产保护或室内装饰的专家。很多人都熟悉为瑞士建筑师勒·柯布西耶或美国建筑师弗兰克·劳埃德·赖特（Frank Lloyd Wright）所写的传记，可是有多少人知道他们所设计的建筑本身的命运？到目前为止，把建筑当作奇特多变的庞然大物所进行的研究屈指可数，而有关设计这些建筑的大腕儿们的闲聊漫谈却有不少。

当然也有例外。19世纪，法国建筑大师维欧勒·勒·杜克（Eugène Emmanuel Viollet-le-Duc）和英国艺术批评家约翰·拉斯金（John Ruskin）就曾资助与其立场相左的建筑保护学派的研究，该学派对20世纪的诠释主要体现在奥地利艺术历史学家阿洛伊斯·里格尔（Alois Riegl）和意大利艺术批评家、历史学家塞萨尔·布兰迪（Cesare Brandi）的著作中。在现代主义时期，建筑师们太过沉迷于对未来的憧憬，只有斯洛文尼亚建筑师约热·普列赤涅克（Jože Plečnik）和意大利建筑师卡洛·斯卡帕（Carlo Scarpa）曾严肃对待古建筑的改建和演变问题，设计出了现代建筑与历史产物有机结合的伟大作品。近年来，弗雷德·斯科特（Fred Scott）所著的《论建筑的演变》（*On Altering Architecture*）以及莎莉·斯通（Sally Stone）所著的《重新审视》（*Rereadings*）均从室内设计师的视角讨论了这个问题，而室内设计师的工作中心便是对已存在的建筑进行改造。

伟大的建筑因为时间的推移而改变是一个不争的事实，可这样的事实却似乎仍是一个不可告人的秘密，顶多被当作抒发感叹的源泉。本书

---

① Aldo Rossi, *The Architecture of the City*, tr. Diane Ghirardo and Joan Ockman（MIT Press 1982), p. 27.

所坚持的观点为，建筑是会改变的，不仅如此，也可能应该改变。本书既是一部建筑演变史，同时也是一个倡议建筑演变的宣言。

***

本书中所谈及的建筑大部分为人们所熟知，其中的一些可以直接或间接地在《建筑师之梦》的画面中识别出来。本书以雅典的帕提农神庙开篇，这也是所有欧洲建筑史必用的开场白，接下来，按照传统方式列举一系列赫赫有名的建筑史上的大师之作，包括威尼斯的圣马可教堂（San Marco）以及一座类似勒·柯布西耶在其《光辉城市》（*La Ville Radieuse*）一书中所倡导的建筑。所有这些建筑都深深植根于欧洲文化之中，西至拉斯韦加斯大道（Las Vegas Strip），东至耶路撒冷的哭墙（Western Wall）。世界上其他地方的建筑似乎不像西方建筑那样苦苦追求永恒，比如日本古代的建筑就是由纸质材料建成，因此不存在类似的问题。

然而，本书所选择使用的传统叙述模式却非常具有讽刺意义，因为这些所谓的大师之作经历了沧海桑田的改变，似乎无法算作是某一位大师的杰作。这些建筑被毁坏，被窃用，或是被改建。它们穿越文化，在他乡得以复制，演化发展，被仿造，被修复。它们化身为神圣的遗迹、空洞的景象甚至宣战的理由。本书提出的论点是这些建筑的美恰恰来自于其悠长而难以预测的“生命”。正如美国理论学家克里斯托弗·亚历山大（Christopher Alexander）所说的那样：“一座沉闷、浮华的建筑背后总有一位大师的存在[①]。”永不过时的美丽“是无法人造的，而只能在普通人的普通行为中间接生成，就像花朵是无法人造的，只能来自种子[②]。”

本书中所谈到的建筑几百年来在岁月的洗礼中不断改变着形象，完

---

① Christopher Alexander, *The Timeless Way of Building* (Oxford University Press 1979), p. 36.

② Christopher Alexander, *The Timeless Way of Building*, p. xi.

全颠覆了传统建筑历史对风格的排序。这些建筑所经历的故事共同表达了一点，那就是人们对建筑改建的观点随着时间的推移而改变。西哥特人、中世纪的僧人以及现代的建筑师都曾站在同一座古典建筑之前，提出各种各样的建议，而这些建议都会改变这座建筑的命运，从建议彻底洗劫，到叫嚣捣毁圣像，再到提议小心挖掘，这些提议的每一个都是当时人们观点的写照，当然，人们的观点并非一定是不断进步的。

从某种意义上说，所有的历史都是对过往的诠释，对建筑的改建也是这样，改建其实就是对所改建对象的批判。“人都是可以进行创造的[①]”德国大戏剧家和诗人贝尔托·布莱希特（Bertolt Brecht）曾经说道：“而改写他人的成果才是真正的挑战”。每一场舞台剧或音乐演出都是对一个剧本或乐谱的重新诠释、重新解读和重新改写的过程，可是这些工作都不像对现有建筑进行改建那样让人充满焦虑。音乐家、演员被看作是充满创造性的英雄，而他们的工作有时候并不需要完全从头做起。诚然，人们对巴赫（Bach）或是布莱希特进行诠释的时候，对文化所做出的贡献跟原创曲目一样重要。

在其他领域也存在着跟建筑改建相类似的问题。比如，早期的乐团或莎士比亚作品的“古色演出”所遇到的问题就与19世纪时建筑保护主义者所遇到的问题十分类似。同时，“现代演出”，比如奥地利指挥家卡拉扬（Karajan）对贝多芬作品的理解，或是好莱坞对简·奥斯汀（Jane Austen）作品的改编，都与文艺复兴时期的建筑师试图把哥特式教堂诠释为经典的行为相类似。

反对这种说法的人可能认为，建筑与文学或是音乐的不同之处在于，剧本或乐谱可以独立于演出而存在，而建筑却不能独立于改建而存

① Quoted in Jane Milling and Graham Ley, *Modern Theories of Performance* (Palgrave 2001), p. 57.

在。建筑的改建是无法逆转的，因此从某种意义上来说可以摧毁其原本的“主人”，可对经典音乐与表演艺术却无法做到这一点。然而，在有一种情况下，表演与被表演的内容是无法分开的，那就是口头表演。如果一个故事没有文字记录，那么下一场表演所仰赖的脚本就是上一次的表演。这就意味着这样的形式具有重代性：每一次重新讲述都为下一次重新讲述奠定基础。《小红帽》的故事就在讲述者们不断地重复下得到了保存与修改，直至以文字的形式记载下来。《灰姑娘》的故事就是一个很经典的例子，它第一次以文字的形式在欧洲存在是在中世纪的时候。故事中的水晶拖鞋在德语版中是金子做成的，在俄语版中是橡皮套鞋。在德语版中，灰姑娘长相丑陋的姐姐们甚至为了穿上那只鞋子而不惜砍掉脚趾，鲜血四溅。在这个故事9世纪的中文版本中，仙女是一条鱼，而宫中舞会则是乡村聚会。可是不管怎样，灰姑娘还是灰姑娘。

建筑概念在流动性方面当然远远不及故事，可是两者在传播模式上却有很多相似之处。如克里斯托弗·亚历山大所总结的那样：“没有一座建筑是完美的。每一座建筑在建造之初都企图打造一个有自续力的实体，然而这样的预期无一例外地出错，因为后来人们使用建筑的方式总是与预期的方式大相径庭。”① 这样，人们便必须做出改变从而维持建筑本身与其职能之间的和谐。每一次，“当人们改造一座建筑物的时候，都期待能彻底改变这座建筑物，期待这座建筑能成为一个新的实体，而事实上被改造的建筑物确实最终会成为一个崭新的实体。”② 每一次改建就是以当时的时代为背景，对建筑物进行的一次重新诠释，而当改建完成之时，也就成为下一次重塑的基础。这样，建筑的生命便通过改建与重新使用达到重塑与永恒。

---

① Christopher Alexander, *The Timeless Way of Building*, p. 479.

② Christopher Alexander, *The Timeless Way of Building*, p. 485.

故事正是通过这样的方式在保存与翻新中代代相传。本书所描述的建筑有着脱胎换骨般的经历，也就带上了神话故事般的色彩。柏林墙变为一堆值钱的废墟的故事总是让我想起神话故事《侏儒怪》（*Rumpelstiltskin*）中磨坊主的女儿在小矮人的控制下将稻草纺成金子的场景，而本书第4章讲述的洛雷托之圣母小屋不断复制的故事会激发人们不断地询问："到底发生了什么事情？"

没有人知道到底发生了什么事情，要回答这样一个问题就会像企图寻找小红帽究竟是谁一样徒劳无功。本书的目的并不在于对前人传下来的故事或建筑本身进行解构分析，而是要将这些故事讲述出来，这样才能为未来的讲述提供基础。听故事就好像接受礼物一样，不要持有怀疑的态度，然后还要与他人分享。

故事和建筑一样，改良与保护作为一对矛盾的综合体同时存在。本书中所提到的建筑并没有因为被改造而失去任何东西。相反，从某种意义上来说，如果没有改造就没有它们生命的延续。建筑常常被人想象为永远不会改变或应该不会改变。可事实上，它们一直都在改变。建筑就好像是礼物，而且正因为它们是礼物，我们就必须将其传承下去。

第 1 章

雅典之帕提农神庙：被亵渎的圣女

雅典大清真寺的毁灭

残　迹

帕提农神庙是建筑师的梦想。它是完美的，是建筑过去、现在和应该有的模样。

至少人们是这么认为的。古雅典政治家佩里克莱斯（Pericles）授意建立帕提农神庙，而且要建成“希腊文明之源”的象征。当时的历史学家修昔底德（Thucydides）坚决反对，认为帕提农神庙的建成会误导后人把雅典的文明程度想象得过高。修昔底德的话有一点说得很对，雅典后来的确成为古希腊乃至整个西方世界文明的源泉，而帕提农神庙也从此成为建筑的典范。

正如古罗马理论家维特鲁威所希望的那样，帕提农神庙在实用、持久和美观之间找到了完美的平衡。帕提农神庙的美用文艺复兴时期的观点来说就是增之一点则多，减之一点则缺。对于那些在18世纪造访过帕提农神庙的艺术爱好者来说，帕提农神庙就是所有艺术文明的楷模。而对于那些见证了1837年新希腊建立的国民来说，帕提农神庙就是希腊独立的象征。法国建筑大师维欧勒·勒·杜克将帕提农神庙描述为其自身完美的体现，而瑞士建筑师勒·柯布西耶则将帕提农神庙的细腻精妙比作跑车令人振奋的风格，将之称为“伟大的建筑，智慧的创造”。

世界各地都有仿帕提农神庙的建筑物。美国田纳西州纳什维尔市的那一座建于1897年，用以进行当时的艺术工业展，而在德国多瑙河畔靠近雷根斯堡的地方也有另外一座。斯里兰卡高等法院主体建筑的门廊效仿帕提农神庙的结构，平添一份庄严肃穆，英国爱丁堡艺术学院的主建筑在设计之初便是用来摆放各种雕塑的，而雕塑曾经是希腊神庙不可或缺的装饰品。无论出现在何处，帕提农神庙总是代表着艺术、文明、自由与永恒。

帕提农神庙是建筑应有的模样，然而完美的帕提农神庙的形象却塑造于一堆绝无完美可言的瓦砾堆中。古代雅典柏拉图式的哲学家完全可以宣称对帕提农神庙的记忆其实从一开始便建立在残垣断壁的遗址之上，实实在在的帕提农神庙不过是理想中神庙的一抹剪影，只存在于人们的想象之中。如今，这种类型的建筑早已化为精神的魅影：一片废墟。

公元460年左右

从前，一位古代雅典的哲学家做了一个梦。普罗克鲁斯（Proclus）在雅典卫城（Acropolis）山脚下的小屋中休憩的时候，梦见一位佩带矛盾的女神对他说："为我准备好栖身之处吧，他们将我赶出了自己的庙宇[①]。"

普罗克鲁斯知道她是谁，因为自己穷其一生等待着她的出现。每天他都带着自己的学生登上屋后的小山，拜访女神和她的神庙，给学生讲述神庙的大理石上镌刻的人物故事。

普罗克鲁斯指导学生观看镌刻在神庙东墙上的人物，这些人物显示了女神雅典娜的诞生。普罗克鲁斯会告诉学生，雅典娜并非孕育于母亲的子宫，而是诞生于父亲的头颅。火神赫菲斯托斯（Hephaestus）用一把利斧劈开雅典娜父亲的头颅，全副武装的她由此诞生。正因为雅典娜不是性爱的结晶，她发誓终身保持童贞，因此她被叫作"帕提农"，也就是"贞女、处女"的意思。可是赫菲斯托斯因为自己用利斧帮助了雅典娜诞生而妄想亵渎女神，然而他因为太过激动，精液只滴到了女神的大腿上。女神深感厌恶，用手抹去，扔在雅典卫城的土地之上。精液化为半人半蛇的厄里克托尼俄斯（Erichthonius），被雅典娜视为自己的儿子而抚养长大，成为雅典第一任国王。

普罗克鲁斯也带领学生观看西墙上的人物，上面有一男一女相对而立，彼此间的敌意栩栩如生地表现在大理石之上。普罗克鲁斯告诉学生，

---

① Roy George, *The Life of Proclus: Life in Athens*（1999）, http://www.goddess-athena.org/Encyclopedia/Friends/Proclus/index.htm.

雅典娜曾一度与自己的叔叔海神波塞冬（Poseidon）发生争执，双方都坚称雅典卫城属于自己。雅典卫城的智者对两位神灵说，其实解决争端的方法很简单。“给我们礼物吧！”智者说：“我们接受了谁的礼物就奉谁为我们的神。”

海神波塞冬呼啸着同意了，把自己的三叉戟奋力插入雅典卫城之上。一时间地动山摇，汹涌的海水从岩石中喷薄而出。雅典娜一言不发，默默地弯下腰去在地上播下了一颗种子。“请等一等。”她轻轻说道。种子生成了第一棵橄榄树，给人们带来油料、食物、木材、火种和各种各样的有用之材。

雅典卫城的智者选择了雅典娜的礼物，并将自己的城市献给了她。在雅典娜的恩泽之下，雅典人产生了对智慧的渴望。哲学家们不断进行争论，将知识不间断地代代相传，从苏格拉底（Socrates）、柏拉图（Plato）、亚里士多德（Aristotle）、芝诺（Zeno）等等一直到普罗克鲁斯自己。如林的学院以及进行商贸活动的柱廊不断出现，同时也逐渐建立起学习以及品行等概念。古希腊三大悲剧家索福克勒斯（Sophocles）、欧里庇得斯（Euripides）和埃斯库罗斯（Aeschylus）为雅典剧院奉献了伟大的作品，与此同时，亚里斯泰迪斯（Aristides）和狄摩西尼（Demosthenes）让雄辩的艺术达到极致，而修昔底德则在其不朽的历史巨著中记载了伯罗奔尼撒战争（Peloponnesian War）以及当时重要人物的活动。在文明之光的照耀下，古雅典人创造了各种艺术形式并使其达到完美：雄辩、政治、哲学、戏剧、历史、雕塑、绘画以及建筑，雅典卫城因而在各个方面成为“希腊的文明之源”。

政治家佩里克莱斯说服古雅典人将这些伟大的成就镌刻在大理石上，并修建一座壮美的神庙献给雅典娜，这样她神圣的智慧才可能被人们通过眼睛、耳朵、灵魂以及心灵来领会。与其他圣祠一样，献给雅典娜的神庙也是一座柱廊围绕、光线昏暗的石室，可是这座神庙却有出彩之处使其与当时或者后世的圣祠迥然不同。其出彩之处不在于规模或者修建成本，而在于建筑结构的比例和精妙。修建神庙的石材与装饰神庙的石雕一样不朽，永远保持年轻与活力。在这座献给智慧女神雅典娜的神庙中没有一处是直线的。神庙所处的基座略微向上凸起，给人以拔地而起的感觉。组成柱廊的大石柱并非简单的圆柱形，而是底部粗于顶部并略呈弧形，看起来好像是因为支撑大梁和屋顶而被压得有些弯曲。同时所有的石柱均向中心略微倾斜，也就是说如果从石柱的顶部向上画延长线，这些延长线最终会汇于一点。这座建筑甚至是不对称的，略微向南倾斜，这样从雅典卫城所处山下的平原向上仰望，神庙就显得更加雄伟。

智慧女神庙不仅仅是一座建筑。围绕神殿内部圣坛的圆柱和神殿中神与英雄的塑像同样比例协调、充满活力。圆柱是为了护卫圣坛中的女神，而圆柱本身又彼此呼应、协调有致，可以说整个神庙就是女神雅典娜的化身。正因为如此，神庙不会随岁月的流逝而衰老。希腊历史学家普鲁塔克（Plutarch）见到帕提农神庙时，神庙已经建成500多年了，然而他依然感动得心潮澎湃，写道："这座建筑焕发着一种清新，……岁月无法在它身上留下痕迹，仿佛是在建筑原料中混入了长青的生命与不朽的活力[①]。"

在参观完神庙的外部结构以后，普罗克鲁斯会带领学生来到神庙内部，一个被称为"赫卡托巴恩"（hekatompedon）或"百座柱基"（Hundred Footer）的神坛。神坛上伫立着雅典娜的塑像，高达近6米，由黄金和象牙塑成。女神头戴战盔，一手执矛盾，一手托着象征胜利的羽翼天使。

普罗克鲁斯告诉自己的学生，这尊雅典娜的塑像是由雕塑家菲狄亚斯（Phidias）精心制作而成的，菲狄亚斯是当时的政治家佩里克莱斯的

① Plutarch, *Life of Pericles*, tr. John Dryden, http://classics.mit.edu/Plutarch/pericles.html.

朋友。人们自然会想象说，在雅典娜的塑像完成之时，菲狄亚斯会因为自己的艺术作品受到雅典人无尚的敬仰。然而事实上，雅典人却指控菲狄亚斯在修建塑像的过程中盗窃黄金。菲狄亚斯因此被投进监狱，就连其与佩里克莱斯的友情也没能救得了他，最后死在狱中。这么看来，雅典娜又一次受到了蹂躏，蹂躏她的正是亲手塑造她的人。

在参观完神庙的内部以后，普罗克鲁斯再次带领学生来到神庙的外面，指点学生观看外墙上的雕塑带。雕塑带上的人物有骑手、带着随从的官员、搬运水罐或者油罐的妇女。在这一系列人物的中心，有一个孩童高高举着一件折叠好的长袍。

普罗克鲁斯讲述说，马其顿的一个军事首领，人称“攻城者”的德米特里一世（Demetrius Poliorcetes）一度成为雅典的君王。雅典人因此织制了一件长袍献给他，上面绣满了他取得的所有胜利的场景。在一年一度的庆典活动中，长袍被带到了雅典娜的塑像所伫立的神庙。长袍按照传统由一群年轻的贞女织制而成，“帕提农（parthenoi）”就是希腊语“贞女”的意思。这群年轻的贞女居住在神庙后部，神庙则是以她们和她们所侍奉的女神命名为“帕提农”。德米特里一世成为君王以后，雅典人因为没有王宫可以献给他，便邀请他居住在帕提农神庙中，这样他便能够接近女神，而女神则穿上了绣满他胜利的长袍。

然而，德米特里一世本人却是一个粗野的暴君，娶了至少四个妻子，还有情妇无数，而且还有骇人的性癖好。据说，一名年轻的男子为了不受他的侵犯，毅然跳入了一大锅滚烫的水中。那件献给德米特里一世的长袍，上面绣满的是他自己的图像，却被他卖掉换成了钱。不难想象他是如何对待那些织制这件长袍的贞女和不幸的雅典娜女神。德米特里一世在雅典时日不长，不久便被对手拉哈雷斯（Lachares）从手中夺走了雅典。拉哈雷斯也居住在帕提农神庙中，他从雅典娜的塑像上把黄金刮下来，切成小块，付给同样粗俗不堪的士兵作为酬劳。

普罗克鲁斯说，雅典娜尽管倍受蹂躏，可仍然保持贞女女神之身，伺奉在帕提农神庙中，依然那么美丽，那么完美，永不改变。神庙因女神的贞女之身而得名“帕提农神庙”，普罗克鲁斯说，自其建成的900年间，罗马人、赫卢利人、西哥特人都做了很多坏事，把雅典城夷为灰烬，恣意奴役雅典人，还掠夺了无数的珍宝，然而他们却都放过了帕提农神庙。普罗克鲁斯说，“希望这一切永远维持下去”，然后他就会结束授课，回到自己位于雅典卫城南坡的小屋中，冥想雅典娜不容亵渎的智慧。

后来，在公元391年，罗马帝国皇帝狄奥多西一世（Theodosius）向全国下令：“任何人不得再去寺院，不得再进入神殿，也不得再供奉凡人之手所塑造的神像[①]。”然后他下令将传统的拜神节假日改为工作日，并关闭了神庙。

再后来，基督徒占领了帕提农神庙，并将其改成了教堂。神庙后部原本让贞女们栖身的房间变为教堂的入口，而赫卡托巴恩神坛则被称为教堂的中殿。通往赫卡托巴恩神坛的门被堵死，基督徒在那里放置自己的祭坛，同时还在菲狄亚斯所塑的雅典娜塑像站立之处新开了一扇门，这样基督徒进入教堂之后就可以在女神以前的位置抖落自己鞋上的尘土。神庙的大门以前是向东开的，这样日出的晨光便可照亮神殿，而改建以后，大门则向西，这样基督徒的祭坛便可朝向日出的方向。不无讽刺的是，基督徒们把自己的新教堂命名为“圣索菲亚（Hagia Sophia）”，也就是“神赐智慧”的意思。

大约50年以后，智慧女神对基督教徒的容忍达到了极限，出现在普罗克鲁斯的梦中，轻声地说出自己的要求：“为我准备好栖身之处吧，他们将我赶出了自己的庙宇，所以现在我要搬到你的住处。”普罗克鲁斯流

---

① Michael Routery, 1997, *The First Missionary War. The Church take over the Roman Empire*, Ch. 4，http://www.vinland.org/scamp/grove/kreich/chapter4.html.

泪了，默默地做好了准备。据说女神便搬到了普罗克鲁斯位于雅典卫城南坡的小屋中与他同住，后来就再也没有人见过她。她那被剥去装饰的塑像被皇帝的手下搬出神庙，运往君士坦丁堡。这样，女神被赶出了自己的神殿，这是她遭受的第一次毁灭。

800年以后，君士坦丁堡的基督徒暴民把一尊古老的塑像砸成碎片，因为他们认为塑像是魔鬼的栖身之处。据说这尊塑像有近6米高，是一个女神，头戴战盔，一手执矛盾，一手托着象征胜利的羽翼天使。

公元1687年

帕提农神庙建成大约2000年以后，遭受了第二次毁灭。一群属于神圣同盟的基督徒突袭雅典，围攻雅典卫城，雅典当时已经成为奥斯曼帝国的一个城市。雨点般的炮火落在大理石的建筑和雕塑上，滚滚浓烟遮日盖月。奥斯曼帝国守军的妻妾女眷惊慌失措，被围困在高高的雅典卫城中。她们把自己的孩子们召集在一起，藏身于已经被改造成清真寺的帕提农神庙中。外面炮火连天，震耳欲聋，妇女们给孩子不断地讲故事，希望能安抚他们。

一个女人想起来土耳其旅行家艾弗里亚 · 赛勒比（Evliya Çelebi）所讲的一个故事。她说，这个清真寺是几千年前一个叫柏拉图的智者修建的，本来的用途是穆斯林学校，当时的讲台现在被信徒们在做礼拜的时候使用。柏拉图与雅典娜女神一同栖身此地，并向她祈求智慧。这个女人告诉孩子们，这个清真寺已经矗立了数千年，短期内是不会倒塌的。

柏拉图修建了被称作“米哈拉布”（mihrab）的壁龛，也就是清真寺正殿纵深处墙正中间指示麦加方向的小阁。壁龛镶嵌在光洁雪白的大理石条之间，即使是笼罩在轰炸所带来的黑暗中，也仍然熠熠生辉。女人们指着神龛说："看吧，它依然生辉，真主没有弃我们而去。"柏拉图拆掉古城特洛伊的铜门，把它用作这所穆斯林学校的大门。女人们说："特洛伊的门是不会被攻破的，除非是有人故意叛国，因此它可以保我们平安无恙。"

这些女人中有一个是基督教徒，她回忆起另一个故事，是意大利旅行家尼科洛·马东尼（Niccolo Martoni）讲述的。她说，柏拉图生活的年代远远早于耶稣基督，更不要说先知穆罕默德了，因此在那时候，有很多人都来到这里学习智慧的艺术。一天，一个叫狄奥尼修斯（Dionysius）的年轻人来到柱廊前时，天开始变暗，地也开始摇晃。他意识到重要的事情将要发生。突然，他似乎有了什么感悟，转过身去面对着高大的石柱，用刀在上面刻下了一个十字形符号。这个女人说，狄奥尼修斯刻下十字的那一天就是耶稣基督为所有人赎罪而钉死在十字架上的那一天。说这些话时，女人不断在自己胸前画着十字祈求上帝的保佑。

后来，基督教徒来了，把这座建筑变成了教堂，不断地对这座建筑进行着小规模的破坏。他们毁坏了石雕的饰带，砍掉了各种各样雕塑的头部，骑马的人、官员、顶着水罐或者油罐的妇女、背负神袍的儿童统统没有放过，因为他们都被看作是异教徒的偶像，是魔鬼的附身。只有一尊塑像幸免于难，这是两个穿着长袍的妇女，一站一坐，基督徒们应该是把她们当作了传报耶稣将通过玛利亚成胎降生的天使。几百年过去了，每一任大主教都把自己的名字刻在墙上，就像当年狄奥尼修斯刻下十字那样。讲故事的妇女说，在那时候，现在这黑漆漆的四壁是何等美丽，除了有金灿灿的镶饰品、轻烟缭绕的贡香，还有悠扬的钟声和信徒的咏唱。当时还有圣路加（St Luke）亲手绘制的圣母玛利亚的画像、圣海伦娜（St Helena）誊写的福音书、圣玛加利（St Makarios）的头颅、圣狄奥尼修斯（St Dionysios）、圣西普里安（St Cyprian）和圣犹思定（St Justin）的手臂以及圣马加比（St Maccabeus）的手肘。

这个女人讲完以后，她的穆斯林姐妹接着讲述下去。她说，不久以前，当基督徒的罗马帝国不敌真主的威力时，这座教堂就改成了清真寺。苏丹穆罕默德来到这个地方，惊叹于它的美丽。跟基督徒的做法一样，真主的手下捣毁了雕塑，用石灰水抹去了巨大的壁画《最后的审判》。只有一尊像他们没敢破坏，那就是神龛里镶嵌的圣母玛利亚像。曾经，有一个士兵向她开了一枪，圣母玛利亚便除去了他的一条手臂作为惩罚，因此尽管有上边的命令，这尊像还是保留了下来。

虽然手托天使的智慧之神在这之前数百年就被迫离开了帕提农神庙，可仍然有一丝她的精神留在了雅典卫城中这座先是变成了教堂后又变成了清真寺的建筑里。正因为如此，藏身此地的妇女和儿童才相信帕提农的精神会保护他们，所以才会躲藏在黑暗里，讲述着故事。也正因为戍守此地的指挥官也相信这些故事，他才决定不仅让自己的妻眷栖身于此，更让他的弹药也藏匿在这里。

神圣同盟的军队对准奥斯曼的城池轰炸了三天，可雅典卫城却依然伫立，似乎如妇女儿童以及指挥官想象的那样坚不可摧。然而，在第三天，一个奥斯曼的叛徒向炮手告密，说古老的清真寺里藏满了弹药。

他们于是瞄准了清真寺。

爆炸声撼天震地。清真寺的中部被炸开，北边的圆柱和南边的廊柱被夷为平地。炸碎的大理石块飞落到离雅典卫城几里开外的山丘上。大火烧了两天，几乎所有藏身于此的人都死在了那里。

神圣同盟的总指挥弗朗西斯科·莫罗西尼（Francesco Morosini）在向威尼斯发去的一份情况简报中写道："我们幸运地击中了一个巨大的弹药库，熊熊大火，无法扑灭[①]。"

奥斯曼军队投降了，莫罗西尼走进了浓烟滚滚的废墟，现在他成了

① Helen Miller, *Greece through the Ages* (Dent 1972), p. 12.

这里的主人。他的手下准备好了绳索和滑轮，他们爬上了建筑的正面，正对着雅典过去的君主供奉智慧之神雅典娜和海神波塞冬的三角墙。士兵们打算效仿威尼斯人的通常做法，把雕塑放倒，搬回威尼斯装点他们强盗之都的广场和殿堂。可就在这时，滑轮松开，绳索断裂，雅典娜和波塞冬的塑像重重地跌到地上，摔得粉碎。莫罗西尼离开了废墟，这座建筑在一年以后又回到了奥斯曼人的手上。神圣同盟还有更重要的事情要做，不屑于把一座炸毁的清真寺放在眼里。

至此，帕提农神庙遭受了第二次毁灭性的打击，智慧女神的塑像不复存在，也失去了建筑物的用途。然而却有一个幸存者。据说当神圣同盟的军队走进废墟中时，里面走出一个年轻的贞女。没有记载说军队是如何处置她的。

公元1816年

帕提农神庙建成2200年时遭到了第三次毁灭。伦敦西敏寺议会大厅里端坐着上议院的贵族们，他们面前摆放着额尔金伯爵（Earl of Elgin）呈上的一封名为《有关大理石收藏品》的请愿书，而请愿书的前面则站立着伯爵本人。

额尔金伯爵位于伦敦公园道（Park Lane）家中的花园里堆满了破碎的塑像。曾几何时，这些塑像是那么美丽完整，而现在却残缺不全，鼻子头部或是手足都不知去向，破裂了，损坏了，被岁月侵蚀了。同样沧桑的，是额尔金伯爵自己，他站在同僚面前，述说着自己的故事。

他说，自己也曾年轻过，跟所有绅士一样，渴望进步、文雅、美丽和真理。为了学习战争的艺术，他研读了希罗多德（Herodotus）和修昔底德的著作；为了学习治国之能，他研读了普鲁塔克的著作；为了智慧，他研读了柏拉图和亚里士多德的著作；为了感性，他研读了欧里庇得斯（Euripides）和埃斯库罗斯（Aeschylus）的著作。

额尔金伯爵对帕提农神庙了如指掌。他的私人藏书中大量有关帕提农神庙的资料向他展现了神庙过去是何等完美。斯图尔特（Stuart）和雷韦特（Revett）所著的《雅典古迹》一书在考古测量和发掘的基础上完整地用插图描绘了帕提农神庙。书中用凹版腐蚀制版法制成的印版呈灰白色，神庙每边有由八条多立克型的立柱组成的巨大柱廊，柱顶有巨大的过梁和三角墙，三角墙上用大理石为材料雕满了古雅典的人物，一切似乎凝聚在时空之中。斯图尔特和雷韦特对雅典充满诱惑力的描述勾起了额尔金伯爵对故乡的回忆，在那里爱丁堡城堡在落日余晖中是如此美丽。

额尔金伯爵跟修昔底德一样，坚定地把雅典夸大地想象为一个称霸的帝国，他希望自己的祖国有朝一日能够赶上并超越这个帝国的伟大。他在梦中都思念着位于不列颠北部的苏格兰，他把苏格兰称作全新的古希腊，而把爱丁堡则看作是北方的雅典。当他以大使的身份前往君士坦丁堡拜见苏丹时，他把自己看作是当代的亚西比德（Alcibiades），接受即将成为强国的祖国的召唤出使他国。

在去往君士坦丁堡的途中，额尔金伯爵招募了一批随从，其中包括风景画家詹巴蒂斯塔·吕西埃里（Giambattista Lusieri）和以人物画出名的鞑靼人费奥多尔·伊万诺维奇（Feodor Ivanovitch），还有两名建筑图纸草绘人员和两名雕塑制模工。这些人在额尔金伯爵的带领下测量、绘制并用石膏复制了雅典的古迹，目的是要收集一批雕塑和画作，提升不列颠的艺术水平。

额尔金伯爵和他的随从在1800年上岸，可眼前的雅典却并不是他们想象中的帝国古都。这个衰朽的集市小镇由奥斯曼土耳其苏丹手下的一个地方官员管辖，而帕提农神庙则在雅典卫城指挥官的权利范围之内。当时的雅典卫城不过是一个要塞而已，并不比伯爵的故土少一些荒蛮。

那些土耳其人并不理解身边随处可见的遗迹的重要性，他们没有把帕提农神庙看作建筑，而是当作了一个采石场，取来那里的大理石磨成粉后制成灰浆。他们还把大石头敲成小块，用来砌成花园或农舍的石墙。

额尔金伯爵惊恐地看到，居住在雅典的英国人，那些所谓的艺术爱好者，对于帕提农神庙的态度跟奥斯曼人一样轻蔑。约翰·贝肯·索瑞·莫瑞特（John Bacon Sawry Morritt）就是这些人中的一个，他曾以不屑的口吻写道：

> 走在这里的街道上让人非常惬意。几乎每家每户门口都摆放着一个古代塑像或浮雕，看起来还不错，可件件残缺，所以他们的国度就像是一个巨大的大理石艺术馆。我们可以偷一些，也可以买一些……我们刚吃过早饭，现在要去一个地方，在那里我们的希腊随从正在见一些工人。我希望他们能够敲点儿半人半马的或是拉庇泰族人的神像下来[①]……有了好机会可要抓住，指挥官尝到了金币的甜头以后，我们应该能讨价还价，用个好价钱买下这座神庙吧[②]。

跟莫瑞特一样忙碌的可大有人在。在莫瑞特忙着小偷小摸的同时，法国大使的手下路易·福韦尔（Louis Fauvel）也接到指示："一切能带走的都不放过。雅典和其临近地区的东西，能搬走的就绝不留下[③]。"

---

① 从帕提农神庙顶柱过梁与挑梁间的雕带上敲下来。——作者注

② John Tomkinson, *Ottoman Athens II*, http://www.anagnosis.gr/index.php?pageID=218&la=eng.

③ Comte de Choiseuil Gouffier to Louis Sebastien Fauvel, quoted in Cooke, Brian *The Elgin Marbles* (British Museum Publications 1997), p. 71.

如果额尔金伯爵要“提升不列颠的艺术水平”，那可真的要抓紧时间了，因为拿破仑的手下抱有同样的想法。额尔金伯爵把自己的随从留在了雅典，自己扬帆去往君士坦丁堡，希望说服奥斯曼帝国的苏丹阻止法国人的步伐。

他并没有等太久。英国军队在埃及完胜拿破仑，这让苏丹看清了历史发展的方向。1801年7月22日，苏丹的一项指示传到了雅典，命令雅典卫城的指挥官允许额尔金伯爵的手下可以[①]：

> 1．自由出入帕提农神庙的遗址，临摹或用石膏浇铸这座古老神庙的模型。
>
> 2．竖起脚手架，或在任何地方挖掘可能是神庙地基的地方。
>
> 3．只要不会影响到神庙的墙壁，可随意带走任何雕塑和铭文。

14年以后，几百块帕提农神庙的残片，逃出了土耳其人、所谓的艺术爱好者和法国人之手，安全抵达伦敦。残片中有长袍上的图案式毛圈绒面，神庙正面入口门廊上装饰性三角墙上雅典娜、波塞冬其他诸神的雕塑，甚至还有柱廊中一条立柱的柱头。

这些残片是从帕提农神庙仅剩的残垣断壁上撬下来的，从地下挖出来的，或是逼迫还住在遗址上慵懒的农民们交出来的。它们被装进大箱子里，放上船。这些船有的在战争中被截获，残片后来从敌军手里得回；有的在航行中沉没，残片便沉到了茫茫大海里。在旅途中，这些残缺不全的大理石受到了人们的敬仰和嫉妒。在罗马，额尔金伯爵请求雕塑家卡诺瓦（Canova）把残片拼接起来，可是卡诺瓦拒绝了，说用他的凿子触碰菲狄亚斯的作品就是亵渎。

---

① Cooke, Brian *The Elgin Marbles*, p. 71.

于是，这些来自帕提农神庙的残片便躺在了额尔金伯爵家中后花园的小棚子里，它们的主人是一样破碎不堪的伯爵自己。额尔金伯爵大使任期期满，差一点儿没能再回到家中：他在途经法国时被捕，饱受折磨三年之久才得到允许返回英国。他的钱包里空空如也，而他的躯体也越来越像他收集的破损的雕塑，因为在君士坦丁堡感染了一种疾病，他像一尊古老塑像一样，失去了自己的鼻子。现在额尔金伯爵只有一丝希望能让财富失而复得，那就是卖掉帕提农神庙的残片。他非常急切地向同僚表明自己的正直无私，于是在《有关大理石收藏品》的请愿书中以这样的句子作为结束语：

> 收集这些遗迹的残存物是为了我的祖国，同时也是帮助它们逃过毁灭性的进一步破坏。如果这些残存物继续留在原址，无知的土耳其人就会以恣意破坏它们为乐，或是一块块地卖给过路的游客。我拯救它们的行为完全不存一己私利①。

上议院的贵族和他们的顾问们却没有被打动。大英博物馆的创始人、艺术爱好者协会鉴赏家理查德·佩恩·奈特（Richard Payne Knight）听了额尔金伯爵的讲述后说道："你白费力气了，额尔金伯爵。你高估了大理石残片的价值，它们不是古希腊人的，是古罗马人的，跟罗马皇帝哈德良（Hadrian）是一个时代②。"文雅的贵族和大不列颠的艺术爱好者们可不习惯于欣赏破损的大理石残片和上面留下的风雨侵蚀的斑斑点点。在他们看来，这堆破石头代表的可不是对不列颠艺术水平的提升，而是一个傻瓜干的蠢事。

---

① Cooke, Brian *The Elgin Marbles*, p. 82.

② Cooke, Brian *The Elgin Marbles*, p. 83.

也有人对额尔金伯爵手下人把帕提农神庙的遗迹破坏成了一堆破石头的做法表示愤怒，拜伦勋爵（Lord Byron）就在自己的长诗《恰尔德·哈洛尔德游记》（*Childe Harold*）中批评了额尔金伯爵及其手下的行为[①]。拜伦勋爵认为帕提农神庙的遗址不应该受到打扰，而应该让它在其原址经受风雨的洗礼。

额尔金伯爵在上议院为自己的大理石残片索价62440英镑，遭到了无情的嘲笑，议员们的出价连这个数字的一半都不到。额尔金伯爵于是第二次拜见他们，最后上议院同意支付35000英镑。伯爵万分失望，可事已如此，也别无他法。

在1816年的时候，额尔金伯爵的大理石残片被搬进了大英博物馆，从此就安身在那里。20世纪30年代建成的杜维恩美术馆是为这些残片专门修建的，是大英博物馆的一部分。在这个美术馆里，雕塑的位置与原本的样子相颠倒，这些塑像的面部向里朝着一间顶部打光的屋子，而塑像原本是向外朝着雅典卫城盛产大理石的高原。这些安放在基座上的残碎雕塑与人目光平齐，在伦敦灰暗的光线下，令人着迷并充满魔力。

帕提农神庙其他的残片散落在欧洲各地。大英博物馆两尊塑像的头部陈列在哥本哈根，而另一尊塑像的头部则在德国的维尔茨堡（Würzburg）被找到，还有很多其他的残片流散在梵蒂冈、维也纳、慕尼黑和巴勒莫等地。巴黎的卢浮宫里也藏有一些残片，是当年被打败的法国人从额尔金伯爵挑剩下的石堆中取回的。当然，还有一些留在了雅典，但其中很多并不是当年帕提农神庙的一部分。

没了鼻子的额尔金伯爵在把雕塑残片卖掉后的第六年再一次来到雅典，面对帕提农神庙。但其实，他并不是在雅典，而是在爱丁堡，这座被他称作北方雅典的城市，面对着一个他希望成为帕提农的建筑。几年

① George Gordon, *Lord Byron, Childe Harold's Pilgrimage*, Canto II, stanza 15.

前，有人提议修建一座纪念堂以纪念拿破仑的战败，在额尔金伯爵和其朋友的力推下，这座纪念堂将要被建成帕提农神庙的样子。整座建筑预计要花费42000英镑，仅仅比上议院付给额尔金伯爵的钱多7000英镑。即便如此，负责修建的委员会仅仅筹到了16000英镑，因为资金不足而在1830年停工之时，爱丁堡所谓的帕提农神庙仅完成了10根立柱，一如故意修建的废墟，被视为爱丁堡的耻辱。

因此，额尔金伯爵，这个当年把帕提农神庙拆得支离破碎的人，现在又踯躅在一件复制品的废墟之上，为自己的耻辱画上了一个完美的句号。在他家中，放满了石膏模子，而他自己仍然沉浸在对帕提农神庙的思索中。至此时，帕提农神庙中的智慧女神流离失所，神庙本身支离破碎，失去了建筑的功能，其大大小小的石材也流散于世界各地，这就是神庙遭受的第三次毁灭性的打击。

公元1834年

当帕提农神庙进入第2267个年头的时候，遭受了第四次毁灭性的打击。一个新国家的新国王登上雅典卫城，审视自己的财富。奥托·冯·维特尔斯巴赫（Otto Von Wittelsbach）是一个新成立的国家的君主。经历了14年的战争才形成了希腊，而在这场战争中，帕提农神庙成为一个从古迹中诞生的国家的护身符。在这14年中，雅典卫城两次遭受围困。据说，在其中的一次，寻找金属制造子弹的土耳其人开始将神庙遗迹中剩下的大理石敲碎以获取古人将建筑石材连在一起的铁夹钳。希腊人非常惧怕土耳其人对神庙的这种破坏，他们因此送给自己的敌人一大批弹药，这样土耳其人不用进一步破坏神庙便可以继续战争。

当自己的国家获得自由时，希腊人开始寻找国王的合适人选。他们立巴伐利亚的维特尔斯巴赫家族中一位年轻的儿子为王，并立他的妻子艾米丽亚公主为后。由于当时在雅典没有皇宫，人们开始讨论奥托国王和艾米丽亚王后应该住在哪里才能配得上他们君主的身份。人们自然把目光投向了帕提农神庙的遗迹，而新登基的德国血统的国王也自然地要请自己民族的建筑师为自己提供舒适的住处。

卡尔·弗里德里希·申克尔（Karl Friedrich Schinkel）是普鲁士的宫廷建筑师，他在设计宫殿前并没有造访过帕提农神庙。他在伦敦见到过从神庙上拆下的石头，也见到过在爱丁堡半途而废的仿制品；他研究过斯图尔特和雷韦特所著的《雅典古迹》，也拜读过其他相关古书，因此对帕提农神庙了如指掌。事实上，可以说申克尔已经在普鲁士建造了几座帕提农神庙：一座位于柏林林登大道（Unter den Linden）的禁闭所，一座位于夏洛滕堡（Charlottenburg）霍亨索伦公主（Hohenzollern）的墓地，一座位于桑苏西（Sans Souci）普鲁士皇太子的休养所。这几座建筑均采用了修建帕提农神庙的多立克风格。

申克尔计划将雅典卫城彻底改造，把它从奥斯曼帝国时的一座防御性建筑改造成一座雄伟壮丽的宫殿。古老的大门将得到恢复，跟古时候一样，大门将通往一座巨大的雅典娜塑像，然后是一座神似圆形赛马场形状的前庭，接着便是宫殿本身：精致华丽的阿尔罕布拉宫式（Alhambra）的庭院、廊柱和喷泉，喜爱玫瑰的国王和王后可以在那里从荫凉处远眺四方，映入他们眼帘的会有要塞、贫瘠的土地和属于他们的陌生国度。申克尔设计的宫殿大胆地将古希腊的遗迹改造为适应现代国度需求的建筑，然而却并没有触及帕提农遗迹的石头，这些石头好像这个现代设计中古老的珠宝。申克尔的这一做法似乎与他的同辈雕塑家卡诺瓦一致，当年卡诺瓦拒绝了额尔金伯爵的请求，绝不用自己的凿子触碰菲狄亚斯的作品。

可申克尔并非唯一一位对帕提农神庙感兴趣的德国建筑师。与申克尔一样，巴伐利亚的一位宫廷建筑师也模仿帕提农神庙建造了几座建筑。拿破仑战败以后，巴伐利亚的国王委托利奥·冯·克伦策（Leo von Klenze）为在战争中死去的英雄建造一座纪念堂。和爱丁堡人一样，冯·克伦策很清楚可以从哪里找到设计的灵感。他设计的名为瓦尔哈拉（the Valhalla）的纪念堂与帕提农神庙非常相似，位于雷根斯堡（Regensburg），矗立在一系列排屋之上，俯瞰多瑙河。纪念堂内部，巴伐利亚英雄们的名字刻在大理石上，永垂不朽。现在还有一个委员会专门讨论谁的名字有资格刻在这些大理石上。索菲·朔尔（Sophie Scholl）的名字是近代刻上去的名字之一，她当时勇敢地反对希特勒并为此付出了自己的生命。

因为自己跟巴伐利亚的关系，冯·克伦策能够接近奥托国王，他用朦胧的语言赞美申克尔设计的宫殿“如仲夏夜之梦一般迷人[①]”却否决了这项设计。所以，在1834年，当奥托国王登上雅典卫城时，他并非是要为一座新建筑奠下基石，事实上他什么也没做。不同于德米特里一世、狄奥多西一世、神圣同盟和苏丹穆罕默德二世（Mehmet II），奥托国王的到来是要终结对帕提农神庙不断的破毁。

所有的这一切都是冯·克伦策设计的。国王身穿紧身褡出现在他的子民面前，而他的子民、雅典的姑娘小伙都穿着祖上传承下来的样式简单的袍子，戴着爱神木花环。服饰华丽的国王坐在帕提农神庙前面，冯·克伦策则登上讲台，用德语说道：

> 多年蛮荒之后，陛下第一次莅临欢庆的雅典卫城，走上文明和辉煌的街道，这是当年地米斯托克利（Themistocles）、亚里斯泰迪斯、客蒙（Cimon）、佩里克莱斯均曾涉足的街道。陛下

---

① Mary Beard, *The Parthenon* (Harvard University Press 2003), p. 100.

> 的莅临应该被视为辉煌国度的标志……所有蛮荒的遗迹都应该被清除……过去的辉煌应该用一种全新的形式展现，作为辉煌现在和未来的基础①。

从那以后，雅典卫城的土地便成为冯·克伦策实施计划的场所，通过建造、再建、拆除、法律案件、学者文献和外交使命来实现。一代又一代，代表现代希腊和记忆中的雅典，人们努力要使帕提农神庙恢复原样：使她恢复完美，一如贞女。

在50年中，这个过程涉及了完全去除自古代起就玷污帕提农神庙的“蛮荒的遗迹”。帕提农神庙大理石道上建立的小屋里的守卫被赶走了，土耳其人的女眷修建的小屋和花园被拆除，然后，更古老的一些乱搭乱建也被拆除了。一个在神庙用作清真寺时期建起的光塔，后来被用作基督教堂的钟楼，也被拆除了。同样被拆除的还有半圆壁龛，这个壁龛一度被想象成为柏拉图的讲台。

再往后，地基本身也被拆除了。19世纪30年代以前，雅典卫城中到处是花园，而现在却很难想象散落着石柱和檐板的岩石上如何能长出任何东西来。土耳其村落地下是拜占庭帝国的要塞，其下是罗马人的圣所，再往下曾经一度是佩里克莱斯和菲狄亚斯涉足过的街道。考古学家们通过将其历史一层层剥去来达到恢复帕提农神庙完美之身的目的。

1894年，当这一行动远远没有完成的时候，一场大地震爆发了，帕提农神庙的大理石柱被狠狠摔到地上，于是考古学家们复原神庙的工作又得从头开始。他们收集柱顶过梁的残片、带有凹槽的石柱圆鼓石、到处散落的柱顶。这些石头都逃过了野蛮的抢劫、基督徒和穆斯林的捣毁、爆炸、制石灰的窑房以及欧洲的博物馆。有了这些石头，考古学家们便

① Beard, *The Parthenon*, p. 100. The Basilica of San Marco, Venice.

能够开始工作了。圆鼓石叠放起来，然后是柱头、过梁、柱式雕带上的三槽间平面、用于装饰平面的三联浅槽饰以及檐板。

1920年底，帕提农神庙的周柱廊几乎完成了，而且恢复工作基本没有添加新的建筑材料。人们真的可以说，帕提农神庙的石头的确是当年菲狄亚斯触碰过，佩里克莱斯看过的。负责古迹修复工作的主任尼古劳斯·巴拉诺斯（Nikolaos Balanos）可以声称帕提农神庙已经复原到1687年爆炸发生以来的最好状态。

可是，当专家们忙于修复工作的时候，他们忽视了一点，那就是帕提农神庙曾经是多么的完美。这座神庙从来就不仅仅是一座建筑，而是一个完美的躯体，完整、强壮而又柔韧，一如英雄的躯体，神圣的抗争曾经装点了她的肌肤。神庙的完美几乎是肉眼难以察觉的，可是这意味着神庙的每一块石头只有一个属于自己的位置，那就是菲狄亚斯亲自为每块石头选定的位置。

帕提农神庙的修复者们在辛勤的工作中忘记了这一点。修复的神庙可能看起来跟原本的神庙很相似，但绝不是完美的。正因为不是完美的，就不再是帕提农神庙。

当代

1975年，考古学家、建筑保护学家和技术人员齐聚雅典。会议室外，帕提农神庙在一点点碎裂。时间所剩无几。

拜伦勋爵曾经希望额尔金伯爵没有进一步破坏神庙，让她能够有自己经受风雨的权利。这个愿望现在实现了。雅典曾经只是雅典卫城的一个小村庄，现在发展成为从佩泰利卡（Pentelikon）一直延伸到比雷埃夫斯（Piraeus）的巨大城市。佩泰利卡盛产修建帕提农神庙的大理石，石材从那里的采石场采出，运到比雷埃夫斯制成雕塑，再从那里运到伦敦。汽车尾气充斥在城市里，受污染的雨水落在神庙上。恢复后的帕提农神庙是用埋入石柱的铁夹钳固定在一起的，过不了多久，铁夹钳就会因污染而开始生锈，锈会使夹钳膨胀，导致大理石破裂，碎片会从建筑上一点点脱落。更严重的是，雨会一点一点地将大理石变成石膏。也就是说，帕提农神庙本身正逐渐变成一个她18世纪的崇拜者所铸成的巨大石膏像，而石膏是很容易被雨水侵蚀的。

专家组成的委员会聆听了多种提议，包括把遗址整个移走，用玻璃纤维制成的复制品代替；禁止古迹周围的交通；用一个巨大的穹庐把整个遗址罩住；或是不应该采取任何措施，让神庙在风雨中自生自灭；还有干脆从头完全重建神庙，等等。

然而，斟酌了11年之后，专家们最终决定要彻底地、暂时地、小心翼翼地拆掉帕提农神庙。这项工程计划2010年完工，也就是神庙建成后的第2443个年头。每一块大理石都从它所在的位置移走。铁夹钳从大理石中取出来，取而代之的是用钛制成的钳子，钛是永远不会生锈的，很适合在一座献给贞女之神的庙宇中使用。每一块大理石都被小心地丈量、分析，这样便有可能推测出其原本应处的位置。慢慢地，疑团一个个揭开，大理石被尽可能地安放到最初的设计者为它指定的位置上。

存留在帕提农神庙的所有雕塑均被移放到雅典卫城脚下为其专门修建的博物馆中，从此时间与空气都不能在它们身上留下痕迹。在博物馆的中心，法国著名建筑师伯纳德·居米（Bernard Tschumi）设计了一个巨大的玻璃中庭，其大小和比例完全符合真正的帕提农神庙。这个玻璃中庭目前还空着，因为修建它的目的是为了有朝一日收回所有流落海外的雕塑，这些雕塑现在还流落在伦敦、巴黎、巴勒莫、维尔茨堡、维也纳等地方。到那一天，智慧女神也许会欣然回到神庙中来。

每一次帕提农神庙被毁以后都要花更长的时间恢复，而每一次恢复都变得更加艰难。这一次的重建将要花两倍于首次修建的时间。终有一日，帕提农神庙剩下的全部仅仅是留在博物馆中的残片而已，她的形象却留在了世界各地的钱币之上，留在了斯图尔特和雷韦特的素描里，留在了无数的照片里，也留在了无数的颂歌中。

终有一天，帕提农神庙将突破实物的束缚，仅存于思想和概念中，到了那个时候，她便会回归完美。

第 2 章

威尼斯之圣马可教堂：被窃去的四匹马和一个帝国

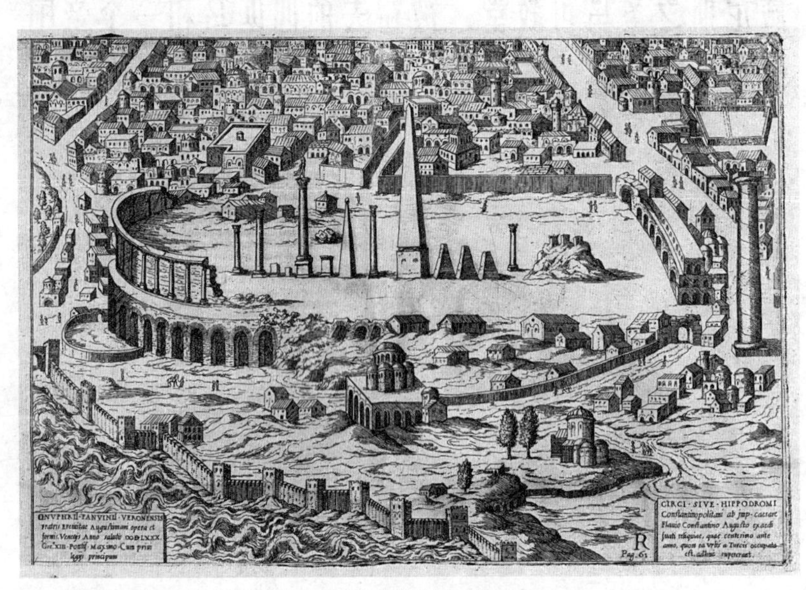

君士坦丁堡的竞技场上擎撑四马战车像的立柱

盗　窃

帕提农神庙后来变成一片废墟，一片片地被人拿走，留下的不过是一场褪色的追求完美的梦而已。神庙的残片脱离了原本的建筑，也失去了原本的功用，变成了农民们的建筑材料、士兵们的战利品、艺术爱好者的藏品，可与此同时，它们仍然带有原本神圣的光环。这便是它们被窃取的原因。

欧洲中世纪，也就是5～11世纪文艺复兴前的那几百年，一般被认为是一个愚昧黑暗的时代。在托马斯·科尔（Thomas Cole）所做的油画《建筑师之梦》中，中世纪的黑暗通过教堂的剪影和森林体现出来，把建筑师硬生生地同古代的完美分开。

然而中世纪却又是把我们与古代联系起来的唯一纽带，因为当时的人们决定留下的或摧毁的都对几百年后的人们产生着巨大的影响。这时期的“文盲加流氓”就像是一个博物馆中难以琢磨且易怒多变的馆长，其行为和意义我们永远也无法完全明白。

剽窃和重新使用古代留下的残片在中世纪是一个极其常见的现象，因为这个时期的人们没有能力模仿或超越古人的成就。中世纪的人们把古代的建筑想象成巨人修建的，以为建筑中诸神和帝王的雕塑是魔鬼的栖身之地。他们认为用偷来的残片装点以后，自己的东西就可以拥有某种过去的权威。

因此，当中世纪人肆无忌惮地破坏无数伟大的古代建筑时，也同时在遗迹上创造出了自己不朽的改建作品。这一点在威尼斯表现得最为突出，这个水上城市没有一处建筑是真正属于自己的作品。威尼斯人到处剽窃，特别是剽窃了君士坦丁堡林林总总的建筑。

威尼斯是君士坦丁堡的翻版，而君士坦丁堡又曾是罗马的翻版，在此之前，罗马又是希腊的翻版。这种剽窃的行为可以回溯到遥远的古代，也许所有的现代文明都视那里为权威的源泉。

在法国大革命的第七个年头，共和国的首都迎来了一场巨大的胜利。欢庆的游行队伍蜿蜒前行，从城门一直延伸到战神广场（Field of Mars），纷纷要把战利品奉献给广场上的神庙。

这不是一般的胜利，没有奴隶、没有流氓头领，也没有成车的青铜盔甲和武器。围观的人群看到的是装在笼子里的骆驼、狮子和长颈鹿，种在花盆里的棕榈树等异域植物，还有很多形状特别的箱子，上面都盖着防尘用的单子。看上去士兵不多，也没有头带月桂花冠的将军坐在堂皇的彩车中指挥游行的队伍，占据将军位置的是四匹骏马。

骏马的鬃毛和尾巴都梳得整整齐齐，四蹄迈开，仪态端庄，它们的头部也优雅地转向彼此，仿佛正参加一场盛装舞步的表演。然而，它们的表情是凝固的，皮肤在阳光下呈金色和绿色，原来它们并没有生命，而是青铜雕塑。典礼以后，青铜马、狮子、骆驼和长颈鹿，还有盆栽的棕榈树和盖上单子的箱子都被献给了共和国的珍宝库。

当游行的队伍经过时，看热闹的人群按要求大声地嚷道："罗马风光不再，现在尽看巴黎[①]！"的确，在1798年的时候，罗马不再是胜利的所在，其实在那之前的几百年就已经如此了。迎接战利品的珍宝库其实是共和国的博物馆——卢浮宫（Louvre）。战利品源源不断地运到博物馆的院子里，箱子一个个搬上巨大的楼梯，在大画廊中打开，众议员们迫不及待地想一睹为快。在其中的一个箱子里，先是露出了一只弯着的大理石手，然后是手臂，后来是一张因痛苦而扭曲了的脸。当所有的挡板都被移开的时候，拉奥孔与儿子们（Laocöon）的塑像便映入眼帘，表现的是他因警告特洛伊人勿中木马计而触怒天神，结果连同两个儿子被海

---

① Charles Freeman, *The Horses of San Marco* (Abacus 2005), p.2.

中巨蟒缠死的场景。另一个木箱打开了，“观景殿的阿波罗”优雅高傲的面庞展现在人们面前。布单移开，一张豪华的宴会桌露了出来，桌上是保罗 · 委罗内塞（Paolo Veronese）亲手绘制的画作，展现的是耶稣参加迦拿（Cana）婚礼时的场景。在另一个木箱里装着的是贝利尼（Bellini）的画作《圣扎卡利亚堂的圣母像》(Madonna di San Zaccaria)，画中镀金镶嵌的圣母供在神龛中，侍奉她的是表情严肃的圣徒。有一个木箱被砸开，露出了一个巨大的长着羽翼的青铜狮子，向外伸出的爪子里抓着一本书。

搬到卢浮宫大画廊中的是罗马和威尼斯的珍宝。铜狮是圣马可之狮(Lion of St Mark)，画作是原本悬挂在威尼斯的修道院、教堂，乃至市政厅中的精品。西斯廷教堂的圣母像曾挂在罗马教皇的房中，而拉奥孔和阿波罗的塑像则原本置身于梵蒂冈一眼看不到头的画廊中。法兰西共和国的箴言是“自由、平等、博爱”，胜利的标志不是奴隶，不是成堆的黄金，也不是军功章，而是陈列在博物馆里让人们欣赏的艺术品。

卡鲁索广场（Place du Carousel）正对着卢浮宫的地方竖起了一座拱门，四匹铜马配上一辆凯旋车置于拱门顶上，以纪念当时的胜利。

***

这一幕是历史的重现：战胜的法国人很清楚，这四匹马曾经在过去的600年间代表过另一个共和国的胜利。那时候，每年的耶稣升天节(Ascension Day)那天，威尼斯共和国总督都要从自己的官邸前往圣马可广场（San Marco）庆祝威尼斯的胜利，那里是他做礼拜的教堂和放置珍宝的地方。总督会在金色围屏（Pala d’Oro）前跪下，围屏是一幅圣坛背壁装饰画，上面镶满了黄金和宝石，下面埋葬的是创造过奇迹的福音传导者圣马可的遗骨。总督的头顶上方是由五个穹顶组成的希腊式十字架，上面镶满了马赛克，在暮光中熠熠生辉，讲述着共和国的、圣徒的和天使的一个个故事。

然后号角声响起，总督便会从圣马可教堂的黑暗中走入烛光照亮的广场。他会走向两根花岗石柱子间的水域，柱子的顶端伫立着威尼斯的守护圣徒：圣狄奥多尔（St Theodore）站在鳄鱼身上，而圣马可则变为一头长着羽翼的狮子。总督登上布钦多洛船（Bucintoro），扬帆驶过泻湖进入大海，在海上，他会将一枚金戒指扔入水中，为威尼斯祈福。

之后，总督会返回圣马可广场，出现在教堂西门上方的阳台上。在他头顶上方是镀金的露台，雕满了圣徒的形象；在他下方是一道拱廊，上面镶满了红色和绿色的珍贵大理石，也随处雕刻着罗马神明赫丘利（Hercules）和罗马十二帝王的形象。在整个建筑物正面的中心，在圣徒之下中门之上，跃然而立的是四匹铜马。总督站在四匹马中间，仿佛自己驾驶着战车，民众则在他下面的广场上一圈圈地走过，接受检阅。身披金色斗篷，手握权杖，总督站在那里，纹丝不动，庄严肃穆，颇似一位东方帝王。

***

当然这一切也是历史的重演，至少在1798年时，威尼斯人是这样告诉他们新的法国主人的。那四匹铜马，还有镶满宝石的金色围屏和带羽翼的雄狮，在过去的800年间，曾经矗立于另一个共和国的首都，代表着他们的胜利。在该国首都周年庆典之时，国王会打开大皇宫和竞技场之间的一扇大门，由王公大臣、学者牧师们簇拥着，在君士坦丁堡人民万众瞩目之下，出现在华丽的皇家包厢里。

君士坦丁堡竞技场有1500英尺长，呈椭圆碗形，提供的石椅当时可容下10万人，一道屏障将竞技场分为两个区域。在一端，起跑门代表胜利的拱门，而在另一端，弯曲的跑道让参赛的战车沿着方尖塔行进。

竞技场的主要用途是战车比赛，可又不仅仅是一个体育竞技场。“蓝衫”和“绿衫”刚开始的时候是两支战车比赛的队伍，可后来发展成为两支强大的政治派别，权倾一时。参加比赛的战车从大门处开始，大门的旁边是一个被称作“Milion”的亭式建筑，人们以那里为起点丈量到帝国各地的距离。

竞技场当时也是帝国的珍宝库。隔开场地的屏障和起跑门上竖着两个方尖塔和一系列雕塑：几尊神灵斯芬克斯（sphinx）的塑像、很多缠绕在一起的黄铜色的蛇、赫丘利的巨幅青铜像、青铜大象、尾巴上长着鳞片的尼罗马、美丽的海伦像、由母狼哺乳养大的孪生兄弟罗穆卢斯（Romulus）和瑞摩斯（Remus），等等。在这些雕塑中，至少有三尊四马青铜像和一尊带镀金战车的铜马像放置在起跑门旁的亭式建筑里。

在取得胜利的日子，这驾镀金战车就会挂上四匹真马，并在上面安放一尊金质雕像。雕像塑的是君士坦丁堡城市的建立者君士坦丁（Constantine），他身穿太阳神阿波罗的衣服，手里握着守护该城市的小天使。金质雕像端立战车中，绕竞技场前行，而当时的国王则身着金色的衣服肃立在自己的包厢里注视着仪式的完成。服侍他的牧师们点燃熏香，摇动铃铛，仿佛国王即为众神之王朱庇特本人。

***

然而这一切在历史上已经发生过，因为竞技场的四马青铜像、赫丘利像、罗穆卢斯和瑞摩斯像，以及很多竞技场的雕塑曾经矗立在另一个国家的首都，见证过这个国家400年的强盛。至少君士坦丁堡人是这么说的，而威尼斯人热切地希望这是事实。

每当古罗马皇帝打败蛮夷之人，取得巨大胜利的时候，元老和百姓便会为他举行盛典，迎接他带领军队凯旋回到罗马城。每次盛典的路线都是从南边沿着圣道（Via Sacra）进入城内：经过古罗马斗兽场（Colosseum），经过帕拉蒂尼山脚（Palatine Hill），穿过古罗马广场（Forum），爬上卡比托利欧山（Capitoline Hill）来到塔尔皮亚岩石（Tarpeian Rock）下，朱庇特神庙（Temple of Jupiter Optimus Maximus）便高高矗立在岩石之上。带上枷锁的蛮夷人被带到朱庇特面前，献祭的仪式便正式开始：蛮夷人的珍宝献给了神庙，家人被贬为奴，自己则被罚往斗兽场。朱庇特神庙里挂着俘虏的镣铐、攻破的城门的残片，还有来自战败国家被破毁的神像。

盛典接近尾声之时，古罗马皇帝便会在圣道上竖起一个巨大的凯旋门以纪念自己的丰功伟绩。凯旋门像是一个华丽的城门，由巨大的科林斯立柱（Corinthian columns）高高撑起，柱上饰以长着羽翼的胜利之神，还用浮雕及碑文记录皇帝的功勋。几座这样的凯旋门至今还矗立在罗马，比如君士坦丁凯旋门（Arch of Constantine）记载了公元312年的米尔维安大桥之役（Battle of the Milvian Bridge），而提图斯凯旋门（Arch of Titus）则记载了洗劫耶路撒冷圣殿（Temple of Jerusalem）的情况。因为古罗马皇帝是坐在战车里进入罗马城的，因此每一座凯旋门的顶上都有一尊马拉车的塑像。古罗马曾经有几百尊这样的四马拉战车的塑像。

然后古罗马皇帝便下令将自己的头像印于钱币并刻在大理石上。他们让雕塑家将自己的脖子摆成古希腊英雄的样子，将自己的眼睛塑成沉思状，并在剃光的头上带上波状的假发，希望历史的清风能将卷发轻轻吹乱。

***

然而这一切在历史上也已经发生过。威尼斯人、君士坦丁堡人和古罗马人都曾讲述过他们四马战车塑像的渊源，或者说，他们都依稀记得这些骏马曾与英雄一起奔跑过。

后来取得赫赫战功的亚历山大（Alexander）年幼时便钟爱骏马，这种爱好深深植根于他的皇家血统。一天，他的父亲菲利普（Philip）指着一匹在旷野上跑过的马匹对他说：

“没有人能驯服得了它。”

亚历山大回答道：“我可以。”

他父亲说：“如果你能驯服它，马就归你了。”

亚历山大于是走到那匹马跟前，在它耳边轻轻地说了些什么，并抚摸着它的脖子。接着发生的事让大家目瞪口呆：亚历山大翻身上马来到父亲面前，自然而轻松。亚历山大给马取名为布西发拉斯（Bucephalus），从此朝夕相伴，骑着它穿过狭窄的通道进入希腊，穿过小亚细亚（Asia Minor）平原、叙利亚和埃及的沙漠、美索不达米亚（Mesopotamia）的沼泽、波斯（Persia）的丘陵，一路来到印度的丛林中。

当亚历山大征服世界之时，他让雕塑家留西波斯（Lysippus）为自己塑一个头像。留西波斯以大理石和青铜塑像著称，作品众多，包括好几尊四马战车像。威尼斯人说自己的四马战车像就是出自留西波斯之手，当然他们之前的君士坦丁堡人和再之前的古罗马人也都是这么说的。

留西波斯擅长铜像，更擅长把一个蛮夷民族的王子塑造成尊贵英俊的样子。亚历山大看到他的作品之后便不再让其他任何艺术家为其塑像。留西波斯为亚历山大所塑之像集英勇与智慧于一体，塑像是那个意气风发、征服了爱马布西发拉斯和全世界的年轻人，可也有哲学家、亚里士多德的学生和印度圣人的影子。亚历山大塑像的头部姿势像是正在参与一场战争，让人们联想到古希腊神话和文学中的英雄人物阿喀琉斯（Achilles）在特洛伊战争中一手拎起王子赫克特（Hector）的身躯跨过城墙的情景；而他深邃的目光则神似驾驶太阳战车掠过天际的阿波罗，在沉思中奔向位于帕纳塞斯山（Mount Parnassus）的家中。

阿波罗的家是帕纳塞斯山中的神庙，里面不仅安放着神谕还陈列着各种各样出于感激、祈福或恐惧而奉献给他的礼物。神庙前矗立着一座高大的立柱，上面缠绕着三条蛇，这是希腊人献上的礼物，感谢阿波罗帮助他们在普拉提亚之役（Battle of Plataea）中战胜了波斯人。战败的波斯人的盔甲和武器被浇筑成了这座立柱。神庙下面是一个神秘的洞穴，向外吐出有毒的烟雾，在烟雾缭绕之中，神职人员用神的声音与外界交流。传说是阿波罗从一条自开天辟地便存在的巨蟒那里窃来了这个洞穴。洞穴黑得没有一丝光亮，又充满了有毒的烟雾，于是产生了很多传说和神话故事。

在特尔斐（Delphi）神庙中还举行了体育赛事，跟在战争中取得胜利的城市一样，在体育赛事中获胜的运动员和战车手也会将塑像奉献给阿波罗。现在仅留下了一尊塑像：一位高个儿的、身材修长的战车手的铜像，他站立着，向外伸出的手紧执缰绳，可铜像中的马都没有了。很难想象这尊塑像会在2000年后出现在巴黎。

然而没有任何证据能证明关于四马战车像的这些传说。这尊塑像从古希腊到古罗马，从君士坦丁堡到威尼斯，再到巴黎的颠沛流离没有人能说得清楚。原因很简单，因为它从来都是被盗窃而来。从古罗马到巴黎，各种庆典上的四马战车像都是战利品，是被迫出现的。它们不是胜利者，而是失败者，可历史从来都是由胜利者书写的。因此，我们所知道的关于四马战车像的故事都是由盗窃它们的人述说的。

***

有人说这尊四马战车像是执政官苏拉（Sulla）在罗马共和国时期攻克希腊时得来的，也有人说是罗马帝国的第一任皇帝奥古斯都（Augustus）的战利品。人们还说奥古斯都把这尊像置于自己位于战神广场的陵墓之上，在那里死亡将他和亚历山大紧紧联系在一起，装点他陵墓的还有展现这位英雄丰功伟绩的画作。

然而，所有的罗马皇帝似乎都无法超越亚历山大的成就，而尼禄大帝（Emperor Nero）则是其中最暴戾的一个。在亲手杀了自己的母亲并放火把罗马城里无数的珍宝烧为灰烬之后，他又决定用古希腊高雅的艺术装扮自己。他弹奏古希腊弦乐器里拉（lyre）并在剧院里上演古希腊的著名悲剧。他走上竞技场参加比赛，当然，每次都以胜利而告终。尼禄大帝是如此倾心于古希腊的文明，以至于要洗劫她的艺术作品，仅从位于特尔斐的阿波罗神庙一处，他就掠夺了500多尊青铜像，把它们搬回罗马。也许上文中提到的那驾丢失战车的塑像就是在那一次的浩劫中跟四匹骏马分开的。

尼禄大帝推崇古希腊的哗众取宠之举并没有赢得自己臣民的心，因为人们期待的是皇帝赢得战争而不是弹奏里拉，尼禄于是认识到他必须以古罗马的传统做法来提升自己的声望。当时的罗马正与帕提亚人（Parthian）进行着无休无止的战争，尼禄终于取得了一场小小的胜利，他迫使元老院为他举行一次凯旋庆典。他自诩为亚历山大第二，打败了来自东方的蛮夷之族。

于是在首都举行了一场盛大的典礼，游行的队伍从城门一直蜿蜒延伸到战神广场，战利品也呈献给了朱庇特神庙。一座凯旋门在卡比托利欧山（Capitoline Hill）上匆匆竖起，四匹新近从希腊或奥古斯都大帝那里掠来的骏马也安放在了凯旋门之上。然而这座凯旋门却没有存在多久，因为尼禄虚构的辉煌很快便破碎了。他在这以后不到一年的时间就自杀了，纪念他所谓战绩的东西也被静悄悄地拆除了。

***

大约300年以后，君士坦丁大帝（Emperor Constantine）决定把首都从罗马迁到拜占庭（Byzantium），并将该地易名为“新罗马”（Nova Roma）。君士坦丁大帝下令在首都新址修建了皇宫、竞技场和带议事广场的元老院，并在议事广场上竖起了一座立柱，柱顶是一尊阿波罗神像，可神像的头部却换成了他自己的头像。临终前，君士坦丁大帝在病床上受洗皈依基督教，并宣布自己是圣父、圣子、圣灵三位一体的第四位成员。

56年以后，狄奥多西大帝（Emperor Theodosius）追随君士坦丁大帝的脚步将基督教定为国教。在君士坦丁大帝当政时，对罗马诸神，即所谓“旧神”的膜拜是允许的，而狄奥多西大帝则完全禁止对罗马诸神的膜拜，并宣布他们是自己的敌人。公元393年，狄奥多西大帝参加了古奥林匹克运动会的战车比赛并宣布自己获胜，随后便完全废止古奥运会，一直到1500年以后奥运会才得以恢复。狄奥多西大帝还拆除了罗马元老院中的胜利女神祭坛（altar of Victory），并熄灭了灶神庙（temple of Vesta）中常年燃烧的圣火。特尔斐神示所（Delphic oracle）被关闭，帕特农神庙被捣毁。在亚历山大市（Alexandria），狄奥多西大帝的手下劈开了一尊古埃及地下之神塞拉皮斯（Serapis）的塑像，向大家展示里面装的不是神威而是贪得无厌的神职人员藏匿的珍宝。

在展示了这些古代神灵并不存在所谓的神力之后，奥多西大帝下令将古代神像搬到新罗马的竞技场上。竞技场上有一道土丘，将场地从中间分为两个区域。奥多西大帝下令在土丘上竖起从卢克索（Luxor）搬来的方尖碑，该方尖碑是那之前的2000多年前古埃及图特摩斯法老们（Pharaoh Thutmosis）修建的。方尖碑旁边还竖起了从特尔斐搬来的黄铜群蛇柱，该铜柱是古希腊人在其文明蒸蒸日上时建铸的。旁边竖起的还有从帕提农神庙搬来的雅典女神像。在所有这些珍宝之中还有一尊四马战车像，有人说是原本放在尼禄大帝凯旋门上的那尊，也有人说是来自位于罗马的奥古斯都陵墓。

这些雕塑被放置在土丘上，环绕四周的是沙土和相互拼杀的战车选手。这些被废止的神灵如战俘般被展示，成为新一轮权力的战利品。然而，虽然这时的帝国和帝王均已皈依了基督教并对这些旧时的神灵极尽嘲弄之能事，可是他们对这些战利品还是有一丝惶恐之心。这些旧时的艺术作品代表的是养育他们的文明，当这段文明消失之际，他们便宣称这些塑像是魔鬼之所在并带有魔力。他们声称铜马蹄上屹立的古希腊神话英雄柏勒洛丰（Bellerophon）便是未来摧毁君士坦丁堡的人；他们说拜占庭皇帝查士丁尼一世（Justinian）巨大的塑像中藏匿着无价之宝，可是这些宝物只能在城市沦陷之时才能够被发现。他们还说铜蛇的魔力除去了君士坦丁堡所有的巨蟒，而金字塔上的女仙则有能力呼风唤雨。这些艺术作品都是古代创造的奇迹，可是它们见证了帝国的衰落，君士坦丁堡的罗马人再也无法重现先辈的辉煌。

***

狄奥多西大帝捣毁圣像的450年后，君士坦丁堡正蒸蒸日上、一派繁华，而威尼斯仅仅是一片沼泽，生活着卑微的渔民。虽然地位卑微，可每当夕阳西下，这些渔民依然依稀记得自己也曾是高贵的罗马人。当年威尼斯人在匈奴人进攻他们的古城阿奎莱亚（Aquileia）之后从这片水域。据说，当时他们带上寺庙里刻满图案的石头，划船逃过了这些蛮夷之人手中逃脱。如今，乘船来到静谧的托尔切洛岛（Torcello），你还可以看到人们用这样的石头在很久以后盖成的大教堂。当年，逃出来的人们在浅水区的芦苇丛中顶住围困，躲过弓箭手和骑兵的追杀，幸存了下来。生活在荡漾的水面，游离于东西方之外，威尼斯人完全是自己的主人。他们居住的房屋是用黏土烘干的砖盖成，而黏土则取材于他们居住的小岛，当建筑垮塌时，材料又重新变回成为黏土。

每天清晨，当威尼斯人注视着太阳从东方升起的时候，都会梦想着终有一天找回自己逝去的伟大辉煌。正因为如此，威尼斯人决定要为自己偷来一个过去，以召唤未来。首先，他们决定偷来一个守护神，能够给他们正统的出身，保佑他们不受邪恶的侵犯并为他们带来幸运。于是他们决定派出水手到海上寻找守护神。

当时的亚历山大城在法蒂玛王朝（Fatimid caliphate）的控制之下，两名威尼斯商人来到这座城市并找到了一座供奉圣马可（St Mark the Evangelist）的教堂。圣马可在亚历山大城殉难，他的遗体一直留在这座教堂里。在与教堂守卫者的谈话中得知，这座教堂正面临危险，因为亚历山大市的市长打算拆毁教堂，并把大理石和石柱运往巴比伦（Babylon）修建那里的一座新宫殿。两名商人提出代为保管圣马可的遗体直到危险过去，教堂的神职人员非常感激地同意了。

一天晚上，在夜色的掩护下，神职人员让这两名商人进入了教堂，他们用名气小一些的殉难者圣克劳狄雅（St Claudia）的遗体换走了圣马可的遗体，可是传说中并没有说明他们是怎么得到圣克劳狄雅的遗体的。他们将圣马可的遗体放在一个筐子里，上面盖满了猪肘，这样守城的穆斯林士兵就不会查看这个脏兮兮的筐子。

不过这两名商人可没有打算在危险过去之后归还圣马可的遗体，他们前往码头，把猪肘和圣徒的遗体装上了自己的大木船。据说，当他们解缆出航的时候，原本供奉圣马可的教堂里开始散发出一阵阵馨香。人们纷纷涌向教堂一看究竟，可都被圣克劳狄雅的遗体糊弄过去了。教堂的神职人员恪守秘密，看热闹的人也就回家了，这时，两名商人已经航行在了回程的大海上，就这样，圣马可的遗体便从亚历山大市人们的眼皮底下被运走了。

威尼斯建起了一座朴实无华的教堂供奉圣马可的遗体，这位从海上偷来的圣徒便成为这座城市的守护神。公元976年，这座教堂在一场大火中被烧毁，威尼斯人决定为自己的守护神盖一座更雄伟的教堂，这一次，他们把目光又投向了东方以寻找灵感。新盖的圣马可大教堂是仿照位于君士坦丁堡竞技场旁边的圣使徒教堂（Holy Apostles）修建的，是一座恢宏的长方形廊柱大厅式基督教堂。圣使徒教堂原名英雄殿堂（Heröon），因为它是由君士坦丁堡的缔造者君士坦丁建造的。

威尼斯人建造的圣马可大教堂完全是英雄殿堂的复制品，这座建筑物由五个典雅的穹顶组成一个古希腊式的十字架形。支撑这些穹顶的是巨大的砖制拱门和方形支柱，而这些支柱本身又是由小一些的拱门和支柱支撑的。这样一来，这座教堂仿佛是由一系列大大小小的穹庐串接而成。教堂被联拱柱廊环绕，正对着总督宫（castle of the Doge）。

教堂花了50多年才建成，竣工的那一天，总督、大主教和民众都惊叹于高耸的穹庐和精美的路面，然而，他们都有一种怅然若失的感觉，突然，有人意识到他们忘记了把守护神圣马可的遗体放在什么地方了。

人们泪如雨下，乞求奇迹的出现。总督维塔列·法利尔（Vitale Falier）和大主教多梅尼科·孔塔里尼（Domenico Contarini）召集人们进入新教堂开始祷告。人们诵念了几个小时，供香的轻烟高高升入了穹庐，可是什么都没有发生。然后，过了一会儿，飘来了一阵馨香。突然，祭坛右边的一根支柱开始抖动，石材的表面鼓起。一阵断裂声和咆哮声之后，出现了一条手臂，然后是肩膀、身躯和头部，接着整个身体掉在了教堂的地上，毫无生命。总督将圣徒的遗体放入教堂地下墓穴的大理石棺中，这样威尼斯的英雄殿堂中便有了城市的守护神。

圣马可教堂虽然完成了，可是却显得有些光秃秃的，因为没有共和国的守护神应有的装饰品。威尼斯人很清楚他们应该怎么做：他们应该像从亚历山大城偷回守护神一样再次扬帆向东，去寻找黄金和大理石，寻找雕塑和装饰品来装点自己的教堂。

那时候，在威尼斯住着一位名叫恩里科·丹多洛（Enrico Dandolo）的盲人。丹多洛曾是君士坦丁堡的一名商人，可是后来被逐出了该城，因为他在那里制造了太多麻烦。丹多洛回到威尼斯，声称是拜占庭皇家卫士弄瞎了自己的眼睛，仇恨在他心中积累膨胀。年复一年，丹多洛计划着怎么让赶走自己的城市付出代价。他的狡猾和决心使他最终脱颖而出，成为威尼斯的总督，他耐心等待着，终于机会来了。

1201年，教皇宣布十字军东征以夺回耶路撒冷，使其恢复宗教正统。威尼斯人因为住在水上而不能奉献骑兵或步兵，然而他们主动提出可以派出船队送十字军远赴圣地。他们说："给我们85000马克的银子吧，我们就能带着十字军奔赴荣耀。"教皇同意了，威尼斯人便开始造船，而欧洲的骑士们则离开北方的家园，赶赴威尼斯。到1202年时，船就快建成了，可是承诺的33000名骑士中只有三分之一到达了威尼斯。威尼斯人嫌弃这些骑士是一群乌合之众，没有允许他们入城，而是让他们在利多（Lido）的沙洲上驻扎，直到达到预期的数量为止。

骑士的数量一直没有达到预期，而到达的骑士也没有足够的钱支付先前承诺的85000马克。情况越来越糟糕，而丹多洛总督却在这时候看到了机会。他向聚集在沙洲上的乌合之众提议道："要筹集去圣地的路费，你们可以一路上为我们打仗，为我们提供要求的战利品，只要85000马克筹齐了，我们就送你们去耶路撒冷。"十字军立刻就答应了，然后问他们应该去攻打哪些异教徒。丹多洛舔了舔嘴唇说道："君士坦丁堡的皇帝。"十字军们立刻傻眼了，他们长途跋涉来到这里可不是为了去杀另一批基督教徒。

当时君士坦丁堡的皇帝是阿历克塞三世（Alexius III），他在军队的支持下发动政变，将其兄伊萨克三世（Isaac III）废黜，刺瞎后囚禁起来，自己做了皇帝。丹多洛深知被拜占庭皇室弄瞎眼睛的滋味，于是跟十字军说，帮助伊萨克恢复王位是一件神圣的使命。他还说，帮助伊萨克的儿子登上王位是一件更神圣的使命，因为阿历克塞三世图谋将君士坦丁堡置于已经分裂很久的天主教廷的控制之下。用这样似是而非的借口，丹多洛把一支准备攻打穆斯林的十字军变成了进攻自己敌人的队伍。十字军们虽然非常不情愿，可是困在利多沙洲上风餐露宿已经很久了，他们别无选择。他们登上船，朝君士坦丁堡进发，而不是巴勒斯坦。

君士坦丁堡人听说了威尼斯人的计划，开始惶恐起来。他们虽然有高大的城墙保护城内无价的铜像、美丽的圣所和高大的宫殿，可是他们的国家已经失去了过去的威力，而他们的军团也没有前来进攻自己的军队人数众多。城内骚乱四起，据说暴民捣毁了一尊雅典娜神像，就因为神像的右臂和目光都向着西方。君士坦丁堡的敌人很快就会从西方攻来。

他们到了。经过9个月的拜占庭政治斡旋、炮击、围攻、会谈、教会法庭，以及废黜并谋杀了三位国王，包括十字军前来解救和扶植的两位，1204年4月十字军占领了君士坦丁堡。第一个登上城墙的是丹多洛自己。他和他手下的士兵在城中横冲直撞，为非作歹，到处弥漫着恐怖的气息。修女从修道院里被拖出来强奸，儿童被卖为奴，修士和主教被处决。十字军捣毁了英雄殿堂，即圣马可大教堂的原形，殿堂中皇帝的墓穴被洗劫一空。他们闯入圣索菲亚大教堂（church of Holy Wisdom），抢走了那里的圣徒遗骨和富丽堂皇的装饰品，甚至让一名妓女坐在了皇帝的宝座上。他们洗劫了圣波利乌克图大教堂（church of St Polyeuktos），将那里的壁柱、柱顶过梁和大理石板悉数抢走，只留下了一副空壳。

十字军最后来到了竞技场。古典学者尼基塔斯·侯尼雅迪斯（Nicetas Choniates）目睹了他们的野蛮行径，在自己的书中记载道：

> “这些野蛮人，仇恨一切美好的事物，捣毁了竞技场中的雕像和其他所有让人叹为观止的艺术品。他们将雕塑打碎，用如此伟大宝贵的东西换取一些蝇头小利……为了几枚钱币，不惜将如此古老神圣的艺术品投入熔炉里[①]。”

---

① Niketas Choniates, *Historia,tr. Bente Bjrnholt* Corpus Fontium Historiae Byzantinae, vol. XI (De Gruyter 1975), tr. Bente Bjørnholt http://www.kcl.ac.uk/kis/schools/hums/byzmodgreek/Z304/NicetasSignis.htm.

侯尼雅迪斯为在竞技场上被捣毁的艺术品写下了一首悲凉的挽歌，列举它们伟大的艺术价值、它们所创造的奇迹和它们神话中的祖先。

士兵们没有摧毁的东西都被威尼斯人装上船带走了，留下十字军统治被他们捣毁的城市和帝国。一些珍宝遗失在海上，另外一些沿途卖掉了，但是大部分都完好无损地抵达了威尼斯。战利品上交给威尼斯军械库，民众代表都迫不及待地想一睹为快。建筑物的残片被抬上了岸：有柱顶、过梁、白色大理石筑成的三角墙、努米底亚（Numidian）花岗石、从君士坦丁堡神庙和宫殿上剥下来的缟玛瑙。有一块斑岩上刻着罗马帝国皇帝戴克里先（Diocletian）和其副手恺撒（Caesars）的粗略像，而且还有很多青铜雕塑的残片：一头狮子、一对天使的翅膀、一位古代将军的胸甲、一只鳄鱼、一颗脱离躯体的头部，等等。大箱子被撬开，无数马赛克的残片如彩虹般掉落在地上。还有一些箱子里装着可怕的遗骨：圣约翰的头骨、小瓶中几滴耶稣的鲜血、十字架上的铁钉；还有圣徒们的部分遗骨：圣卢西亚（St Lucia）、圣亚加大（St Agatha）、圣海伦那（St Helena）、圣西蒙（St Symeon）、圣亚拿斯大修（St Anastasius）、圣保罗（St Paul the Martyr）等等。圣徒们的雕塑上肃穆庄严的表情似乎能穿过饰满宝石的玻璃窗。当然，在所有的这些宝物中还有一尊四马战车像。

在接下来的岁月里，这些艺术品都被放进了圣马可教堂的长方形廊柱大厅里，在太阳底下，这座教堂顿时熠熠生辉。君士坦丁堡各座教堂上的大理石板、缟玛瑙、花岗石等把原本光秃秃的圣马可教堂装扮起来，就像是为教堂穿上了从被捣毁的建筑物那里借来的华丽衣裳。刻有恺撒像的斑岩委身在长方形廊柱的一角，旁边放置着来自圣波利乌克图大教堂的两根华丽的壁柱，用来摆放被砍掉的罪犯的头颅。教堂的正面有大力神赫拉克勒斯的浮雕，东罗马帝国皇帝查士丁尼一世（Justinian）的头像被放置在西南角的小尖塔上面。镀金的雕像串在一起，组成华丽的圣坛背壁，上面装饰着从供奉在英雄殿堂里的皇帝身体上剥下的宝石。圣徒的遗骨被放置在教堂的地下墓穴里，在节日的时候取出来。黄铜翅膀焊在了狮子身上，象征着圣马可，而古罗马军团百人队队长的胸甲、鳄鱼和没有了身子的头像则组合成为圣狄奥多尔的形象。这两位威尼斯的守护神被放在两根巨大的努米底亚花岗石石柱之上，矗立在水边。当然，四匹铜马高高站在教堂入口上方的阳台之上，仿佛位于凯旋门的顶端，被无数的战利品所围绕。

***

1789年，这一切又重新上演。法国人民废黜了国王，砍了他的头，成立了共和国，所有以前国王的臣民都获得了自由和平等，同时宣布公元1789年为"零年"。然后，在创立了一切自认为不可比拟的成绩之后，他们开始将自己的理念传递给不如他们开化的欧洲其他国家：摇摇欲坠的公国、共和国、郡，以及原神圣罗马帝国的采邑主教区。

共和国自由平等的公民中，最狂热的应该是拿破仑·波拿巴（Napoleon Bonaparte）。他把自己看作是亚历山大在世、古希腊神话英雄阿喀琉斯或是太阳神阿波罗，而他的敌人则把他看作是尼禄。拿破仑越过阿尔卑斯山，挺进意大利，朝着辉煌的梦想前进。热那亚、罗马、那不勒斯纷纷败在这位革命性的征服者脚下，而威尼斯共和国却无视自己即将到来的厄运。他们甚至允许拿破仑的军队穿过自己的土地去摧毁意大利古老的文明。他们对自己说："威尼斯永远屹立不倒，威尼斯是自己的主人，威尼斯是一个自由的城市，在水面上漂浮于东西方之间。"

然后，1798年4月20日，法国的一艘名为"自由号"的战舰没有预先通知便进入了威尼斯。对拿破仑崇尚而对自由丝毫不买账的威尼斯政府下令对战舰开炮，打死了船长。拿破仑异常愤怒地表示："谋杀船长的做法在我们这个年代是闻所未闻的事件[1]。”他决定报复。两个星期之内，拿破仑的军队就到达了威尼斯的港湾，他向威尼斯人发出了最后通牒：要么投降，将共和国交给革命，要么就尝一尝现代火炮的厉害，城市和大陆之间的水域在现代火炮下是不堪一击的。

对于这样的挑衅行为，威尼斯人在过去一定会嗤之以鼻，可是在5月12日这一天，威尼斯大议会（Great Council of the Republic）却召集了会议，要求所有名字列在黄金书（Golden Book）上的古老家族都参加。可是当时人心涣散，很多家族已经装好船，逃往大陆了。结果，大议会召开会议时没有达到法定人数：按规定必须有600个家族派人参加，可一共只来了537名代表。岌岌可危的大议会组织了投票，结果以512对20的票数同意向拿破仑投降，5名代表投了弃权票。

这样威尼斯共和国便走到了尽头。总督离开了官邸，回到自己家中，把自己的弗里吉亚软帽（Phrygian cap）和象征公职的一枚古老的戒指交给了自己的男仆，并说道：“拿走吧，这些东西我们不会再用得上了。”法国的军队受到了威尼斯人的夹道欢迎，他们很高兴废除了由总督和名列黄金书上的贵族的寡头统治。威尼斯人在圣马可广场上立起了一棵自由之树，围着树载歌载舞，唱的是歌颂自由的革命歌曲，彼此庆贺一个旧时代的结束。

多米尼克·维旺·德农男爵（Baron Dominique-Vivant Denon）跟随法国军队一起征战南北，被称为“拿破仑之眼”。男爵原是一名艺术鉴赏家，是拿破仑妻子约瑟芬（Josephine）的好友。当胜利的法国大军开进古老的城市之时，当召开和平大会签订条约之时，男爵总是在场，建议自己的主人什么该抢，什么该偷，什么该要，什么该强求。德农确保在条款中规定投降的威尼斯必须上交20幅画作，这些画后来被送到了卢浮宫。

---

① Freeman, *The Horses of San Marco*, p.193.

可是威尼斯的法国解放者要的不仅仅是画作，因为拿破仑绝不仅仅是艺术鉴赏家。总督的专用大船被烧毁击沉，象征圣马可的羽翼雄狮像和象征圣狄奥多尔的鳄鱼像从高大的立柱上被摘了下来。然后，拿破仑派军队走过威尼斯共和国的凯旋门，走上圣马可广场，带走了教堂上方的四马战车像。德农男爵告诉过他，那辆战车曾经载乘过君士坦丁堡的皇帝们、尼禄大帝、奥古斯都大帝，甚至太阳神阿波罗自己。

***

从那之后的不到20年，拿破仑便被废黜了。1814年，他打下的疆土和掠夺来的珍宝眼看就要被战胜他的国家瓜分。德农男爵当时任卢浮宫的馆长，顽强地保卫着馆藏。他说，这些珍宝是法国胜利征服的结果，是属于卢浮宫的，因为被征服的国家都不复存在了，因此不存在物归原主的问题。他还说，这些珍宝自开天辟地之日起就一直属于一度被废黜可现在已恢复的法国皇室，而且将永远属于法国皇室。没有人把他的话当回事，打败拿破仑的联军军队前来收回自己主人的东西。

可是四马战车像应该还给谁呢？这尊塑像被不同的国家多次窃取，而且曾经拥有过它的国家均不复存在了。马其顿王国、罗马帝国、拜占庭帝国，甚至后来的威尼斯共和国都已成为历史。

然而，四马战车像还是归还给了威尼斯城。这座城市当时不过是奥地利帝国的一个港口城市而已，可它的新主人奥地利皇帝还是出现在圣马可广场举行的四马战车像归还仪式上。很快，塑像被陈列在了教区博物馆中，可靠的安全系统保证它永远也不能再被人偷走。

第 3 章

伊斯坦布尔之圣索菲亚大教堂：苏丹的咒语改变了世界的中心

穆斯林人眼中的一座罗马风格建筑：
这个模型是用来纪念奥斯曼帝国苏丹塞利姆二世（Selim II）整修圣索菲亚大教堂（Ayasofya）并于1518年埋葬于此

挪 用

如果不是后来被改造成教堂和清真寺的话，帕提农神庙大概早已成为过往的一缕轻烟。每次被挪作他用时，神庙的建筑结构都会被改造一番：新建的祭坛堵住了正门，祭坛又被移走以方便开通新的正门。然而在一次又一次的改造工程之后，帕提农神庙却依然在雅典娜这个手握胜利天使的智慧女神手中。

黑暗时代（Dark Ages）的人们对古典时代的建筑不仅仅是加以破坏，而且还转作他用。当野蛮人闯入罗马时，他们并没有将之砸烂，那些建筑往往太牢固了，砸不烂。剧场、庙宇、广场对他们来说没什么用处，于是他们把这些建筑改造成武士用的堡垒、囚犯用的监狱，或是牲口用的圈栏。

改造往往是很粗暴的，但正因为改作他用了，那些剧场、澡堂和广场才被保留了下来。我们继承的是混杂的建筑，同时具有原始的和后来的用途，比如罗马的马切罗剧场（Theatre of Marcellus）既是一个剧场又是一座宫殿、图拉真广场（Forum of Trajan）既是一个市场又是一座堡垒。

伊斯坦布尔的圣索菲亚曾经一度是圣索菲亚大教堂（Hagia Sophia），这座属于罗马帝国的大教堂曾是帝国最后的立足之处，随后却被改造成一座清真寺，这是一个古典时代的建筑被挪用的例子。这一改造工程在过去和现在都非常具有争议，因为这一改造并不亚于改变了世界的中心。

今天的圣索菲亚既是一座教堂又是一座清真寺，既是一个古代的又是一个现代的难题。黑暗时代的人们对自己所继承的古典时代建筑的态度，既敬仰又鄙视，圣索菲亚就是这种态度的一个见证。

曾几何时，君士坦丁堡（Constantinople）是世界的中心，统领欧亚大陆、地中海与黑海。在君士坦丁堡的中央，矗立着圣索菲亚大教堂：在希腊语中意为“神圣智慧”。在圣索菲亚大教堂的中心，是一个紫色的半圆形石祭坛，它是圣索菲亚大教堂的中心、君士坦丁堡的中心，当然也就是世界的中心，所以它是“世界之脐”（Omphalos）。

1453年5月28日，罗马皇帝君士坦丁站在“世界之脐”上，抬头看着教堂屋顶上末日审判官基督的拼画，目光中充满虔诚与期待。这幅拼画位于教堂直径30多米、高56米的穹顶中央，穹顶上缀以无数的窗户，被成千盏油灯照亮。支撑穹顶的是四个巨型的拱梁，守护拱梁连接处的是六翼天使的雕塑。在东西两个方向，拱梁被另外两个穹顶支撑着，跨度几乎与主穹顶一样大，同样缀满了窗户。这两个支撑穹顶，又被三座更小一些的穹顶支撑着——这一道道阶梯式的穹顶如此壮观，以至于人们相信它们是从天堂上用一根金锁链挂下来的。在这些拱顶之下，是各种各样的殿堂，用来纪念天使、先知、东正教的主教，以及皇亲国戚们。在最为神圣的那个穹顶中的祭坛之上，则是圣母玛利亚和陪伴她的两个天使。

当君士坦丁站在“世界之脐”上时，在圣母玛丽亚画像之下的那块地方，已经站满了神职人员，人数如此众多，袍衣上珠宝闪动，让人觉得仿佛是墙上的拼画开始活动了起来。这些人面前是一座祭坛，祭坛前是一幅画着像的银色屏风。一位神甫会时不时地出现在屏风前，周围都是一片熏香的烟雾。铃声摇响起来，在他面前的其他人拜倒在他面前。然后他们会抚摸亲吻圣徒画像的脸庞，经年累月之下，那些银色的画像已经被摸得发黑了。

神甫和众人们用来称颂罗马皇帝的话，从来没有变过：

"为了罗马的荣耀与辉煌，
上帝啊，请听你的子民的声音，
万年，万年，万年，
万年又万年，
祝你罗马皇帝君士坦丁万万年[①]。"

在这一刻，君士坦丁不禁把自己想象成罗马帝国的第一位君士坦丁大帝，从卡里多尼亚（Caledonia）到阿拉伯、从毛里塔尼亚到亚美尼亚，都是他手中的领土，是他建立了君士坦丁堡，是他在公元360年建起了最早的圣索菲亚教堂。

***

在这里建起的第一座教堂，只存在了50年，就被一场地震摧毁了，罗马皇帝狄奥多西对它进行了重建。君士坦丁现在身处的这个圣索菲亚大教堂，却是在一场地震之后建起的。不过那是一场政治地震，公元532年，在查士丁尼一世继位五年之后，在君士坦丁堡大竞技场上，相互角逐的蓝方与绿方之间发生了一场暴力打斗，骚乱很快扩散到君士坦丁街头。整整一个星期，罗马皇帝只能躲在自己的圣宫（Sacred Palace）里，街头上暴徒们则在随意地打砸抢劫，以致到了1月12日，他们把圣索菲亚教堂都给烧毁了。

查士丁尼一世绝望了，他已准备好船只想要逃亡了。但是皇后狄奥多拉（Theodora）胆量比他大多了，她的父亲曾是绿方负责逗弄狗熊的人，母亲曾是一个妓女，有人甚至说皇后自己以前还操持过皮肉生意。

---

① *Constantini Pophyrogeniti Imperatoris de Ceremoniis Byzantini*, quoted in:http://web. clas. ufl. edu/users/kepparis/byzantium/Coronhtion. Ceremong. doc.

她对大竞技场里的喧嚣毫不在意，对汹涌的人群一点儿都不害怕。“紫色做寿衣最好”，她哼着鼻子说。她劝说皇帝留在城中，做好决死的准备。查士丁尼一世惧怕暴乱的人群，但更怕老婆，于是言听计从，让大将贝利撒留（Belisarius）带兵前往大竞技场镇压，1月18日，大约有3.5万人被成排的座位阻挡无法脱身而被屠杀。君士坦丁堡的秩序恢复了。

查士丁尼一世随后召来米利都（Miletus）的数学家伊西多尔（Isodore）和特拉雷斯（Tralles）的建筑师安特米乌斯（Anthemius）设计一座新的圣索菲亚大教堂。仅仅一个月之后，在2月23日，新教堂的奠基石就已经埋下了，从那时候开始，大教堂的修建工程以超乎常理的速度飞快地进行着。有些背地里的传言说查士丁尼一世是一个魔鬼，另一些则说有一些天使在帮助那些建筑工人，为他们看管工地，保证工具不会被偷。还有传言说后来在大教堂完工之后，查士丁尼一世施计让一名天使留了下来，永远保护这座大教堂。

公元537年圣诞节过后的第三天，查士丁尼一世带领手下的队伍进入了圣索菲亚大教堂。就在这座由天使守卫的教堂里，在这个用金链从天堂挂落的壮丽穹顶下，在自己的全体王公大臣面前，查士丁尼一世高声喊道：“所罗门国王，我的教堂比你的还辉煌[①]！”这是十足的妄自尊大。查士丁尼一世时代的秘密史学家普罗科比（Procopius）所看到的，是穹顶“仿佛飘在空中，并无坚实根基，其下的人们似乎随时会有危险[②]。”报应很快就来了：20年后又一场地震发生了，仿佛是那根从天堂垂下的金链忽然断裂了，华美的穹顶垮塌了，只剩下一段砖石和一片尘土。

查士丁尼一世并未因此气馁，他很快召来了数学家伊西多尔的儿子、

---

① Quoted in Heinz Kaehler and Cyril Mango, *Hagia Sophia* (Zwemmer 1967), p. 18.

② Procopius *De Aedis*, tr. H.B. Dewing (Loeb Classical Library 1940), http://penelope.uchicago.edu/Thayer/E/Roman/Texts/Procopius/Buildings/1A*.html.

与父亲同名的伊西多尔重建教堂，三年之后一座新的圣索菲亚大教堂又矗立起来，它的穹顶比原来的还要高。在新教堂建成的祭拜奉献仪式上，皇庭的示默者（Silentiary）保罗站在穹顶之下宣示道："穹顶如此奇妙……仿佛悬空的苍穹一般"，他很聪明地又补充道："虽然它是搭建在坚实的拱梁之上①。"

圣索菲亚大教堂之后经历了公元896年、1317年、1346年的多次地震，但每次都扛住了冲击，屹立不倒，反而变得越发堂皇。每次地震之后，皇帝会让建筑师和工程师们附加更多的石料以保证穹顶不会倒下。于是虽然教堂内部仍然保持着天庭般的华美，教堂的外部越来越像一个迷宫般的巴比塔，梦想触摸天堂，却从未变成现实。

在8～9世纪罗马发生圣像毁坏运动时，这座教堂里的所有圣像都被铲除了，然而到10世纪它们又回归了，甚至比过去更加华美：耶稣基督、圣母玛利亚、圣徒、天使，再加上罗马皇帝们的镶嵌画像，交织在一起，布满在穹顶、拱顶和墙壁上。基辅的弗拉基米尔王子（Prince Vladimir of Kiev）的使者看到重新修复的教堂之后，在汇报中说他们"不知身处何处，不知是天堂还是人间。因为在人间不可能有这样的堂皇与美丽，我们已经不知如何才能描述这一场景。我们只知道，在那儿上帝与人同在，而且那里的宗教礼拜比其他国家的仪式更为公平②。"

公元1206年，威尼斯军队洗劫了君士坦丁堡，抢走了青铜马和大竞技场内的财宝，可这还不够，他们还对圣索菲亚大教堂发起进攻，残杀

---

① Paul the Silentiary, *Descriptio S. Sophiae*, tr. W. Lethaby and H. Swainson（Macmillan and co. 1894）, p. 52.

② Quoted from *The Russian Primary Chronicle* in Rowland Mainstone, *Hagia Sophia: Architecture, Structure and Liturgy of Justinian's Great Church*（Thames and Hudson 1988）, p. 11.

了躲在里面避难的人。为了羞辱罗马皇帝，他们还让一个妓女坐在王座上。作为对敌人最后的羞辱，他们将率军攻占洗劫君士坦丁堡的威尼斯总督丹多洛（Enrico Dandolo）藏在了圣索菲亚大教堂内（他的墓地现在仍旧在那儿）。但是到了1261年，罗马人再次夺回了君士坦丁堡。罗马皇帝帕拉罗古思（Michael Palaiologos）一到君士坦丁堡，就直奔圣索菲亚大教堂。在那里，他站在“世界之脐”之上，头顶是那个用一根金链从天堂垂下的穹顶，与之前所有的罗马皇帝一样，他再次登基成为罗马皇帝。

***

公元1453年，在同一位置站着的，是罗马帝国的最后一位君士坦丁皇帝。身边簇拥着臣子和神甫，在一片香火缭绕中，他暂时忘记了君士坦丁城外的土地早已不属于他的罗马帝国了；他忘记了头顶皇冠上的珠宝其实不过是玻璃而已；他忘记了自己贵为一国之君，国库却早已掏空。他忘记了在自己与天主教教皇联手之后，东正教主教已经逃出城外；他忘记了意大利人承诺的援助从未出现过。他还忘记了直到这一天之前，他的子民们一直对他和这座圣索菲亚大教堂避而远之，因为他们知道君士坦丁把他们的灵魂出卖给了来自西方的野蛮人，那些让君士坦丁堡几次惨遭涂炭的野蛮人。

他暂时忘记了这座城市已经被围困了近两个月，他忘记了在过去的三天里，出现了三次凶兆。第一个凶兆是一轮圆月被黑影吞噬，把所有人都吓得瘫倒在地。圆月被噬的第二天早晨，为了振奋人心，君士坦丁决定让人扛着圣母赫得戈利亚（Hodegetria）画像在街上游行。在东正教中，这幅圣像是有魔力的：它可以指引自己的队伍，直接击中敌人的心脏，君士坦丁希望这次圣像还可以施展它的魔法。但是当游行队伍刚刚把圣像扛上街，它就一头栽倒在地，当众人七手八脚想把圣像抬起来时，它又被卡住了。此时忽然大雨滂沱，游行队伍四散而去，看来连圣母赫得戈利亚都保不住君士坦丁堡了。这是第二个凶兆，城里的居民当天晚上入睡之时，心中的恐惧又增加了一倍。

第三个凶兆首先是被海上的人们看到的，当君士坦丁堡的居民醒来时，发现城市被一片浓雾包围着，浓到连圣索菲亚大教堂都难以看见。几百年来，过往的船只一直都用圣索菲亚大教堂作为进港的导航标志，因为穹顶内的成千盏油灯射出的光芒在远远的海面上都能看见。示默者保罗曾说过："夜晚海上的水手们，他们寻找的引航标志，不是北极星的光芒，不是大熊座的环星，而是圣索菲亚大教堂神圣的亮光[①]。"

那天晚上，圣索菲亚大教堂的穹顶内依然灯火辉煌，光芒依然像往常一样照射在海面上。然而不久之后异象出现了，一位僧侣内斯托尔·伊斯坎德尔（Nestor Iskander）后来回忆道：

> "一片巨大的火焰冲了出来，它先是围绕着大教堂穹顶底座转了好几圈，然后变成一团大火，火焰飘飘，光芒万丈，随后冲天而去。见到此情此景的人们都吓呆了，清醒过来之后号啕大哭，用希腊语喊道：'乞主垂怜'！可此时那团大火已经升入天堂了[②]。"

所有人都知道，那条从天堂垂下来的金链已经断掉，守护大教堂的天使也已经离开，明天将是罗马帝国的末日。此时相互攻击已毫无意义，指责皇帝向意大利人求援也已太晚，躲在世界之脐也无济于事。于是在

---

① Paul the Silentiary, *Descriptio S. Sophiae*, tr. W. Lethabv and H. Swainson (Macmillan 1894), p. 52.

② Nestor Iskander, quoted in Roger Crowley, *Constantinople: The Last Great Siege 1453* (Faber 2005), p. 179.

1453年5月28日，他们聚集在圣索菲亚大教堂做了最后一次祈祷。仪式结束之后，君士坦丁皇帝把自己的亲信和将领召集在一起，一边哭着一边做最后绝望的恳求："把你们的标枪投向他们，把你们的弓箭射向他们，让他们知道你们是希腊和罗马人的后代！[①]"说完这话，他便走出大教堂做最后的抵抗。城里的居民扯破嗓子向上天祈求，但是上天已经再也听不到他们的声音了。

***

在城墙之外的伊斯兰大军也看到了这三个凶兆，他们已经准备就绪。为了这一天，他们已经等了很久。

公元628年，东罗马皇帝希拉克略（Heraclius）收到一封来信，写信的是一个沙漠部落中无名的族人：

> "以最慷慨仁慈的真主之名：希拉克略敬启，此封信函发自穆罕默德，真主和他使者的虔诚仆人……愿和平降临那些服从真主指引的人们。我向你发出邀请，顺服真主。信奉伊斯兰，你会从真主那里得到加倍的回报。背弃伊斯兰，你将带领你的民众走向歧路[②]。"

东罗马皇帝对此置之一笑。他刚刚在战场上打败了波斯国王，绝无可能降伏于任何人，或是信奉伊斯兰顺服这个安拉，不管它们到底是什

① Emperor Constantine XI Palaiologos addressing his forces on 28 May, *Chronicle of the Pseudo-Sphrantzes,* quoted in Judith Herrin, *Byzantium, The Surprising Life of a Medieval Empire* (Penguin 2007), p. 22.

② Roger Crowley, *Constantinople*, p. 1.

么东西。但是仅仅在八年之内，他的半壁江山就丢在了这些无名部落手上，又过了30年，伊斯兰军队已经直抵这座被他们误读为“伊斯坦布尔”的城市。东罗马帝国花了四年时间才将他们驱散，然而40年之后他们再次兵临城下，甚至开始在城下耕作，仿佛这座城市已是自己的囊中之物，直到罗马人赶到，才将他们再次赶走。

自从穆罕默德给希拉克略发出那封信函之后，伊斯兰军队向西已经到了西班牙，向东到了印度，北上维也纳的城墙之下，南下抵达撒哈拉沙漠深处，然而有一个城市从未屈从，那就是被伊斯兰军队称为“令安拉骨鲠在喉”的伊斯坦布尔。

虽然骨鲠在喉，但是伊斯兰军队知道总有一天安拉会吞下伊斯坦布尔的。他们在海上远远看到的巨大穹顶，仿佛是一条巨船上展开的风帆，于是一个故事开始流传起来。他们说圣索菲亚是很久很久以前，由罗马皇帝、抑或是所罗门王亲手所建，然而在先知穆罕默德诞生的那一天晚上，圣索菲亚教堂的穹顶坍塌了，怎么再建都不能成功，于是罗马人不得不派出使者觐见先知。先知给予首肯，让罗马使者用麦加的沙子、滲滲泉的泉水、加上先知自己的唾沫，做成砂浆带回去。罗马使者带着这一圣物回到了伊斯坦布尔，圣索菲亚的穹顶从此屹立不倒，等着伊斯兰军队前来夺取。

1453年1月，奥斯曼（Osman）部落的穆罕默德二世（Mehmet）在埃迪尔内（Erdine）的宫殿庭院内，扬起一支系着马尾的长矛，在全国举兵。3月23日发兵，4月初这支军队就已经在伊斯坦布尔城外安营扎寨。当“征服者”穆罕默德二世在城外看到月亮被吞噬，穹顶的火焰冲向天空的异象之后，他想起了这个先知的传说，明白等待的日子已经到头了。凌晨一点半，他发出了攻城的命令，到太阳升起之时，他的手下已经把先知穆罕默德的旗帜插在了伊斯坦布尔的城头。

君士坦丁，这位东罗马帝国最后的皇帝就此不见了。后来人们找到了他的尸体，是从他脚上穿着的绣着帝国神鹰的红鞋子上辨认出来的。他的那些无处躲藏的子民们，纷纷涌入大教堂内，在一片钟声和缭绕的香烟中，他们也在背诵着自己版本的预言：伊斯兰大军将会在君士坦丁碑前折回，复仇的神鹰会将他们驱赶到城外，一直赶到波斯。帝国的皇帝将会复生，策马前往耶路撒冷，而东罗马帝国则会收复疆土，带入天堂。

所有这些预言都没有实现。人们听到的是教堂外兵器砍砸大门的声音，圣索菲亚大教堂美丽的大门，是从希腊巴格门（Pergamon）宙斯庙上拆下来的。大门被攻破之时，教堂内的教士们收拾起祭奠圣物和圣餐，涌入后殿，再也不见踪影。

任何人若稍作抵抗，便立即被伊斯兰士兵杀死，其余的人则被赶出教堂，如牛羊般驱往市场。伊斯兰士兵四散在教堂内，将灯烛与陈设拆毁，法衣成了马鞍垫布，神像上的金子和珠宝被抠下来。正统的穆斯林痛恨活物的影像，因为按照他们的说法，安拉是唯一的创造者，盗用安拉的造物，哪怕是为了艺术，都属于亵渎神灵。圣索菲亚大教堂内的拼图与神像再现的是活着的天使与逝去的先知的影像，所以都是亵渎和迷信，应该被摧毁。

当天下午，穆罕默德二世来到圣索菲亚大教堂，此时教堂内所有的装饰物几乎都已被剥光。当他进入教堂时，一名士兵正从墙上撬下一片大理石。穆罕默德二世见状大怒，冲着这名士兵吼道："金子你可以拿走，大理石可是我的！"一巴掌打在这名士兵的脑袋上，并将他逐出自己的军队。

怒气消停之后，率领伊斯兰大军实现了800年梦想的穆罕默德二世施下了一个咒语。他命令一个唤祷员登上布道坛，召唤穆斯林信徒祈祷，然后自己爬上祭坛，朝着世界的中心拜倒下去。

他拜向的世界中心，已经不是那块当年君士坦丁踩过的世界之脐了，而是另一块完全不同的石头，这块石头在很久很久以前从天空落下，掉落在一片沙漠旷野中。沙漠中的游牧部落贝都因人（Bedouin）发现了这块从天而降的石头，对它加以祭拜，还围绕着它搭建了一座庙宇，在木梁上刻上了沙漠中的野兽和天空中的飞鸟。多年之后，这里渐渐变成了一座城市：麦加。

有一天，一名商人正在城市外面的石山行走，天使加百列（Gabriel）忽然出现在他面前，开口与他说话，并让他写下加百列所说的一切。三年之后，这位名叫穆罕默德的人开始布道："万物非主，唯有真主，穆罕默德是真主的使者。"但是麦加的居民很久以来一直信奉各种天主，祭拜从天而降的黑石，他们对穆罕默德在这里布道非常厌烦，将他逐出了麦加。于是穆罕默德只得逃到另一个城市麦地那（Medina），继续传播他从天使加百列那里得到的真义，终于有一天他带领一批信徒回到了麦加，这回麦加的居民愿意倾听他的布道了。

从此以后，所有的穆斯林一生之中，必须身着白衣前往麦加一次，到这座穆罕默德获得天使加百列真传的城市。到了麦加之后，他们都会来到这块被穆罕默德的祖先祭拜多年的黑石面前，跪拜祈祷。

不论身在何处，每个穆斯林每天必须做五次祈祷，朝着黑石，也就是他们称之为"天房"的方向跪拜祈祷。每一座清真寺，它的功能都不过是向穆斯林显示麦加的朝向，让信徒们知道向何处跪拜祈祷而已。

***

穆罕默德二世的咒语实现得非常缓慢，许多年之后，东罗马帝国才变成奥斯曼帝国、君士坦丁堡才变成伊斯坦布尔、圣索菲亚大教堂才变成圣索菲亚清真寺。

他在大教堂外建了一个木制的尖塔，这样伊斯兰教的宣礼员就可以爬上尖塔呼唤信徒们前来祈祷了。他的儿子巴耶塞特（Beyazit）把木塔改成了石塔，在以后的200年间，一座尖塔变成了四座，在穹顶四周布成一个方阵将之包围。穹顶内所有的圣徒与皇帝的拼画，只要是奥斯曼帝国的工匠能够得着的，都被刷白了。为了掩盖撑起穹顶的六翼天使，他们挂上了巨幅的圆盾，上面用比人还高的大字写着《古兰经》的经文。

公元16世纪末，圣索菲亚清真寺的东侧建起了两座喷泉，这样穆斯林们就可以先洗净之后才开始祈祷。清水从两座古老的雪花石瓮中流出，这是苏丹王穆拉德（Murat）从巴格门特意运来的。在喷泉周围，伊斯兰的信徒们坐在古希腊风格的柱头上用清水洗脚，这些柱头来自古希腊人为祭拜他们的神灵而建的庙宇中，现在除了柱头之外，其他的一切早已灰飞烟灭。

清真寺内的大理石地面铺上了一块块的羊毛地毯，以便信徒们跪拜祈祷。在原来的教堂中殿上，竖起了一座座的木头座椅，一眼看去仿佛是花苞般的人头海洋中的一座座小木屋。其中气派最大的木椅是给苏丹王用的，它摆放在大理石柱子之上，被金子做的隔条围簇着，苏丹王坐在木椅上时，好像身处金笼之中一般。16世纪90年代，苏丹王穆拉德把讲经台搬到了拱殿的南柱边，看上去就像是一座带着圆锥形屋顶、有着陡陡楼梯的小屋。他还把两座壁龛搬到了拱殿，每座壁龛两侧各放了两只巨大的蜡烛，那是苏丹王苏莱曼一世（Suleyman）从匈牙利的一座修道院中夺过来的。

圣索菲亚清真寺内的一切摆设都朝麦加的方向重新安排了一遍，只是清真寺本身的方向无法重新摆放。和所有的基督教教堂一样，圣索菲亚大教堂背朝日出、面朝日落的方向而建，这样祭坛就能朝向日出的方向，庆祝圣子的诞生。问题是黑石位于伊斯坦布尔的西南方向，所以圣索菲亚清真寺本身并不朝向黑石。于是清真寺里的壁龛就不得不斜摆着，与教堂拱殿中线呈10° 斜角，而讲经台陡梯的方向和它背后的墙面也不成直角，当然木椅也是斜摆的，甚至教堂地面上铺着的地毯也是面向讲经台斜放的。每当祈祷之时，清真寺内拥满了一排又一排的信众，从讲经台开始向外展开，面向麦加，看上去如同一层绣花的地毯一般。就这样一点一滴、日积月累地，圣索菲亚大教堂被穆罕默德二世的后代们转成了朝向麦加的方向。就像基督教徒们把帕提农神庙改造成一座教堂一样，穆斯林们把圣索菲亚大教堂改造成了一座清真寺。

***

在穆罕默德二世施下咒语70年后，宫廷诗人撒都丁（Saduddin）这样描述圣索菲亚："这座古老的建筑中……洒满了信仰的光芒，飘散着真经的气息"，自从这里被穆斯林信徒们用作朝拜以来，已接近一个世纪，"信徒们的顺服与欣喜，仿佛可以投射到殿堂的四壁，发出闪闪的光芒[①]。"他的这些情绪，其实与800年前示默者保罗的六音步诗所表达的感触没有什么不同，当奥斯曼的后代向圣索菲亚施下咒语时，他们也同时被圣索菲亚施下了咒语。16世纪早期的宫廷诗人伊德里西·毕德利西（Idris-i Bidlisi）宣称圣索菲亚的神圣程度已与黑石相当，作家贾费尔·切莱比（Cafer Çelebi）则将之比作"总王之王[②]"，在这里所做的祈祷要比在其他清真寺做的有用100倍。

1572年，萨利姆苏丹二世（Sultan Salim II）把修葺圣索菲亚的使命赋予了自己。他在穹顶周围修建了四座尖塔，拆除了外围的许多不起眼的建筑。他又发布一项裁决令，宣布所有以圣索菲亚曾是一座基督教堂为由反对修葺的穆斯林都将被逐出教门。在去世之后，根据遗愿，他被安葬在圣索菲亚清真寺旁边，他的许多继承者们也纷纷效仿。1595年，穆拉德三世（Murad III）在清真寺花园中修建了一座墓冢，不久以后穆罕

① Kaehler and Mango, *Haghia Sophia*, p. 10.

② Robert Mark and Ahmet Çakmak, eds, *Hagia Sophia from the Age of Justinian until the Present* (Cambridge University Press 1992), p. 22.

默德三世（Muhammed III）也在旁边建了一座。1622年，穆斯塔法一世（Mustapha I）把原来的洗礼堂改建成了他的墓冢，数个世纪之后，易卜拉欣苏丹的遗骸也被埋葬在那里。今天的伊斯坦布尔，仿圣索菲亚教堂的建筑随处可见。

就像君士坦丁堡变成了伊斯坦布尔、圣索菲亚大教堂变成了圣索菲亚清真寺一样，奥斯曼的部落也在改变，早就不是他们先辈那样的游骑民族了，而是变得越来越像被他们征服了的罗马人。在攻陷君士坦丁堡之前，这些突厥人的清真寺带有中亚风格。一座典型的祈祷厅不会比一座商队旅馆的庭院华丽多少，入口处一般就是两座尖塔之间的两扇高门，看上去也就像是挂在两支长矛上的织毯而已。这些祈祷厅的设计，是有意让人联想起先知穆罕默德在麦地那讲道时简陋的泥巴木屋。但是穆罕默德二世在占领君士坦丁堡之后所建的征服者清真寺（Fatih Mosque），就完全不是一座朴素的庭院了。在这座清真寺内，四根巨大的庭柱撑起四座拱梁，在拱梁之上是一个华丽的穹顶，阳光从穹顶上的开孔处倾泻下来，看上去就像是一座宏伟的罗马教堂。

这种从君士坦丁堡华美的古建筑中挪用而来的新型风格建筑，被苏莱曼一世收下的一名军人推向了完美的境地。希南（Sinan）曾是以凶残著称的土耳其近卫军的一员，但是他在绘画、建筑和工程方面的才华受到了上司的赏识。当他从军队退役之后，就加入了工程部门，1538年他成为苏丹王的建筑主管。

希南将他无穷的才华用来设计各种各样的建筑：从桥梁到水渠，从堡垒到神学学校，从墓园到花园，但是最为美丽的是他设计的清真寺，而其中最为华美的，是他为苏莱曼一世设计的清真寺：苏莱曼尼耶清真寺（Suleymaniye Mosque）。同圣索菲亚大教堂一样，苏莱曼尼耶清真寺是以极快的速度建成的，从奠基到1557年穹顶完工仅仅花了7年时间。差不多同时开始兴建的罗马圣彼得大教堂，要在两个世纪之后才完工。为了修建这座清真寺，希南到处搬用伊斯坦布尔的建筑古迹，清真寺走廊两边的柱子分别来自跑马地的皇家看台、巴贝克（Baalbek）的巴克斯神殿（temple of Bacchus）以及阿卡狄奥斯（Arcadius）皇帝的纪念堂。

希南从古代挪用的不仅仅是建筑材料，整个苏莱曼尼清真寺可以说就是把圣索菲亚的格局偷来并加以改造而成的。清真寺的内庭由被一个直径超过24米的大穹顶覆盖，和圣索菲亚一样，这个穹顶由四根巨柱构成的拱梁撑起。内庭两个侧面的拱梁下是拱形的窗户和成排的大理石柱子，而前后两端的拱梁则各属于一个半穹顶结构，这个半穹顶又被其下的三个更小一些的半穹顶结构撑起。

苏莱曼尼清真寺与圣索菲亚最关键的不同，是它的朝向。在它的内庭中，壁龛位于东侧拱点，在整个清真寺的中心线上。与圣索菲亚不同，苏莱曼尼清真寺的所有部分，包括外周的花园、花园外的宗教学院和朝拜者的居所，以及苏莱曼尼自己的坟墓，都朝向麦加的黑石。

希南后来把苏莱曼尼清真寺称为自己的“学徒项目”，这所宏大而华美的建筑，不过是他漫长而多产的职业生涯的前奏。在伊斯坦布尔，到处都可以看到希南的作品。比如位于大巴扎集市（Bazaar）的鲁斯坦帕夏清真寺（Rustem Pasha Mosque），因内墙铺满了伊兹尼克（Iznik）瓷砖而蓝光闪耀。又如位于古城墙边的米赫里马赫清真寺（Mihrimah Mosque），散发着另一种浅色的光芒。所有这些都带有圣索菲亚的影子：一个明亮的大穹顶被一层层的拱顶撑起，仿佛在展示什么是天圆地方。圣索菲亚大教堂的设计者伊西多尔和安特米乌斯一定会赞许，甚至嫉妒希南设计的清真寺。

在穆罕默德二世施下咒语后的几个世纪内，圣索菲亚变成了一座清真寺，同时每一座清真寺也把自己变成了一座圣索菲亚。伊斯坦布尔的天际线上布满了希南的杰作，却也见证了东罗马皇帝查士丁尼一世和他胆大的皇后狄奥多拉的远见，是狄奥多拉在骚乱中说服丈夫留在君士坦丁堡，是查士丁尼一世下令建起的圣索菲亚。

***

1922年，奥斯曼帝国最后的日子里，一个授权仪式正在圣索菲亚旁的皇宫庭院内悄悄地举行。“实在是滑稽可笑！”，一位旅行者写道，“本来我们应该看到的是佩剑的苏丹王和艾尤卜清真寺（Mosque of Eyoub）内庄严仪式……现在却是由一群幕僚们通知一个老迈的外臣他被选出担任领袖一职了。”仪式本身更没什么看头，“围观的是一小圈观光客和记者，参加短小的祈祷仪式的还有一个滑稽的宫廷小丑、三三两两的宦官，算是添上了一点儿本地特色①。”

增添点儿本地特色是他唯一的功用。奥斯曼帝国最后的苏丹王已经流亡到了马耳他，他的这位继任者不再被允许使用“苏丹王”这个称号，只能称自己为“哈里发”（caliph），意为教主。他给这里真正的掌权者穆斯塔法·凯末尔（Mustapha Kemal）写信，请求增加一点微博的津贴，得到的回复却是硬邦邦的：

“你所代表的伊斯兰国家不过是一个历史遗迹，根本没有存在的理由，你竟然给我的手下写信提出这样的要求，实在是胆大妄为之举②。”不久之后，这位教主也被逐出海外了。接替他的是一个曾经名不见经传的中级军官穆斯塔法·凯末尔，后来被叫作“勇士”（Gazi），这个称号曾经给过穆罕默德二世。最终他被土耳其人称作“阿塔土克”（Ataturk），即“国父”。虽然是国家的实际领导人，但他从来没有用过“苏丹王”或

① George Young, quoted in Lawrence Kelly, ed., *A Traveller's Companion to Istanbul* (Constable and Robinson 1987), p. 245.

② Harold Courtenay Armstrong, *Gray Wolf: the Life of Kemal Ataturk* (New York: Capricorn Books, 1961), p. 201.

“教主”这样的称号，在一个现代进步的社会，他对这些过去的封号极为藐视。

1925年，阿塔土克做出了一个至今依然具有争议的决策，他废除了伊斯兰头饰：妇女不再需要戴面纱，男人的地位也不再由他帽子的形状颜色来显示。他自己喜欢戴一顶巴拿马草帽，穿一身亚麻布西装。与此同时他封起了所有的皇家陵墓，因为许多信徒把那些地方当作祈祷场所；他还关闭了伊斯兰苦修教士院，因为在那里许多伊斯兰的神秘色彩越来越和现代社会格格不入。1928年他废除了阿拉伯字母，命令他的手下编创一套拉丁字母取而代之，不久之后，土耳其完全终止了伊斯兰教法的实施。简而言之，穆斯塔法·凯末尔为破除伊斯兰教对人民的掌控尽了全力，为实现这一目标，他还把突厥世界的中心从伊斯坦布尔转移到了安纳托利亚（Anatolia）地区的中心，把土耳其的首都迁到了安卡拉。

完成了这些事情之后，阿塔土克要面对的，是这个最大、最碍眼，也许是最不同寻常的历史遗迹：圣索菲亚清真寺。1920年，第一次世界大战的战胜国们，怀着复仇的心态，命令移除穆罕默德二世的咒语，换言之，圣索菲亚必须恢复旧貌。战胜国协约国在与奥斯曼帝国签署的《塞夫尔和约》（*Treaty of Sèvres*）中，要求这座位于土耳其最重要的城市中最重要的清真寺重新变成一座教堂。

每个人都知道圣索菲亚一开始并不是一座清真寺，所有人都知道在白粉和地毯的底下、在壁龛祭坛和尖塔的后面，藏着另一座建筑，一座500年前被施下了咒语才皈依伊斯兰的建筑。但是，战败的土耳其人难道做得还不够吗？奥斯曼部落的后人历经苦难之后，已经脱胎换骨，成为新兴国家土耳其的公民，苏丹王被放逐海外、伊斯兰宗教治国体制被取缔，这些还不够吗？阿塔土克，土耳其人的“国父”，还要让他的人民承受什么样的羞辱？

阿塔土克虽然是一个激进的世俗主义者，但他同时还是一个精明的政治家。在安卡拉的国民议会上，他站起身来，蓝色的眼睛闪烁着光芒，宣布道："我们已经向美国的拜占庭学会发出邀请，请他们到圣索菲亚进行考古发掘。圣索菲亚将会成为一座博物馆。"欧洲的战胜国，那些喜欢向其他国家灌输现代化和自由民主理念的国家，当然不可能拒绝这样一个建议，毕竟博物馆是一个标志着现代与自由的事物。于是圣索菲亚清真寺不必变回成一座教堂，土耳其人民也避免了新一轮的羞辱。

对于阿塔土克本人，这也是他最乐意看到的结局，这个附着在圣索菲亚身上的迷信"咒语"终于被破除了，它将变成一座博物馆、一处历史遗迹，而不再具有宗教意义，传承的反而是现代人对宗教的淡漠。在1453年5月25日的夜晚，圣索菲亚大教堂穹顶连往天堂的金锁在一团大火中断裂了；而在此刻，圣索菲亚大清真寺与麦加黑石之间无形的纽带也被割断了。1929年，在圣索菲亚建成约1400年之际，它摆脱了任何附加的含义，变回了一座真正的建筑，它既不是任何世界的中心，也不指向任何方向。

拜占庭学会的考古学家们在圣索菲亚前的过道下挖掘出了罗马皇帝狄奥多西所建的教堂遗迹，那座在公元532年的骚乱中被蓝方与绿方焚毁的教堂。考古学家们刮掉了圣索菲亚内部墙上的白漆，让墙上原来的君士坦丁、查士丁尼、圣母玛丽亚和耶稣基督的拼图画重见天日、熠熠生辉。拿开了地毯，那块曾经是世界中心的紫色石头"世界之脐"又重新出现在人们眼前。但是圣索菲亚也曾经是一座清真寺，考古学家们并没有将周围的尖塔、喷泉拆除，也没有把内部的木椅、讲经台、壁龛移走。穆罕默德二世的咒语，就只剩下了这些碎片，但是它们都被保留了下来。

要求将圣索菲亚重新变为一座基督教堂或是伊斯兰清真寺的请求至今不绝，双方都以几百年的传统作为依据，其他团体则希望将圣索菲亚变成一座纪念堂，纪念各种各样冲突中的受害者，从十字军东征一直到当代的反恐战争。各方都认为土耳其政府和联合国教科文组织提供的经费不足，无法保证圣索菲亚的正常维护；从基督教徒、穆斯林到世俗主义者都认为经费不足的背后带有政治动机。

2006年，教皇本笃十六世访问了圣索菲亚，在博物馆内的壁龛前作了祈祷。与此同时，在罗马皇帝的拼画之下，穆斯林抗议者们则拜倒在地，高呼安拉。那一天，没有人施下什么咒语，即使有人施下了咒语，圣母玛丽亚或者先知安拉大概也没有听见。在昏暗空旷的穹顶之下，能听见的只有人群走动的声音，那些踩在世界之脐上的脚步声。

第 4 章

洛雷托之圣母小屋：飞来飞去的圣屋

《天使托撑的洛雷托之圣母小屋》：
19世纪宗教雕刻画

复　制

帕提农神庙被当作教堂使用了1000年，比它作为雅典神庙的历史长得多，从神庙变成教堂的过程，并不是一次破坏或是改造就能够完成的。这1000年来，雅典的每个主教都会把自己的名字刻在神庙的大理石上，代代如此，无一例外。来访的达官贵人则会敬献各种珍贵宝物，期望以此吸引源源不断的朝拜者。

如果说在罗马帝国陷落之初的那些年代，建筑的转变以粗暴地盗取挪用为特征，那么到了中世纪的后期，这一过程就变成了不断的复制。中世纪人们生活在由修道院和村落组成的封闭世界中，被禁锢在从贵族到僧侣到农民的社会等级中。他们的生活就是年复一年的宗教仪式、日复一日的僧侣生活、周而复始的四季劳作，构成了一个无法逃脱的循环：出生、继承、生育、死亡。

在罗马帝国消亡、外族不断入侵的年代，社会能够如此稳定循环，着实令人吃惊。那些熟悉的祈祷与诅咒、那些被僧侣们勤勉誊写的古老文字、那些伴随季节的歌舞，让中世纪的世界有了一种仿佛上天注定的秩序。

洛雷托的圣母小屋物既没有帕提农神庙的完美，又没有圣马可广场的华丽，也没有圣索菲亚的精美，它永远也没有资格成为《建筑师之梦》中的代表性建筑。之所以能脱颖而出，不在于它的独具匠心，而在于它的无处不在，几乎在世界的任何角落都可以找到它的复制品。无论在何处，圣物的降临都是一个重复又重复的仪式，就如天主教念珠串上的每一颗念珠，都可以用来讲述圣母玛利亚的喜乐与悲伤。和圣母玛利亚诞下耶稣一样，圣母小屋的复制历程，同样是一个奇迹。

“圣母小屋”真正只有一间屋子，9米长、4米宽，在屋子朝西的墙上，有一座正方形的窗子，屋子的两侧各有一扇门。圣屋里面黑乎乎的，弥漫着蜡烛的味道。墙壁潮湿腻手，过去曾有过壁画，现在已经是光秃秃的了。

你可以在许多地方看到这种圣母小屋。在英格兰诺福克郡（Norfolk）的瓦尔辛翰（Walsingham）村外的草地边有一座；在意大利西西里岛的阿奇雷亚莱（Acireale）的山坡上有一座，当地的僧侣曾在里面躲避土匪；在意大利北部阿尔卑斯山区的瓦尔泰林（Valtelline）峡谷中有一座，就在特雷西维奥（Tresivio）的教堂穹顶之下，远处是绵绵的雪山和葡萄园的陡坡；在墨西哥的圣米格尔–德阿连德（San Miguel de Allende）也有一座，其历史可以回溯到1735年；在美国新墨西哥州的圣菲利佩德内里（San Felipe Neri）的教堂中也供奉着一座圣母小屋，镶满了阿兹台克（Aztec）黄金。

仅仅在捷克，就有约50座圣母小屋，让我带你去走访其中的几座吧。在布拉格，圣母小屋置身于一座女修道院的内庭中，这座女修道院有着精巧华丽而繁琐的洛可可式（rococo）装饰艺术风格，感性而喜乐，与生活在其中的修女们清心寡欲的生活对比强烈。在波西米亚地区的斯兰尼（Slany），圣母小屋藏身于一座教堂之内，教堂旁是一座尘土弥漫的公园，椴树下的木头长椅，是懒散的吉普赛人睡觉谈笑的地方。在伦布尔克（Rumburk），这个只有跑布拉格和德累斯顿的长途货车司机经常光顾休憩的地方，守着圣母小屋的是一个女孩。在切斯卡利帕（Českâ Lipa），你可以在镇上的博物馆中，在一个堆满了动物标本、地质样品、农业机械和纳粹纪念品的长廊尽头找到圣母小屋。在科斯莫诺斯（Kosmonosy），你可以在当地的精神病院里找到圣母小屋。在波杰布拉迪（Poděbrady），圣母小屋矗立在森林中的一座峭壁之上。在杰泰尼采（Zětenice），你要通过一条长长的林中小道登上一个山坡，才能找到一座已是面目全非的圣母小屋，你得仔细辨别，才能从墙泥灰的裂缝中看出门窗原来的位置。

在另外一些地方，圣母小屋已经消逝了，可以说是“飞走”了。在加拿大魁北克机场外有一个叫安西安娜-洛雷特（Ancienne Lorette）的地方，四下望去，毫不起眼，尽是一些平价旅馆、临时用来做存储仓库的集装箱，以及接送旅客的出租车等等。当地旅游宣传资料上，只能找到一处历史景点：圣母领报堂，其历史“可回溯到1907年”。但其实，在这个地方祈拜圣母的传统远比这个时间久远，由此引发的故事也就更加古老了。

公元1674年

很久很久以前，一个部落和他们的巫师一起来到了一条大河边的空地上。这个部落的名字叫休伦（Huron），他们把这条大河叫作“大水路”（Kaniatoro Wanenneh），但是他们的巫师，这个名叫马里耶-约瑟夫·肖蒙诺特（Marie-Joseph Chaumonot）的巫师，却坚持把这条河叫作圣劳伦斯河（St Lawrence），而谁也不知道这个圣劳伦斯的来历。肖蒙诺特和休伦部落一起在山野间艰苦跋涉了许多年，疲惫而虚弱，于是他们就停留了下来，在这块河边的空地建起了一座小村庄。

巫师给这个村庄起名为洛雷特（Lorette），在村庄的中央，他建起了一座圣母小屋。这座圣屋只有一间屋子，4米宽、9米长。在屋中朝西的墙壁上，有一扇正方形的窗子，在南北两个方向的墙壁上，各开了一扇门。屋子里面光线昏暗，墙壁是光秃的，仅有几处歪歪斜斜的壁画。在朝东的墙边有一张简单的桌子，在桌子上，巫师摆了一幅图画，图画上是一个婴儿和他的母亲。

圣母小屋完工之后，肖蒙诺特作为神父走入小屋之中，用休伦人从来听不懂的语言，念起了一段魔咒：

万福玛利亚，满被圣宠者，

主与尔皆焉，女中尔为赞美，

尔胎子耶稣，并为赞美。

休伦族的长老们在圣母小屋外静静地等候。念完咒语之后，肖蒙诺特神父走出圣屋，向他们讲述了自己的故事。

公元1631年

很久很久以前，有个浪荡不羁的男孩，他的名字叫约瑟夫，家境十分清苦。约瑟夫从他叔叔那里偷来了100索尔的钱，离家出走，四处游荡多年。他在街头长大，靠机灵求生。他能装得像贴身男仆一般稳重灵利，像老师一般令人信服，像情人一般热情奔放，但最终还是潦倒了。他在意大利安科纳（Ancona）街头乞讨，浑身烂疮，身披乱麻，蓬头垢面，无人关心。

他听说附近的一座神殿每天都有许多朝拜者，当然他对朝拜没有丝毫兴趣。他把世界看得清清楚楚，只会对这种迷信嗤之以鼻。他盘算的是："他们眼望星空双手合十时，正是我下手收取他们身上俗物的机会"，于是约瑟夫混入了朝拜的人群，远远地望见那座神殿：在远处山头的堡垒中，一座穹顶之下。

围墙之内是一座华美的圆形广场，广场中央是一座喷泉，巨大的廊柱为前来朝拜的人群遮阴。在广场的尽头，教堂的大门敞开着，朝拜者们正在穹顶之下排着队走向祭坛。

在穹顶之下，教堂的正中，是一座大理石的屋子。外墙上有细长优美的希腊科林斯式立柱，立柱间的大理石浮雕讲述着圣母玛利亚的故事：玛利亚诞生之时，母亲圣安妮（St Anne）躺在床上，父亲圣约阿希姆

（St Joachim）在门边揉着鼻子；玛利亚被带往神庙；玛利亚被许配给牧羊人约瑟夫（Joseph）；玛利亚受到天使加百列的拜访；玛利亚在伯利恒的马厩内抚摸着刚刚诞生的耶稣；玛利亚在空空的坟墓边哀思死去的儿子。预言基督故事的男女先知们也在那儿，端坐在壁龛之中。

约瑟夫跟随朝拜的人们进入了这座屋子，一间简陋而昏暗的屋子，墙壁潮湿腻手，光秃的墙上仅有几处绘画以及约瑟夫看不懂的涂写文字。在屋子的东头，有一幅华美的图画：画中的婴儿和他的母亲圣母玛利亚被笼罩在一片金色的光芒中。恍惚之间，约瑟夫一时忘记了自己此行的目的，和其他朝拜者一起在祭坛前跪下诵读了一遍《圣母玛利亚》祷文。

走到教堂外面时，他忽然意识到自己身上的虱子和烂疮都消失了，浑身干干净净。他一口气跑回教堂，见到第一个神甫，就迫不及待地告诉他，奇迹在自己身上发生了。

神甫毫不惊讶，他把这位年轻人引到教堂墙上的一块石头牌匾前，指给他看牌匾上刻着的文字："洛雷托圣母之屋的神奇之旅"，并给他讲起了一个故事。

公元1294年

很久很久以前，有一位善良的老婆婆，她的名字叫劳蕾塔（Laureta）。她多年不与人来往，独自住在一片月桂树丛中的小屋里，每天向圣母玛利亚祈祷，陪伴她的，只有周围的荒野与野兽。

一天晚上她做了一个梦，在梦中她的月桂树丛忽然光芒普照，一间小屋从天而降，月桂树纷纷垂下致意。第二天早晨一醒来，她就发现月桂树丛出现了一块空地，空地的中央是一间小小的圣屋，便步入其中。这座昏暗的屋子，4米宽、9米长，墙上涂写的是她看不懂的外国文字，在屋子的东头，她发现了一幅画像：一位母亲怀中抱着一个婴儿，他们的身后是金色的光芒。劳蕾塔在画像前跪下，开始诵读《圣母玛利亚》祷文。

劳蕾塔从不爱与人交往，圣母小屋的秘密对谁也没有说起。但是几天之后这个消息就传开了，先是有好事者晚上听到了圣屋降临的动静前来看个究竟，随后就有虔诚的朝拜者从各处赶来了，接着就有小偷和盗匪躲在月桂树丛中准备偷窃朝拜者留下的祭品。劳蕾塔安静的栖身之处现在挤满了人，她不得不向圣母玛利亚祈祷求救了。

她的祈祷得到了应验，圣母小屋忽然就从她的月桂树丛中飞起，降落到附近的一块草地上。那里周围是一片空地，朝拜者可以很方便地前往，而盗贼们也失去了藏身之处。这块草地属于两兄弟共同拥有，看着纷至沓来的朝拜者带来的各种祭品礼物，两兄弟心痒痒的，忍着快流出来的口水，相视而笑。

可是不久之后，他们的笑容就不那么开心了，看着对方的眼神中有了怀疑。两兄弟都疑心对方悄悄地从圣母小屋中多拿了东西，他们开始出手抢夺，动手打架，再也不是兄弟了。圣母小屋飞走了。

这次圣屋飞到了临近的一座山丘之上，只有最虔诚的朝拜者才有毅力走到。有人开始守卫这座圣屋，于是圣屋便在这里留了下来。守卫和僧侣们用绳子和夹子把圣屋定住，不让它再飞走。他们又在圣屋外建了一圈围墙，保证没人能偷拿里面的东西。

所有人都知道这是一座圣屋，但是没人知道它的来历。几年之后，一位隐士来朝见地方官，说圣母玛利亚托给他一个梦，告诉了他圣屋的真实来历。地方官把这一消息层层上报，直到教皇那里。听了这个故事，教皇先要证实真伪，于是他找来了16个诚信之人，把求证圣母小屋来历的任务交给了他们。

在教皇的命令下，这16个人立刻上路前往隐士所称的圣母小屋飞来之地。这些教皇的使者坐船跨过亚得里亚海，抵达了克罗地亚港口阜姆

（Fiume）。一下船他们就来到山坡之上的城堡中，在那里见到了一个老迈的神甫，他的名字叫亚历山大·乔治维奇（Alexander Georgevich）神甫，他给这些教皇使者讲述了一个故事。

公元1291年

很久很久以前，有一群牧羊人，为了方便在晚上看管羊群，他们就睡在草地边。有一天晚上，一位天使忽然降临，光芒四射，让牧羊人胆战心惊。天使说："你们无须惊恐，我给你们带来的是喜乐，所有人都可以分享。"但是牧羊人还是害怕不已，转身逃回了身后的城堡之中，这座城堡就叫特沙托（Tersatto）。

第二天牧羊人从城堡中出来回到草地边，在天使曾经出现的地方，他们看到了一座小屋。牧羊人不敢擅自进入，于是又逃回到了城堡中。

他们第三次出来时带上了城堡的卫兵和乔治维奇神甫。老迈的神甫腿脚已经不灵便了，得要搀扶着才能下山。他们和神甫一起进入了这座小屋。小屋里面墙壁光秃秃的，潮湿腻手，布满尘土，墙上涂写的文字连乔治维奇神甫也看不懂。在东墙边有一张高高的桌子，桌上摆着一幅画像：一个婴儿被母亲抱在怀中。

离开小屋，乔治维奇神甫回到家中，马上向圣母玛利亚祈祷，请求指引。跪下祈祷时间长了，神甫渐入梦乡。这时圣母玛利亚出现在他面前，把圣屋的来历向他一一道明，接着她说道："你的腿脚毛病马上就会消失，这样你可以向人证明你所言非虚[①]。"乔治维奇神甫从地上一跃而

① Sister Katherine Maria MICM, 'The Holy House of Loreto,' http://www.catholicism.org/loreto-house.html.

起，病痛不再。按照圣母玛利亚所嘱，他求见城堡主官，把圣母玛利亚讲给他听的故事又陈述了一遍。

城堡主官马上向上汇报，克罗地亚总督派了一批能工巧匠来检查这座小屋。他们向总督汇报说这座小屋4米宽、9米长，修建小屋的金色石头是一种特别的石灰石，屋顶的木梁用的是雪松木，这两种材料都不可能在克罗地亚找到。总督又派人去研究这两种材料的来历，结果发现它们都仅产自巴勒斯坦，而且同样大小的小屋只在另一处出现过：在巴勒斯坦的拿撒勒（Nazareth），在天使报喜堂（basilica of Annunciation）中。

于是克罗地亚总督派出亲信前往遥远的巴勒斯坦，察看这座圣母小屋。他们翻山越岭，历经艰险，终于抵达了拿撒勒。那时东征的基督教十字军刚刚被伊斯兰军队赶出以色列，当地的教堂要么被捣毁，要么被改造成了清真寺，基督徒们也纷纷改信伊斯兰教。这些来自克罗地亚的专使来到拿撒勒，眼前是一片荒凉，天使报喜堂也仅剩一片残迹。他们在断壁残垣中寻找了很久，在向导的指点下，终于找到了圣母小屋所在的地方。他们看到的，是一个临时搭建的祭殿，门口守着一位年迈的神甫。

神甫向他们讲述了一个故事。

公元328年

很久很久以前，在尼科美底亚（Nicomedia），也有人说是在约克（York），有一家人开了一家旅店，把女儿嫁给了一个士兵。这个姑娘名叫海伦娜（Helena），她的儿子长大之后也成了军人，后来成为罗马皇帝，他的名字叫君士坦丁。他把罗马帝国的首都迁到了君士坦丁堡（Constantinople），把基督教立为国教，在临终前，他声称自己是“三位一体”的第四位成员，也就是说他成了圣父、圣子、圣灵之外的第四位。

于是平民出身的海伦娜，也变成了神灵的母亲。

海伦娜和她儿子一样，也是一位虔诚的基督徒。于是当君士坦丁平息了东部的动乱之后，她就去了以色列朝拜圣地，328年前耶稣的诞生地。海伦娜要去朝拜耶稣出生、长大、受难、复活的地方。

海伦娜走访巴勒斯坦各地，遍行善事，捐助教堂，发现圣迹。她资助兴建了伯利恒（Bethlehem）的主诞教堂（Church of the Nativity）和耶路撒冷的耶稣升天教堂（Church of the Ascension）。她找到了耶稣受难时被钉的十字架，那时它被人丢弃在各各他（Golgotha）的一条水槽里。在耶路撒冷总督的宫殿里，她找到了当年本丢彼拉特总督（Pontius Pilate）判处耶稣死刑后走下的螺旋楼梯。在摩利山（Mount Moriah）的废墟中，海伦娜让手下挖掘出了所罗门神殿（Temple of Soloman）所用的庭柱。所有这些圣迹遗物都被一一标明，并用船运回罗马，直到今天这些东西都还在那里。

耶稣诞生地拿撒勒是一个又小又偏僻的村庄，然而海伦娜还是找到了。她领着大队人马来到这个村子，开始四处寻找耶稣出生长大的地方。她找到了玛利亚曾经用来取水的那口井、约瑟夫用过的那家织毯店，她还找到了一座被当地人祭拜的小屋，4米宽、9米长，只有在西墙上有一扇方窗，屋内东墙的石架上有一座石雕，是一位母亲和她怀中的婴儿。

“这座神殿叫什么？那座雕塑又是什么？”海伦娜问道，“是女神赛贝尔（Cybele），还是女神朱诺（Juno）？还是其他什么异教徒的神灵？”

小屋的看护者耸了耸肩，给她讲述了这座小屋的来历。

公元元年

很久很久以前，在一个偏僻的小村庄里，有一座小屋，4米宽、9米长。在这座简陋的小屋中，住着一位母亲和她的女儿。这个小村叫拿撒勒，这个女儿叫玛利亚。

有一天，玛利亚正坐在小屋中，忽然一个天使从西墙的窗户中飘然而入，让她大惊失色。然而天使却开口向她说道："万福玛利亚，满被圣宠者，主与尔皆焉，女中尔为赞美，尔胎子耶稣，并为赞美。"

玛利亚答道："愿照你的话成就我吧。"

于是在这座小屋中，天使的预言通过玛利亚化成了肉身。多年之后，玛利亚的儿子耶稣基督被处死，被埋葬，然后复活，一切都与圣经的说法完全一致。现在当人们想起圣母玛利亚的时候，很难把她与当时那个大惊失色的小姑娘联系在一起，而是用以下的祷语：

"天主圣母，为我等祈，以致我等幸承基督的恩许。阿门。"

公元328年

听完这个故事，君士坦丁大帝的母亲海伦娜在这座小屋中，跪倒在这座雕塑面前，向圣母祈祷。为了保护这一圣迹，海伦娜下令在圣屋的外面再建一座更大的屋子，于是圣屋便置身于一座神殿之内了。旁边还修建了一座女修道院，以便修女们照顾这座圣屋和它置身其中的教堂。海伦娜自己后来也被封为圣徒，称作圣海伦娜。

公元1291年

讲完故事之后，那位年迈的神甫对来自克罗地亚的专使们说道，现在他们所在的地方，就是圣母小屋所在的地方，也就是天使的预言化为肉身的地方，是圣母玛利亚与耶稣基督的家，也就是圣海伦娜找到的那个地方。

但是圣母小屋已经不见了，海伦娜下令修建的教堂不见了，东征的十字军建起的那座华丽的大教堂也不见了。剩下的仅仅是在圣屋所在地搭建的临时小屋，圣屋本身却消失无踪了。

当神甫把圣母小屋消失的日子告诉他们时，克罗地亚的专使们意识到那正是圣屋出现在特沙托的日子。专使们没有说一句话，默默地离开了拿撒勒，在遥遥的归乡路上，思考着他们在这里的所见所闻。

公元1924年

克罗地亚的专使们终于回到了家乡，他们迫不及待地想把这个好消息呈报给总督。在阜姆一下船，他们就直奔特沙托城堡而去。接见他们时，总督的神色凝重，专使的话还没有说到一半，就被总督打断了。他一言不发地带着他们来到城堡之外圣母小屋所在地，可是那里什么都没有了。圣屋消失得无影无踪了。

当乔治维奇神甫把圣屋在特沙托消失的日子告诉教皇卜尼法斯（Pope Boniface）的使者时，他们意识到那天正好是圣屋降临劳蕾塔的月桂树丛的日子。乔治维奇神甫还告诉他们，据当时在场的牧羊人说，他们看到天使们从天而降，把圣母小屋从地上抬起，飞入黑暗的天空之中。教皇的使者没有说一句话，默默地离开了特沙托，把他们的所见所闻向教皇汇报去了。

公元1631年

神甫讲完故事，牵着约瑟夫·肖蒙诺特的手回到圣母小屋边，这座圣屋现在已经被一层大理石包裹起来，挤满了朝拜者，在它之上是一座巨大的穹顶。他们两人一起走进了圣屋，这是圣母玛利亚曾经坐过的小屋，这是天使加百列从窗口飞进向她报喜的小屋。小屋的墙壁光秃秃的，仅剩下几处年代久远的壁画残迹。神甫告诉约瑟夫，圣母小屋曾经遭遇火灾，以致所有的壁画都被摧毁了，只有几处玛利亚的头像幸存。墙上奇怪的文字是当年圣屋还在拿撒勒的时候，朝拜者用希腊语、阿拉米语、希伯来语和其他巴勒斯坦语言写上去的。

两人一起走出了圣屋，神甫告诉约瑟夫，圣屋的大理石外壳是在教皇儒略二世（Pope Julius II）的授意下，由建造大师多纳托·布拉曼特（Donato Bramante）所建。浮雕上讲述了圣母玛利亚的一生：她的出生、第一次来到圣庙、天使领报、耶稣受难、她的升天。只有一块浮雕上的故事约瑟夫从没有在《圣经》上读到过：战场上，伊斯兰军队席卷巴勒斯坦。战场的上空，圣母小屋坐在一朵云彩之上，几位天使正拉着云彩向特沙托飞去，一直向前，直到劳蕾塔的月桂树丛中。在圣屋坡状的屋顶之上，坐着圣母玛利亚，怀中抱着她的儿子，她的面纱在风中轻轻飘扬，这一切都和神甫刚刚所说的一模一样。

约瑟夫转头向神甫说："这座让上帝与人间相连的圣母小屋，飞越天空来到我的跟前，将我拯救。我曾是一个肮脏的乞丐，浑身斑疮，累累过错。而现在我已被清洗得干干净净，我如何才能报答圣屋对我的恩情呢？"

神甫向他讲述了另外一个故事，一首与圣母小屋有关的诗。他轻柔地唱起了《瓦尔辛翰歌谣》（Ballade of Walsingham）[①]。

---

① Richard Pynson, Ballade of Walsingham (1490), st. 1, 2，http://www.walsinghamanglicanarchives.org.uk/pynsonballad.htm.

公元1061年

很久很久以前，神甫唱道，在爱德华国王统治下的英国，一位贵妇做了一个梦。她的名字叫理查德丝·德法弗奇斯（Richeldis de Faverches），她是诺福克郡瓦尔辛翰庄园的女主人。她的丈夫刚刚去世，给她留下了一个小男孩和一座乡村大屋。她是一个忙碌的女人，有许多事情要她打理，让她发愁。

每天晚上庄园的农夫们把牲畜关进栅栏，仆人把屋子打扫干净，工匠把工具放在一边，然后他们就可以好好睡一觉了。但是理查德丝却没有时间休息，每天晚上她把孩子放在身边的篮子里，然后跪下向圣母玛利亚祈祷，期盼她的虔诚能打动上天，她常常做着做着祈祷就睡着了。

一天晚上她又在祈祷时睡着了，一位天使来到她跟前，把睡梦中的理查德丝带到了遥远的巴勒斯坦。天使把她带到了那座圣海伦娜在圣母小屋外兴建的教堂，让她走进小屋，你已经知道她会看到什么。

圣母玛利亚正抱着她的孩子坐在圣屋的东头，让理查德丝在瓦尔辛翰庄园重建一座一模一样的圣屋①。

理查德丝应道："愿您的话应验在我的身上"。在梦中她仔细丈量了圣屋的大小尺寸。

一大早理查德丝从睡梦中醒来，走出大门，穿过花园，来到村子旁边的草地上。她把手下的雇工仆人召集在一起，从中选出技艺出众的工匠，对他们说，打算在这里建一座屋子，这座屋子要和拿撒勒的圣屋一模一样，和圣母玛利亚接受天使报喜、耶稣诞生的那间屋子一模一样。当工匠们着手准备建筑材料时，理查德丝开始在村子周围寻找修建圣母小屋的合适地点，但是没有一处让她满意，到处都是沼泽般的土地，难

---

① Pynson, *Ballade of Walsingham*, st. 4, 5.

以兴建一座新屋。

夜幕降临之时，工匠们都放下工具安然入睡了，理查德丝却没有休息，她又跪下祈求圣母给她神示，告诉她应该将圣屋建在哪里。但是这天晚上，理查德丝没有做梦，也没有神灵向她发出指示。

第二天，理查德丝醒来以后走出大门，穿过花园，来到村子旁边的草地上。草地上铺满从天而降的露珠。理查德丝知道这是圣母玛利亚给她的神示，因为在这片草地上，只有两块地方没有被露珠覆盖，两块地方的大小都和拿撒勒的圣屋一模一样。她向圣母玛利亚祈求一个答案，圣母玛利亚给了她两个选择。

理查德丝选择了第一处地点，让工匠们马上开工。他们打好了地基，开始砌墙盖屋。但是不知道为什么，这一天忽然石头摞不上石头，砂浆粘不上墙，木梁无法对齐，一直到了晚上工程也毫无进展。工匠们都放下工具安然入睡了，但是理查德丝没有休息，工程的差错让她忧心，她又跪下祈求圣母给她神示，做着做着祈祷就睡着了。

第三天，理查德丝醒来以后走出大门，穿过花园，来到村子旁边的草地上。草地上再一次铺满了从天而降的露珠。在前一天挖下的地基上，所有的建筑材料都消失得无影无踪，理查德丝的祈祷这次似乎完全没有被圣母玛利亚听到。

但就在此时，理查德丝忽然有了一种奇异的感觉，仿佛有人在背后看着她。她转过身来，看到就在昨天神示的第二处地点上，在清晨的雾气中，矗立着她要建的圣屋，完美无瑕、秀丽端庄，仿佛是圣母玛利亚亲手修建的一般[1]。

故事听到这里，年轻的约瑟夫说道："这么说来，瓦尔辛翰的圣屋，是在圣母玛利亚的授意下，由天使们亲自修建而成的，是我眼前这种圣

---

① Pynson, *Ballade of Walsingham*, st. 21.

屋的完美复制？这么灵验的事情，为什么我从来都没有听说过呢？”

为了回答他的问题，神甫又讲了一个故事。但是这次他原本充满诗情的语句变成了苦涩的叙述。理查德丝去世多年之后，英格兰国王亨利八世来到了瓦尔辛翰的圣母小屋。与其他朝拜者一样，他赤脚走进村子，一边陪伴他的，是凯瑟琳王后。与其他朝拜者一样，他在圣屋门口停下，亲吻了一下那块据说是来自圣彼得手指的巨骨，他瞻仰了收藏在水晶瓶中圣母的乳汁，还喝了一口从圣井中打上来的据说可以包治百病的井水，离去之前，他把一只金镯子挂在圣母玛利亚雕像的脖子上。

20年之后，他下令把那只金镯子收回。1534年，瓦尔辛翰修道院的牧师们收到一份来自亨利八世国王的来信，强令这里的修道士承认英格兰教会的首领不再是腐败而疏离的罗马教皇，而是亨利八世国王他自己。修道院院长同意了。他听说过这位国王的脾气，也知道与国王作对会有什么下场，而且罗马又是那么遥远，这些改动无非就是一些手续上的变动，不会有什么大事发生的。他就这么安慰着修道院里的其他牧师们。

接下来确实没有什么大事发生，直到有一天，国王的钦差来到了瓦尔辛翰，开始干涉修道院的事务。修道院做出的反抗没能撑得了很久：修道院副院长和他的助手很快就死在了修道院墙外的绞架上。不到一年，修道院就被关闭了，钦差把圣屋中圣母玛利亚的画像、收藏圣母乳汁的水晶瓶、圣彼得的手指骨统统拿走带回了伦敦。国王的钦差们从各地收缴了成千上万件被他们视为盲目崇拜的饰品，全部公开付之一炬。

瓦尔辛翰的圣屋被捣毁了，修道院被拆除了，祈祷堂变成了农民的牛栏和谷仓。修道院院长因为愿意合作，每年可以收到100英镑的退休金，修道院的遗迹被锡德尼爵士（Sir Philip Sidney）用90英镑买下。理查德丝因圣母托梦而建起的圣屋，就只剩下一道断裂的拱梁孤零零地矗立在瓦尔辛翰村外那片曾经天降露珠的草地上。

公元1631年

听完这个故事，约瑟夫说道："这位女士的行为十分虔诚，可是她已经去世几个世纪了。瓦尔辛翰的圣屋没有了，但是洛雷托的圣屋还在，这可是原来的那座圣屋啊。这样还不够吗？"

为了回答约瑟夫的问题，神甫向他讲述了最后一个故事。不久以前在布拉格，一位波西米亚贵族妇女做了一个梦。这位贵妇是贝灵格娜·卡塞琳娜·冯·洛布科维乔娃男爵夫人（Baroness Beligna Katherina von Lobkowicz）。她在宗教战争中支持斐迪南皇帝（Emperor Ferdinand），对于他的对手，那些主张宗教改革的人，她既害怕又厌恶。她听说了英格兰的宗教改革者们犯下的种种亵渎神殿、捣毁神像的恶行，她还听说在她的属地上新教教徒也在干着同样的事情。她常常祈祷，期盼斐迪南皇帝的军队摧毁那些异教徒的武装。有一天她的祈祷终于应验了，在白山之役中（Battle of the White Mountain），新教军队被打败了。男爵夫人现在期盼圣母玛利亚给自己一个表达赞美感激的机会，感谢圣母让波西米亚重新归入罗马天主教中。

你现在大概已经知道她收到的神示是什么了：据男爵夫人说，在她的梦中，一个天使告诉她下一步应该怎么做。她来到了维也纳，在那里，埃莉诺拉皇后（Empress Eleanora）刚刚在奥古斯丁教堂（Augustinerkirche）中新修了一座礼拜堂敬献给洛雷托的圣母。为了修建这座礼拜堂，来自意大利的埃莉诺拉皇后特地把工匠派往洛雷托学习，所以维也纳的这座礼拜堂修建得和洛雷托的圣母小屋一模一样，具体到墙上的每条裂缝和砖墙上的一点点偏差，连屋内墙上壁画的残迹都复制得和原来的分毫不差。洛布科维乔男爵夫人把这些工匠从维也纳请到了布拉格，让他们在那里再建一座，要求和维也纳的复制圣屋一模一样、分毫不差。

希望复制圣屋的并非洛布科维乔娃男爵夫人一人，在波西米亚和其他卷入宗教战争的地方，许多虔诚的信徒都想建造一座圣屋，不管是建在贵族宫殿的礼拜堂，还是偏僻角落的修道院，抑或是村庄和山顶。有些是为了修复被亵渎的神殿、被捣毁的神像，有些则是为了用行动表示他们对圣母玛利亚的虔诚。

公元1674年

听完神甫所讲的故事，约瑟夫已经明白他下一步该怎么办了。洛雷托的圣屋洗净了他的身体和心灵，他必须通过复制一座圣母小屋并献身于它来回报圣母玛利亚。他去罗马加入了耶稣会（Jesuit），他不再是乞丐约瑟夫，而成了马里耶-约瑟夫·肖蒙诺特神甫（Father Marie-Joseph Chaumonot），被派往加拿大传教。

现在在他身后的这座小小的神殿，这座置身于离洛雷托、巴勒斯坦、波西米亚都有千里之遥的大河之边、森林空地之中的神殿，就是他的圣屋，就是他对圣母玛利亚的承诺。

当肖蒙诺特神甫讲述完故事之后，休伦族的长老们围坐在圣母小屋四周，开始用自己的语言重新唱起了他们刚刚听到的圣母玛利亚的故事[①]。

有人说上帝的圣言如同种子，如果落入肥沃的土壤，就会结出丰盛的果实；如果落入石峰中，就只会干枯萎缩。肖蒙诺特神甫讲述完故事之时，已是一个年迈的老人，在他去世之后，休伦族人又回复到他们过去的狩猎

---

① Jean de Brebeuf, 'The Huron Carol' (ca. 1643), tr. Jesse Edgar Middleton（1926），http://www.angelfire.com/ca2/cmascorner/Huron.htm.

生活，这座圣母小屋也已不复存在了。乞丐约瑟夫·肖蒙诺特的神奇传说，在这里留下的仅仅是一个地名，即安西安娜–洛雷特（Ancienne Lorette），以及当地教堂的名字圣母领报堂。当然附近的一座机场，一座可以让人们飞上天空前往他处的巨型建筑，也可以说是圣屋的遗产，毕竟这座可以飞来飞去的洛雷托的圣母小屋可以说是所有空中旅行的守护神。

虽然他的圣母小屋已经消失，但是肖蒙诺特神甫不必失望，在意大利，在墨西哥，在苏格兰，世界各地的人们都在纷纷效仿理查德丝。圣母小屋初看上去仅仅是一座简单的建筑，而代表的却是复杂而含蓄的祈祷。修建圣屋的过程，本身就是一种奉献，而奉献是必须反复给予的，于是圣屋也必须不断地修建。作为一种祈祷，圣母小屋的存在是短暂的，每隔一阵子，圣屋或者就会驾云而去，或者会被亵渎摧毁，或者会被森林掩盖，或者会因缺少爱护而残破。然后圣屋又会被重新修起来，就像祈祷会不断重复一般。

公元1931年

对祈祷的应验，总是出现在最令人意想不到的地方，圣屋的出现也是一样。不算很久以前，在乔治五世统治之下，英格兰诺福克郡的瓦尔辛翰乡村教区来了一位新任牧师帕滕（Patten）。一天早晨，帕滕牧师正在村外散步，草地上铺满了露珠。他从草地上捡到了一块小小的金属圆碟，圆碟握在手中，他心中出现了一个想法。

当地的农民在翻地时，经常会找到印着瓦尔辛翰圣母画像的金属片。帕滕牧师找来当地的一位工匠，让他凭着上面的画像建成了一座雕塑，并把这座雕塑放在他的教区教堂内。不久以后，人们开始前来向这座雕塑，即瓦尔辛翰的圣母，朝拜祈祷。刚开始还只是周围的村民，后来消息传开，越来越多的人来到这座不起眼的教堂朝拜。

10年以后，这座雕像被人从教区教堂抬了出来，通过村庄里狭窄的街道，搬到了一处新家。在理查德丝·德法弗奇斯修建的圣母小屋旁边的一座山坡上，新建了一座新的教堂，圣母与圣子的雕像被抬入其中，在教堂内绕行一圈之后，停留在教堂的中央。在那里有一座小小的屋子，4米宽、9米长。圣母与圣子像重新回到了圣屋之中，1000年过去了，仿佛什么也没有发生过一样。

从此以后，每年的5月份，瓦尔辛翰的圣母像都会放在一个铺满鲜花的架子上，被人抬着在村子内游行一圈，队伍中走在圣母像之前的，是信徒们、捧着十字架的人、手持香炉的人、神甫、主教、罗马天主教堂的首席神父、修士、唱诗班还有军人。狭窄的街道两边挤满了各种各样的遮阳伞、花船和圣徒的石膏像，镀金的十字架光芒闪烁，映入街边小屋的窗户中。因为现在已不是15世纪，街道两边还挤满了不接受教义的人们，他们手中拿着标语牌谴责宗教的迷信与盲从、天主教会的腐败，以及现代游行的丑陋粗鄙。不过因为这里是英格兰，所有人都装作没看到这些抗议行为。

游行结束之后，瓦尔辛翰的圣母又被抬入那座只有一扇方窗的小屋中，她默默地等待，等到下次被请出的那一天。

第 5 章

格洛斯特大教堂：赋予建筑以生命的亡魂

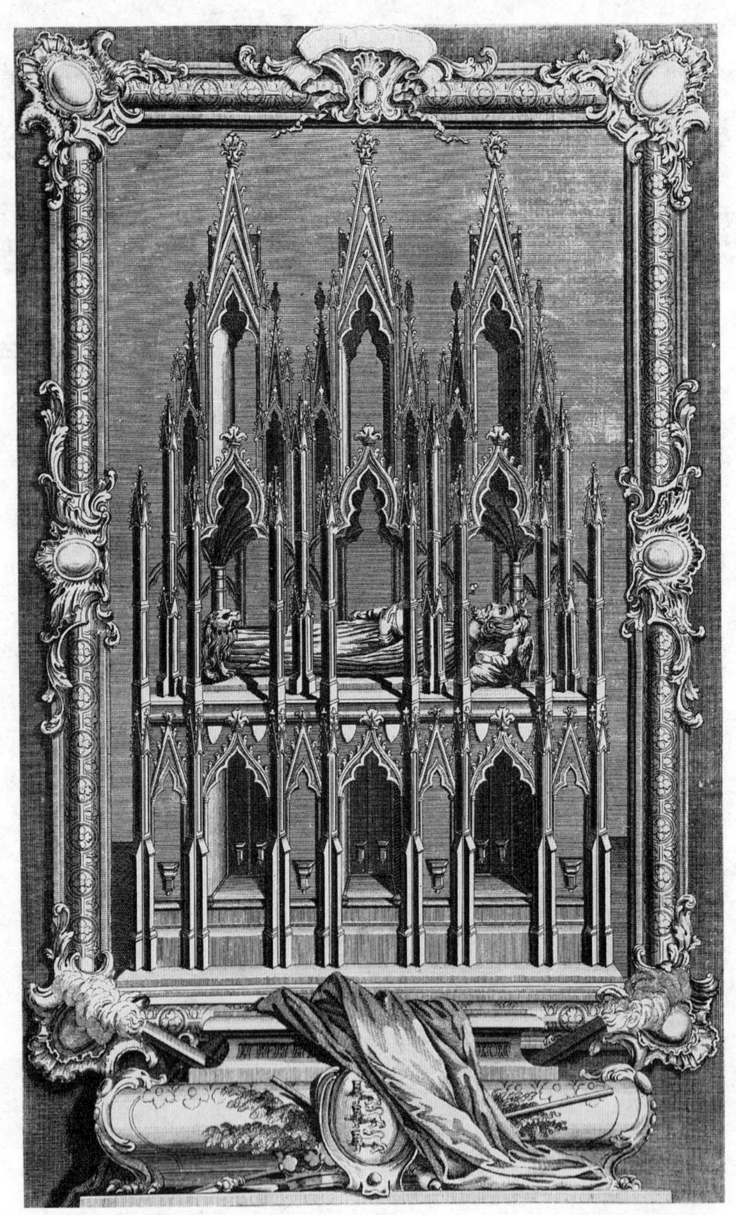

一座大教堂的源头：
格洛斯特大教堂内爱德华二世（1284～1327）的纪念碑

进 化

1687年的雅典，当土耳其妇孺在帕提农神庙内躲避战火时，他们用这座神庙的故事来安慰自己。但是故事被叙讲了许多许多遍之后，情节已和原来的大不相同：在故事中神庙的大门成了特洛伊的大门，基督徒修建的后殿成了柏拉图的宝座。世界上没有完美的拷贝，不管是故事还是建筑，在被重复的过程中，保存与变化几乎一样多。

中世纪的种种仪式似乎维持了社会的稳定，但是这些仪式同时也是变化的促成者。哥特式教堂漫长的修建与重建的过程既是一个拷贝的过程，又是一个进化的过程。每一代学徒都是跟从石匠师傅学艺的，当他们自己成为石匠师傅之后，又把技艺传给下一代学徒。每一代石匠在从上一代那里学成手艺之后，都会加以修改，然后才传给下一代，代代如此。最早的天主教堂的特点是简朴端庄，但是几个世纪之后，就变成了精巧复杂，令人惊叹。

建筑设计的进化不仅仅能在新修的教堂上体现出来，天主教堂的修建过程往往十分漫长，以至于在修缮原有教堂的过程中就能看出进化的过程。英格兰的格洛斯特大教堂就是一个奇特的例子。这座教堂最早是一座威严的诺曼时期风格的建筑，但如今这座大教堂身上已经披满了以后各个时期的装饰风格。每一次修缮都对前一次修缮略做修改，每一次的修缮，其风格都有不同的源头。

格洛斯特大教堂的演变，其源头可以在教堂的一座皇家墓座上找到。大教堂建筑风格的变化和这座墓座主人的故事一样神奇，而传言被传得越多，就变得越发离奇。

1327年，一辆马拉大车离开了英格兰的伯克利城堡（Berkeley Castle），颠簸着从大路驶向塞文河（River Severn）边灰茫茫的冲积平原。当行进到一片森林边时，两只高大的白鹿从林中跳了出来，站在大车面前，身上的白毛似乎在闪闪发光。两只白鹿乖乖地被套上缰绳，把大车一直拉到了格洛斯特。

格洛斯特修道院的僧侣们在门口惴惴不安地等着大车的到来，因为车上放着的是英格兰国王爱德华二世的尸身。国王已经死去3个多月了，有关他如何归天的传言既绘声绘色又让人害怕。谣传说他是被不贞的皇后伊莎贝拉（Isabella）和她的情人罗杰·莫蒂摩尔（Roger Mortimer）合谋杀害的[①]。

僧侣们听到的谣言说爱德华二世被关押在伯克利城堡5个多月，囚禁在一座填满死尸的大坑之上，但是却一直挺着没有倒下。看守们等得不耐烦了，干脆下手杀死了他。还有更恐怖的传言绘声绘色地说他曾喜欢鸡奸，于是看守们把一根烧红的通火棍捅进他的肛门里，方圆几里地内都能听到他的惨叫等等。但是当爱德华二世的尸体被送到修道院时，他身上看不出任何伤痕。

修道院的僧侣们的担心是有根据的，格洛斯特郡内的其他修道院都不愿意接收国王的尸身，因为害怕伊莎贝拉和她的情人莫蒂摩尔。但是这座修道院的院长约翰·索基（John Thokey）同意了，他提醒院中的僧侣说，国王在世时，还曾在修道院里和院长一起共进晚餐，这些都是写在修道院的正式历史文书中的：国王与院长“一起坐在大厅内，墙上挂着过去历代国王的画像。”爱德华二世还开玩笑说这里有没有他的画像。

---

① Alison Weir, *Isabella: She-Wolf of France, Queen of England* (Jonathan Cape, 2005), p. 264.

文书继续写道："院长答道，他期望国王过世后，会到比修道院更为荣耀的地方[①]。"索基院长对僧侣们说爱德华二世死得很不幸，但是现在应该给予他一生所追求的荣耀的时候了。

12月20日，国王的尸身被装在一座安着假身雕像的木棺内，放在雕有镀金狮子的灵台之上，缓缓地走过格洛斯特城的大街。跟在灵车后面的，是那些从爱德华二世之死得到好处的人：伊莎贝拉皇后、她的情人莫蒂摩尔、她的儿子爱德华三世。死去国王的心脏被装在一个银器中，放在高处昭示世人。游行过后，爱德华二世终于得以安葬。

国王尸身刚刚下葬在修道院里就引发了一系列动静。修道院的石匠们受命用英格兰珀贝克（Purbeck）产的大理石为国王建一座石棺，在石棺之上又用雪花石刻上了一座爱德华二世的卧像。雕像热望的眼神、易怒的嘴唇会让见过国王的人想起真人，国王头下的枕头由一群天使托起，仿佛是为了扶起国王，让他可以更容易地视察天国。在他的脚边躺着两头狮子，以显示他国王的身份。

石匠们在国王墓座之上修建了一座微型大教堂，一个只有圣洁的死者才能居住的地方。微型教堂走道的拱门之顶似乎闪耀着圣火的光芒，教堂的屋顶上有三座微型的神殿，每座神殿之上都装饰着镂空的卷叶和顶饰的尖顶。爱德华二世那双视力模糊的眼睛盯着这座飘浮在他头顶的微型大教堂，仿佛是看着他渴望的天国。

这座微型大教堂建得如此精致，不禁让人感叹人类为什么要花这么多心思建这样一座没有什么实用价值的东西。这座墓座可以称得上是一个小小的奇迹，可是当年却没人想到要把修建人的名字记录下来。

---

① *Historia et Cartarium Monasterii Sancti Petri Gloucestriae,* quoted in David Welander, *The History, Art and Architecture of Gloucester Cathedral* (Alan Sutton 1991), p. 144.

***

格洛斯特修道院始建于公元680年，由盎格鲁撒克逊时期维切（Hwicce）部落的奥斯里克（Osric）王子所建，但是爱德华二世所葬的修道院是1089年重建的。当年一场大火烧毁了整个修道院，院长塞洛（Serlo）下令重建一座十字架形状的教堂。1100年7月15日，十字架的头建好了，主祭坛前的唱诗区也可以使用了。在主祭坛之后是一座半圆形的拱廊，唱诗区上方是一个沉重的拱顶，由厚厚的墙壁撑起，在墙壁上有着一个个的开口，每个开头的顶上都有一座圆形的拱梁，再由地面上一个个矮柱支撑着。

四年之后，塞洛院长去世了，接任的是彼得（Peter）院长，然后是威廉（William）院长。在威廉院长治下，建好了教堂的中殿，也就是十字架的底部，这样参加礼拜的人终于有地方聆听唱诗班的颂唱了。教堂的中殿和塞洛时期建好的主殿一样，都没有很好的采光设计，显得十分阴暗，巨大的拱廊修饰简单，仅仅是一些重复的“V”字设计。

威廉院长过世后，继任的是德莱西（De Lacey）院长和阿默利纳（Hameline）院长。1179年阿默利纳院长去世了，接任他的是卡尔博内尔（Carbonel）院长，然后是布伦特（Blunt）院长。布伦特院长逝世后，担任修道院院长的是福利奥特（Foliot）院长。

福利奥特担任院长期间，在十字架的中心建起了一座高塔。这个中心也就是十字架的头（唱诗区）与十字架的底（中殿）以及十字架的双臂（两座耳殿）相交会的地方。也是在这一时期，中殿的拱顶被重新修建，新拱顶采用了尖顶拱门、狭窄的肋条、新开的高窗这些设计，让这座古老的建筑感觉不再那么沉甸甸的了。

中殿的新拱顶建好之后，福利奥特院长就去世了，他的继任者是约翰·德菲尔达（John de Felda）院长，接着是德加玛吉斯（de Gamages）院长。当德加玛吉斯院长在1306年去世之后，接任院长职务的是约翰·索基。正是索基院长接收了爱德华二世的尸身，并将他葬在修道院内。不久以后，索基院长辞去了院长的职务，由威格莫尔（Wigmore）院长继任。根据修道院的历史文书，威格莫尔“喜欢亲自动手，不仅喜欢机械工艺，还喜欢钩花[①]。”

爱德华二世的墓座修好不久，就有神迹出现，人们开始前往瞻仰，期望治愈疾病、获得救助。朝拜者们会在爱德华二世的石棺和雕像上刻上十字，现在依然可见。修道士的记录中写道，不久之后，“前来祭拜的信徒更加络绎不绝，向爱德华国王表达自己的忠诚与挚爱，格洛斯特城根本无力接待从英格兰各地纷至沓来的人群”[②]。在朝拜者们的轻声祈祷声中，爱德华二世的墓座闪闪发光，如同一颗种子，在修道院内昏暗的唱诗区悄悄发芽。

不久之后，爱德华二世的墓座生出了第一个后代。在威格莫尔担任院长期间，一座与原来的微型大教堂一模一样，但放大好多倍的墓堂修好了。这座墓堂位于南耳殿，规模之大，以至于不得不拆掉部分南耳殿的原有建筑。石匠们拆掉了南耳殿的尾墙，取而代之的是一片石头与彩绘玻璃混杂的墙壁，教堂外的光线由此涌入，照亮了这座从来都很昏暗的教堂。他们还拆除了耳殿原来的拱顶，换上了一座十分复杂、肋条三角交错的新拱顶，然后又加建了高窗。高窗的拱顶采用四圆心法设计，窗格是严格的横竖设计，并饰以精致的三瓣形花饰。最后，他们把耳殿的黑墙也进行了绣花般的装饰，采用和高窗一模一样的横竖条设计，以至于从某些角度看，几乎无法辨明哪里是窗子，哪里是墙壁。

---

① *Historia et Cartarium Monasterii Sancti Petri Gloucestriae,* quoted in Welander, *The History, Art and Architecture of Gloucester Cathedral*, p. 150.

② *Historia et Cartarium Monasterii Sancti Petri Gloucestriae,* quoted in Welander, *The History, Art and Architecture of Gloucester Cathedral*, p. 146.

这是一项复杂和精细的任务，从现在留存的印迹上还可以看出当年这项工程的艰巨。对南耳殿的这些改造使之更为轻巧，但也减弱了其承重能力。工程进行到一半时，石匠们意识到改造之后的耳殿可能无法承托修道院塔楼的重量，塔楼有塌下来的危险，于是不得不建造了一个巨大的支撑架提供承重支持。这是一项紧急措施，但是石匠们不仅没有想办法把这个支撑架掩藏起来，反而让它非常明显地斜穿过整个墙壁，时时提醒世人当年的石匠是想出了一个多么聪明的办法来化险为夷的。中世纪的建筑，在某种程度上都带有试验性质，依赖于一定的安全余度和工匠们的经验，而没有精确的工程计算。这条斜斜地穿过整个南耳殿的支撑架就是很好的见证。

除了需要经验外，石匠的工作也是危险的。在南耳殿的一面墙壁上有一个小小的托架，状如石匠们使用的直角尺，据说它原本是用来托起一座圣芭芭拉（St Barbara）雕像的，开工时石匠们会祈求圣芭芭拉保护他们不被狂风大火所害。在这座托架的顶部是微型的垛墙，就像一些大屋子的房顶一样，在托架的下方雕刻着一个微型的肋条拱顶。除此之外，肋条拱顶上还雕刻着这样一个场景：一个年轻的学徒双脚悬空，双手紧紧抓住拱顶，他的师傅在一旁表情惊恐，因为学徒好像马上就要力气不支，摔到修道院的地板上。这样的事情在修建教堂的过程中经常发生，但是从来没有人想到要把为修建教堂献身的工匠的名字记录到教堂的历史文书中。

***

当格洛斯特修道院内爱德华二世的墓堂和南耳殿完工之后，威格莫尔院长也过世了，他的继承人是斯汤顿（Staunton）院长。在斯汤顿担任院长期间，爱德华三世曾带着所有的宫殿随从前来敬拜父亲的墓座。对修道院来说，国王的造访让他们收获甚丰。爱德华三世向墓堂捐献了一条黄金制成的船只，以感激神灵保佑安全渡海；菲莉帕（Philippa）皇后捐献了一颗由黄金做成的心脏和耳朵，以感激神灵治愈疾病；他们俩的孩子爱德华王子献出了一个黄金打造的十字架。据说在看到了这座以爱德华二世墓座为蓝本建造的南耳殿之后，爱德华三世希望修道院的僧侣和石匠们按照同样方式改造唱诗区。

于是教堂的南耳殿，这个爱德华二世墓座的后代，现在有了自己的后代。爱德华三世离开之后，在教堂的高塔之下，也就是十字架交会的中心，石匠们开始忙碌起来。和南耳殿的改造一样，他们拆除了古老的顶棚，换上了一个新的拱顶，在改造南耳殿时学到的经验现在派上了用场。这个新拱顶比原来的复杂得多，许许多多的肋条在拱顶交汇，交汇点饰以精致的雕塑，展现各位天使、圣徒和树林中的神灵。新建成的顶棚看上去不再像是搭在厚墙上的石头结构，更像是在树林中的一座光芒闪耀的藤蔓华盖。

当十字架交会处的改造工程完工之后，斯汤顿院长也离开了人间，他的继任者是霍顿（Horton）院长。在这期间，拱顶的改造工程开始延伸到主祭坛背后的半圆形拱殿了。石匠们拆除了拱殿，换成了一扇巨大的窗子，这是当时世界上最大的窗子，因为太大，这扇窗子必须用两条支撑柱加强才行。在窗子的中央，玻璃工安装了一幅圣母玛利亚从耶稣手中接受皇冠的彩绘玻璃图画。在天空中是飞翔的天使，在她身后是圣徒们、主教们，以及英格兰的历代国王等。在这些皇公贵族的下方，是他们的家族盾牌以及那些追随爱德华三世国王参加迎战法国军队的克雷西之役（Battle of Crécy）的骑士们。

就像南耳殿一样，石匠们对唱诗区的墙壁也做了绣花般的装饰，采用了成片狭长的柱子和大量的三瓣花饰，这种装饰手法的效果是让人难以辨明哪里是窗户，哪里是拱廊，哪里是墙壁，仿佛状似藤蔓华盖的拱顶将枝蔓沿墙而下，融入狭窄的石头肋条之中，与彩绘玻璃组成茂密的大网，闪闪发光。爱德华二世墓座的第三代向它的前辈学习，继续进化，变得更为优雅和精致。

改造之后的唱诗区和它的前辈一样，仿佛是一座飘浮空中、天堂般的建筑，但它的栖息地却是人间的厚墙重廊。要将天与地融为一体是何等艰难的任务，这种艰难在格洛斯特大教堂内随处可见。唱诗区的建筑完美得可以配得上天堂，然而它两边的走廊却是一堆搭配错乱的结构：缺口被打开又堵上；一些结构没有道理地被拆除；将就而成的结合部等等。

在中世纪，建筑几乎都不是按设计修建的。开工之前，通常既没有整体蓝图也没有模型，大部分情况下要靠运气和工匠的聪明才智才能建成。与此同时，大型建筑的建筑周期非常之长，不可能靠一代人完成，于是中世纪的建筑几乎都是许多人渐进改造的过程，而不是靠某个天才的设计。

格洛斯特修道院就是一个最好的例子。在这里，唱诗区的墙壁依靠频密的支撑柱承重，到了耳殿，支撑柱的间隔忽然变大。这个建筑结构问题的源头，是建筑原有的外壳与内部的新设计之间的不匹配，后果是在十字架交会处的拱顶以及上方的塔楼几乎没有任何承托的结构。这也许是因为在改造过程中估算出错了，但是跟自己的前辈一样，当时的石匠们不是把问题掩藏起来，而是大方地展示出来，决定让拱顶看上去就像是没有根基、飘在空中一般。他们在十字架交会处面朝耳殿一侧墙壁的上方加了一条非常细的拱梁，在拱梁的尖顶处，是一个小小的基座，从这个基座之上，再向上伸出一条条的肋条撑起拱顶。这样，塔楼的重量顺着这些肋条传到这个小小的基座，然后再顺着这根非常细的拱梁转到地面。但是在这些肋条身上看不出一点负荷过重的迹象，它们从基座上升起，如同在针尖上跳舞一样。就这样，这些天才的石匠们，把一个工程结构的难题，化成了天堂般优雅的景致。

***

当格洛斯特修道院的唱诗区改造完工时，爱德华三世去世了。霍顿院长因病辞职之后，波尔菲尔德（Boyfield）接替了院长的职务。在他任职期间，理查二世国王曾来修道院小住。他在爱德华二世的墓前祈祷，并用自己的皇家印符装饰墓冢，印符上是一头白鹿，这也许是为了纪念那两头把爱德华二世的尸身拉来到这里的白鹿。他甚至还给教皇去信，建议将爱德华二世封圣。

波尔菲尔德院长去世之后，继任他的是福洛斯特（Froucester）院长，在这期间，格洛斯特修道院的唱诗区有了自己的后代：一座四方形的回廊。

走入这座回廊，一边是成片的窗户，面向回廊中央的草坪；另一面是厚墙，把修道院的各种世俗事务隔在外面。和唱诗区一样，石匠们把这座回廊的每一面墙壁都用和窗户一模一样的的花格窗装饰起来，以致让人完全分不清哪里是墙壁，哪里是窗户。墙壁和窗户的装饰是如此精致，以致你可以把回廊上方沉重的拱顶想象成由石头肋条组成的骨架，那些闪闪发光的玻璃则是其身上的肌肤。

但是回廊的精雕细琢还不止于此，在装饰上又更进了一步。爱德华二世墓座上方的微型教堂、南耳殿，以及唱诗区的拱顶，说到底不过是一些横躺的圆柱形的结构相互连在一起而已，但是回廊的拱顶就完全不同了。在回廊的窗户之间，是一些窄窄的石头立柱，在每一条石柱上方，是呈扇形向上发散的一组肋条，走在回廊里就像是漫步在两排棕榈树之间一样。很难想象修建回廊的石匠和改造南耳殿和唱诗区的是同一批人。

回廊是一座在教堂外平地上修建的全新建筑，但是它也借用了其前辈身上的一些特异结构，这些结构不再是为了弥补结构误差，而似乎是为了展示传承。比如在回廊的西侧有一扇不起眼的门，通往院长住宅。在这里，拱梁的肋条并不是从门两边的立柱顶端向上升起，而是以门上方一条细小的拱梁的尖顶处作为基座：和唱诗区面朝南耳殿一侧的拱梁一样。这一结构并无存在必要，石匠门把它建在这里，似乎是专门为向世人宣示这是家族风格的传承。

回廊建成之后，福洛斯特院长也去世了，继承他的是莫尔顿（Moreton）院长，修道院的历史文书说他“没有做任何值得记录的事情”[①]。在他归天之后担任院长的是莫温特（Morwent），他下令开始重建修道院的中殿，但是只建了三个拱门之后即告中止。

莫温特院长逝世后，布莱斯（Boulers）接任了院长一职，他被任命为英格兰国王驻罗马的大使，接着又被约克公爵囚禁在拉德洛城堡（Ludlow Castle），实在无心关注修道院的建筑。1450年布莱斯晋升为赫里福德（Hereford）的主教，于是修道院院长一职就交给了塞布洛克（Sebrok）院长。在塞布洛克院长任期内，爱德华二世的墓座又有了一个最新的后代，比它所有的祖辈都庞大而显赫，它就是十字架中心上方的钟楼。

这座新建钟楼里的钟声可以响彻格洛斯特周围遥远的田野和冲积平原，一直到塞文河边。这座钟楼看上去不像是从地面冲向天空的尖塔，而仿佛是从上天轻轻飘落下来的一座缀满了花窗格、尖顶拱梁、细长撑架、石刻卷叶的神殿，刚好落在修道院的屋顶之上。在钟楼顶部布满了垛墙和角楼，以及众多的透雕，以至于它看起来不像是石头砌成，而是用细针钩出来一般。

塞布洛克的继承人是汉利（Hanley）院长，然后是法利（Farley）院长。在他们两人任职期间，在这座古老的修道院里，爱德华二世墓座又生出了一个新的后代。这是一座从修道院东端向外延伸出去的礼拜堂。这座名叫圣母堂（Lady Chapel）的建筑置身于古老的修道院外，自然光

---

① *Historia et Cartarium Monasterii Sancti Petri Gloucestriae,* quoted in Welander, *The History, Art and Architecture of Gloucester Cathedral*, p. 236.

从各个方向透过彩绘玻璃涌入内堂，照亮了墙壁上金色的石块。圣母堂是一座新建筑，在设计时就考虑好了承重结构、内部空间的使用等问题，不需要为了修补错失而增添奇奇怪怪的设计。

但是修建圣母堂的石匠们却把所有设计都加到这里来了：斜穿过花窗格的支撑架、用细弱的架空拱梁撑起来的拱顶，还有从窄窄的立柱顶上升起的扇形肋条。在这座礼拜堂里，这些设计虽然多余，但其出现却不是随意的。圣母堂记录了历年来一代又一代的石匠为格洛斯特修道院献出的奇思妙想，那些让修道院一次又一次变身的天才设计。既然修道院的僧侣们不打算在历史文书上记下石匠的名字，石匠们选择了用石头砌出一部自己的历史。

***

这些石匠的名字在缺乏文字记录的情况下，就只有谣传言猜测中寻找了。有人指出格洛斯特修道院的南耳殿与伦敦西敏宫（Palace of Westminster）中的圣斯蒂芬（St Stephen）礼拜堂在概念和细节上都有许多相似之处，可惜那座礼拜堂已于1834年被焚毁了。有些学者推测，爱德华三世派了修建圣斯蒂芬礼拜堂的石匠大师，即坎特伯雷的托马斯（Thomas of Canterbury），去改造他父亲的长眠之地，使其更显尊贵。我们永远也无法印证这个说法。坎特伯雷的托马斯自1336年起，也就是爱德华二世逝世9年之后，就从记录中消失了。

伦敦圣保罗大教堂原来的议事厅已经被毁，仅剩下几块断裂的石块，现于教堂中公开展出。这些石块上刻着的花纹，与格洛斯特修道院唱诗区用的石块花纹非常相像，于是有人相信这些石块都是由同一个人凿成的，而这个人就是石匠大师威廉·拉姆齐（William Ramsay），他曾是英格兰一个石匠世家的掌门人，这家人在14世纪中期曾经在英格兰东部的许多地方修建过教堂和城堡。拉姆齐年轻时曾在坎特伯雷的托马斯手下工作过，也许是他的学徒。

但是在格洛斯特修道院的历史文书中却并无威廉·拉姆齐这个名字，也没有这一时期任何一位工匠的名字。可以确定的是，有一个名叫斯朋里的约翰（John of Sponlee）的人曾经在1336年测绘过格洛斯特城堡，以后还曾被召入宫。也许是威廉·拉姆齐规划了修道院唱诗区的改造工程，交由斯朋里的约翰实施。也可能是拉姆齐赏识他的才能，收他为徒，再引见他入宫。这个说法的真伪也永远没有人知道了。

修道院回廊拱顶的扇形肋条设计就更是一个谜团。这一设计明显继承了修道院内部拱顶的一些设计风格，但同时做出了非常激进的改变，显然是出自另一位石匠大师之手。也许我们可以从一幅17世纪的素描上找到一些线索，这幅素描画的是格洛斯特附近的赫里福德大教堂的议事厅，这座议事厅本身已经被拆除了。素描用的纸很粗糙，线条也欠稳健，但是画中议事厅的拱顶与格洛斯特修道院回廊的拱顶是如此相似，很难想象这两座建筑没有任何关联。

我们知道是谁设计了赫里福德大教堂的议事厅：他的名字叫坎特布拉格的托马斯（Thomas of Canterbrugge），坎特布拉格是格洛斯特与布里斯托之间的一个村庄、与著名大学城同名的剑桥村的旧名。有人认为坎特布拉格的托马斯曾经师从威廉·拉姆齐或是斯朋里的约翰，参与改造格洛斯特修道院的唱诗区，成为石匠大师之后建造了赫里福德的议事厅。也许是他发明了扇形肋条拱顶，但真相永远也无人知道了。

根据格洛斯特修道院的历史文书记载，对钟楼的改造是由修道院内的一名牧师罗伯特·塔利（Robert Tully）设计并实施的，他后来成为威尔士圣戴维教堂（St David's）的主教。但是，与此记载不同的是，当地的一首民谣中说是一个名叫约翰·高尔（John Gower）的人修建了格洛斯特修道院的钟楼[1]。可除此之外，我们对这个约翰·高尔一无所知。至于是谁设计修建了圣母堂，则是一点线索都没有。

***

今天的共济会（Freemasons，原意为自由人石匠会）的源头可以追溯到1390年的一份文件，那时候格洛斯特修道院的回廊正在兴建中。这两件事同时发生，也许并非完全是巧合，因为这份名叫“桃红书”（Regius Manuscript）的文件是用格洛斯特郡一代的英语方言写成，石匠们第一次把自己的历史写在羊皮纸上，而不是砌在石墙中。

“桃红书”开篇用拉丁语写成，口气宏大：“几何学的艺术宪章由此开始”[2]。中世纪的石匠们，并不像一些人想象的那样是一群无知的匠人。石匠们的沉默，并不是不知道如何表达，而是他们选择了沉默。石匠们是有古老血统的文化人，更重要的是，他们是自由人，并不受制于任何地主或修士。像坎特伯雷的托马斯、斯朋里的约翰、坎特布拉特的托马斯这样的石匠大师，可以来去自由，在各地参与兴建教堂和城堡。

这些人有着自己的想法与秘密，为了分享和受益于他们所掌握的知识，石匠们同意接受一些规定，这就是共济会的来由，其中最重要的有两条：第一，所有人必须定期聚会；第二，所有人必须雇佣和训练学徒。

格洛斯特修道院的故事，很好地凸显了石匠们的这种师徒关系。自从爱德华二世被安葬在这里后，一个多世纪过去了，参与兴建改造修道院的石匠间的师徒关系一直没有中断过。兴建圣母堂的石匠大师曾经是那些修建了钟楼的石匠大师的学徒；修建了钟楼的石匠大师，曾经是那些重建了修道院西端中殿的石匠大师的学徒；重建了中殿的石匠大师，

① Welander, *The History, Art and Architecture of Gloucester Cathedral*, p. 254.

② http://freemasonry.bcy.ca/texts/regius.html.

曾经是那些修建了回廊的石匠大师的学徒；修建了回廊的石匠大师，曾经是改造了修道院唱诗区的石匠大师的学徒；改造了唱诗区的石匠大师，曾经是改建了南耳殿的石匠大师的学徒；最终我们可以追溯到那位我们依然不知其名、修建了爱德华二世墓室的石匠大师。

每一代石匠都从前辈身上学到了一些东西，格洛斯特修道院本身也是一样。圣母堂是对过去一个半世纪修建过程的总结；钟楼的设计是将修道院内部的设计应用到了外部；唱诗区与十字架交会处的设计是对南耳殿实验的求精过程；南耳殿的建造则是对爱德华二世墓室的放大。

而那座墓室上的微型建筑，那座布满了各种形状奇异的拱门、带花边的镂空尖顶的微型建筑，那座让石头建筑变成宛如天堂般轻盈的微型建筑，是所有这一系列建筑的前身。它衍生出一个又一个后代，既让自己融入塞洛院长时期的修道院，又让这座曾经既简陋又不舒适的建筑发生了重大的转变。在这之后，修道院已布满了各种引人注目的设计与装饰，这座墓室却依然默默地置身于教堂的一隅。

***

1498年法利院长辞世之后，接替他的是马尔文（Malvern）院长，不久之后他也去世了，以后的院长分别是布朗歇（Braunche）、纽顿（Newton）和帕克（Parker）。帕克是修道院的最后一任院长，因为在他任职期间，英格兰国王亨利八世下令解散了修道院，逐出了所有僧侣。但是亨利八世没有捣毁这座修道院教堂，而是将它升级为一座大教堂（cathedral），借此纪念国王祖先的葬身之地。

亨利八世至少相信这里是爱德华二世的葬身之地，但是历史上却有另外一种说法。1337年，爱德华二世的儿子，即爱德华三世，收到了来自意大利热那亚的一封信，写信的是一位名叫马努埃莱·德菲耶斯基（Manuele de Fieschi）的神甫：

"因主之名，阿门。我以下所写的，来自您父亲的忏悔，由我亲笔记下，现在告知陛下。

您父亲告诉我说，在您母亲的威胁下，他觉得英格兰将要针对他而起事，于是他离开自己的手下出走了……然后被兰卡斯特的亨利勋爵抓住，带往凯尼尔沃思城堡（Kenilworth Castle）……在那里，在众人的胁迫下，他被逼退位。随后在圣蜡节时，你被加冕成为英格兰国王。

最后他被押往伯克利城堡。有一天，他的仆人对他说'大人，我知道托马斯·格尼（Thomas Gurney）勋爵和西蒙·巴福德（Simon Barford）勋爵以及他们的手下正赶来这里，要夺您性命。请您换上我的衣服，赶紧逃走吧'。在暮色的掩护下，他穿着仆人的衣服出逃了。一路无人阻拦，逃到城堡大门时，发现看门人正在睡觉。他杀死了看门人，取下大门钥匙，打开大门，和仆人双双逃走了。

当前来刺杀国王的骑士们赶到时，发现国王已经逃走，他们害怕皇后生气，自己可能性命不保，于是就把看门人的尸体放入大箱子中，取出心脏献给皇后，谎称是爱德华二世国王的心脏。葬在格洛斯特修道院教堂的，其实是看门人。

……经过多方考虑之后，您父亲决定出走巴黎，从巴黎他去了比利时的布拉班特（Brabant），从布拉班特他去了科隆，瞻仰了三圣人的圣盒，然后他离开科隆去了米兰。

在米兰，他先是在米拉西（Milasci）城堡的冬宫中居住，米拉西城堡后来在战争中被毁，于是他搬到塞西马（Cecima）城堡，住在伦巴第大区（Lombardy）帕维尔省（Pavia）教区的一处冬宫中。在过去两年左右的时间内，他一直住在那里，深居简出，苦修忏悔，为您和其他人祈祷。[1]”

意大利的塞西马是一个僻静的地方，时光在此似乎凝固不动了。山间的冬宫中，有一座简单的坟墓，有人说，这才是爱德华二世长眠的地方。格洛斯特的国王坟墓，不过是为了掩人耳目而已，在被不断重复和添油加醋之后，让所有人都信以为真了。

① Weir, *Isabella: She-Wolf of France, Queen of England*, pp. 203–204.

第 6 章

格拉纳达之阿尔罕布拉宫：表亲之配

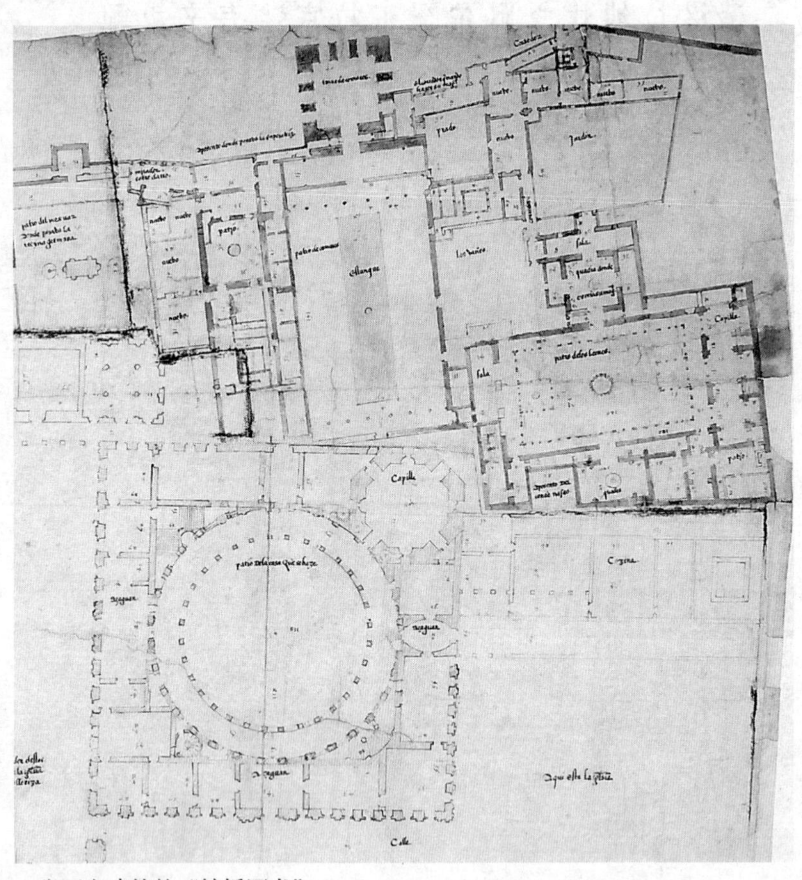

一张两座建筑的“结婚证书”：
阿尔罕布拉宫的大广场和卡洛斯五世的行宫，设计师：佩德罗·马丘卡（Pedro Machuca）

误　解

1687年，雅典卫城上的奥斯曼清真寺被神圣同盟的军队摧毁了，这座清真寺彰显了伊斯兰、基督教和古希腊之间的三角关系：在其壁龛中，既有柏拉图的宝座，又有圣母玛利亚的拼画；点缀在其外部的那些头部被搬走的雕塑，既是古代众神教文化的代表，又见证了单神论宗教对其他宗教神像的破坏。据说当穆罕默德二世第一次看到帕提农神庙时，既被它的美丽所感动，也为它所遭受的破坏而难过，流下了眼泪。

伊斯兰和基督教都是古希腊文化的继承者。在中世纪，欧洲基督教国家的僧侣学习拉丁语，伊斯兰地区的学者学习古希腊语，沿着这两条并行的脉络，古希腊的文化被传递、保存、转化，一代又一代地流传下来。然而，这两条脉络虽然有时会相互补充，但却并不一样。如果《建筑师之梦》是在伊斯兰地区画成的话，其刻画的建筑将会完全不同，体现的历史关系也会截然不同。几个世纪以来，西方基督教国家对古希腊文化的继承不断被野蛮部落的入侵所打断，其文化碎片被这些部落拿走借用了。另一方面，伊斯兰地区在继承地中海东部的都市文化方面却非常平稳、持续。

15世纪文艺复兴之初，这两条脉络之间的差异显得越发清晰。文艺复兴，顾名思义，就是指让一个已经死去的文化重新恢复生机。“中世纪”本来就是文艺复兴时期发明的一个概念，用来表示在古希腊与文艺复兴之间，文明停滞了，处于沉睡状态，需要将之唤醒。在这里，不存在地中海东部伊斯兰地区的文化连续性。

格拉纳达的阿尔罕布拉宫被基督教“夺回”的故事，正反映了文艺复兴初期基督教与伊斯兰之间的交锋，这个故事正好与圣索菲亚

（Ayasofya）的历史相反。然而，在伊斯坦布尔，圣索菲亚是通过将原来的圣索菲亚大教堂含蓄渐进地改造而成的，但是阿尔罕布拉宫与其隔壁的查尔斯五世（Charles V）行宫之间的关系，仿佛是一场盲目的婚姻。这两座宫殿都继承了古希腊宫殿的风格，但继承的路径却极为不同，以致到了相互之间无法沟通的地步。阿尔罕布拉宫是一个奇异的怪物，只能把它当作一个让人失笑的梦。

1492年1月，卡斯蒂利亚（Castile）王国的伊莎贝拉女王和阿拉贡（Aragon）王国的费迪南德（Ferdinand）国王终于完成了从摩尔人手中夺回西班牙的使命。从他们位于山下圣菲（Santa Fé）的营地，可以看到十字架的旗子已经飘扬在格林纳达的阿尔罕布拉宫之上了，于是他们一行人离营启程，向阿尔罕布拉宫进发，这是上帝给予他们的礼物。

在上山路上，他们迎面遇见了一群下山的摩尔人，在他们之中是格拉纳达的酋长阿布·阿卜杜拉·穆罕默德（Abu Abdallah Muhammad），西班牙人称他为波布狄尔（Boabdil）。两队人马见面后稍作停留，但是已不需要再作任何谈判了，因为波布狄尔已经把他的城堡拱手交给了西班牙人，西班牙人则把他们手中波布狄尔的儿子交还给了他父亲，接着两队人马便分道扬镳。

伊莎贝拉和费迪南德进入阿布兰拉宫之后，用圣水将其中的清真寺洗涤干净，随后走进狮子院（Court of the Lions）的国王厅（Hall of the Kings），在院中喷泉的潺潺水声陪伴下，举行了一场弥撒。接着在番石榴院（Court of the Myrtles）的使节厅（Hall of the Ambassadors）安放了自己的王座。在以后不到一个月的时间内，他们让哥伦布出海向西寻找一条去往印度的新航道，这样就可以绕过摩尔人控制的海上航道。哥伦布半年之内就从“新世界”回来，并向女王和国王呈报说他已经把十字旗插在了那里。

阿布·阿卜杜拉·穆罕默德一行人则继续往山中走去，据传说，当回头遥望那座先辈留给自己的城堡时，穆罕默德流下了眼泪。他的母亲在一旁怒骂道：“打仗时不像个男人，现在哭起来像个女人！”发出最后一声叹息后，穆罕默德一行人默默地离开了。这个地方现在还被叫作“最后一声叹息之地”。

西班牙人把格拉纳达山中的一块地给了穆罕默德，让他和随处能有一个栖身之地。但是他没有留下，没有亲眼目睹摩尔人的安达卢斯（Al Andalus）如何被改造成了西班牙人的安达卢西亚（Andalucia）。他带领着依然追随他的摩尔人一起渡过地中海，投入马格里布（Maghreb）的王公首领们麾下。据说那一带的许多居民家中一直保留着他们在安达卢斯家中的钥匙和地契，期待哪一天还能派上用场，可他们至今仍未等到回归家园的这一天。

***

1526年，伊莎贝拉和费迪南德的孙子辈儿的两个孩子结为连理。新郎是凯泽尔·卡雷尔（Keiser Karel），他有众多头衔，包括：神圣罗马帝国皇帝（Holy Roman Emperor），罗马人国王（King of the Romans），君士坦丁堡皇帝（Emperor of Constantinople），勃艮第（Burgundy）、布拉班特（Brabant）、林堡（Limburg）、洛林（Lothier）、卢森堡（Luxembourg）公爵，阿图瓦（Artois）、佛兰德（Flanders）、海诺尔特（Hainault）、荷兰（Holland）、那慕尔（Namur）、齐兰（Zeeland）、聚特芬（Zutphen）侯爵，阿拉贡、马略卡（Majorca）、巴伦西亚（Valencia）、纳瓦拉（Navarre）、萨丁（Sardinia）国王，巴塞罗那（Barcelona）伯爵，那不勒斯（Naples）国王，西西里（Sicily）国王，卡斯蒂利亚与利昂（Leon）国王，奥地利大公爵，施泰尔（Styria）、克恩滕（Carinthia）、卡尔尼奥拉（Carniola）公爵，蒂罗尔（Tyrol）伯爵。新娘是他的表妹、葡萄牙帝国的继承人伊莎贝尔（Ysabel）公主。自从葡萄牙探险家瓦斯科·达迦马（Vasco da Gama）出航向东探险之后，葡萄牙的领地横跨巴西、非洲海岸、印度、锡兰、中国、日本，真正称得上是一个日不落帝国。

以通婚获利是凯泽尔·卡雷尔家族的传统，这个家族住在哈布斯堡（Habsburg）。很久之前他们不过是奥地利北部小峡谷中一座小城堡的看管人而已，但是非常精通如何以通婚往上爬。卡雷尔头上那一连串令人眼花缭乱的头衔并非靠征战夺取，而是以继承方式获得。他的父亲是法国菲利普四世国王（Philip the Fair），祖父则是神圣罗马帝国皇帝马克西米利安（Maximilian），通过这一血统他继承了欧洲北部一些地区，勃艮第、奥地利与荷兰等地的头衔。他的母亲朱安娜（Juana the Mad）的父母就是卡斯蒂利亚女王伊莎贝拉和阿拉贡国王费迪南德。这两人不仅携手平定了格林纳达，还以通婚方式统一了西班牙，使得西班牙不仅只有一种宗教，而且还只在一个家族统治之下。

凯泽尔·卡雷尔的那些头衔有些还有更长远的历史。君士坦丁堡皇帝这个头衔，自从穆斯林军队1453年攻占这座城市之后就不过是个虚名，但这个头衔本身却可以再往上追溯到古罗马时期。“神圣罗马帝国皇帝”则是在公元800年由夏尔马涅（Charlemagne）发明的头衔，当时他幻想着将他手下的领地扩展到覆盖古罗马帝国的所有疆域。卡雷尔头上戴着的，是古罗马皇帝带的桂冠，而“凯泽尔”一词，在欧洲各地都有相似的叫法，但都来源于古罗马时期的皇帝“恺撒”。

卡雷尔生于佛兰德地区的根特（Ghent）城堡，但是没法把他称作佛兰德人，因为他的领地覆盖所有基督教地区甚至更多，他不属于任何一个地方、任何一种语言。他曾经说过：“我对上帝说西班牙语，对女人说意大利语，对男人说法语，对我的爱马说德语”。我们不知道他说这番话的时候用的是哪个地方的语言。

当他的祖父费迪南德国王1516年去世之后，卡雷尔来到西班牙继承王位，但是西班牙的皇公贵族们对他心存疑虑，要求他留在西班牙，学习卡斯蒂利亚的语言。他虽然答应留了下来，但并不能完全履行自己的承诺，因为他名下的疆土实在太大，难以管理。一次又一次的危机，从1516年马丁·路德在维滕贝尔堡（Wittenberg）宣布宗教改革，到1529年维也纳被奥斯曼帝国军队围困，再到1545年的特伦托会议（Council of

Trent)，每次他都必须离开西班牙，北上处理。

虽然卡雷尔并不常年待在西班牙，但是他还是同意迎娶一名来自伊比利亚半岛（Iberia）的新娘为妻。为了巩固收复不久的西班牙原摩尔人地区，他和伊莎贝尔的婚礼选择了在安达卢西亚举行。在前往安达卢西亚的路上，他拜访了科尔多瓦（Cordoba）的古老清真寺，这个镇子正在兴建一座新的大教堂敬献给他。卡雷尔和伊莎贝尔的婚礼在塞维利亚（Seville）的一座钟楼前举行，这座钟楼曾经是一座摩尔人的清真寺的尖塔。婚礼当晚，新郎新娘在佩德罗国王（Pedro the Cruel）的宫殿中度过了洞房之夜，佩德罗国王是这对新婚夫妇的祖先，就是他从摩尔人手里夺回了塞尔维亚，在位期间曾因残暴而得了"暴君"之名。

卡雷尔和伊莎贝拉的婚礼是基于政治互利的目的，然而新婚之夜，两位新人欣喜地发现他们竟然喜欢对方。参加婚礼的威尼斯大使当时写道，在婚礼上，新郎新娘被对方完全吸引，目光话语中充满了爱慕之情，完全不顾及周围人们的眼光。婚礼第二天，新郎新娘到了上午10点，甚至11点还没有起床，这在宫中可算得上是件丑事了。据说他们俩相爱至深，以至于当卡雷尔需要离开处理公务时，皇后伊莎贝拉就拒绝起床，传说卡雷尔还为了皇后抛弃了众多的情妇。

***

婚礼过后，卡雷尔和伊莎贝尔来到阿尔罕布拉宫度蜜月，就是在这里，伊莎贝尔怀上了皇位的继承人。当他们俩来到阿尔罕布拉宫门口时，一支摩尔人的乐队头戴头巾，身穿飘逸的服装，坐在地上，为这对新婚夫妇演奏了悦耳又奇异的曲子。虽然听不懂这些人演唱的歌曲，但是卡雷尔对这些乐师演奏的音乐却非常欣赏，于是邀请他们入宫专门为他表演。在这之后的许多夜晚，卡雷尔和他的宫殿随员们都正襟危坐地聆听这些乐师们的演奏，旋律萦绕不绝，还时时伴以乐师们尖利的嘶叫。

卡雷尔对自己的新居所十分喜欢，发现阿尔罕布拉宫就像是一座飘在空中的城堡，在格林纳达城的高处，在一座郁郁葱葱的峭壁之上，是阿尔罕布拉宫成片的塔楼和城垛。传说当地的孩子们坐在城垛上，向外垂下钓鱼线和鱼钩就可以抓到飞过的鸟儿。

卡雷尔还发现，在这些城垛背后，是许许多多有趣的花园和柱廊，光线与阴影交织错落，声音与香味四处飘散。在各处都可以看到泉水从喷管中缓缓流出，从大理石水槽的边沿溢出，静悄悄地顺着石头上刻出的小沟流下。在许多小小的庭院中，种满了各色植物，飘逸着不同的香味。每座庭院都会通往一座带拱顶的观景台，在那里人们可以站在装饰性的石墙后面观赏周围的景致。各种各样的建筑装饰随处可见：各种几何图形、植物花纹，有些像是写着看不懂的文字。阿兰布拉宫的墙壁上布满了这些装饰，看上去就像是被编织钩花后挂在墙上，在美丽的阳光下展示出来。

阿尔罕布拉宫中最大的庭院是番石榴院，中央有大理石铺砌的水池，周围布满了番石榴树。在院子的北端，是一座带拱门的阳台，通往一串前厅，最后是一座昏暗的大厅，称作使节厅。这些前厅的屋顶都是由许多木板组成的穹顶，每块木板都雕成一颗星星的图案。

在番石榴院隔壁的一座庭院，因为装饰豪华而称为黄金院（Court of Gold），新婚的皇后伊莎贝尔把黄金院选为自己的居所。黄金院的一边是一排装修豪华的柱廊，另一边通往一间宽敞的大厅，大厅的屋顶由四根巨柱和木梁撑起，雕满了奇异的图案。在黄金院另一边的墙上缀满了如此繁密的装饰，以至于整面墙看上去就像是一块挂毯一样，只是这块挂毯非常大，大到需要一个屋顶，长出了门窗，变成了房屋。

卡雷尔选择了阿尔罕布拉宫三大庭院中的第三座，“狮子院”（Court of Lions）作为自己的居所。这座庭院的中央，是一座有12头狮子雕像顶起的水池，泉水从狮子的口中喷出，通过一个水渠系统流入庭院的房屋和亭子。庭院的南端是阿文塞拉赫斯厅（Hall of the Abencerrajes），阿文塞拉赫斯曾是格林纳达一个显赫的摩尔人家族，后来遭波布狄尔（Boabdil）所害被杀，据说鲜血溅在了这座大厅的墙上。在另一边是“姐妹厅”（Hall of the Two Sisters），过去应该是波布狄尔女儿的闺房。卡雷尔把这座大厅改成了自己的宴会大厅，透过装修精美的窗户，他可以在这里慢慢欣赏自己的属地。

狮子院的设计非常巧妙，让人一眼看去仿佛重力在这里倒了过来。那些支撑着拱门的柱子，看上去仿佛是从拱门上垂下来的流苏，而墙壁看上去仿佛是用石条编成的透光屏风。庭院边房间的屋顶上缀满了成千上万的细小的钟乳石，将阳光打散成星光点点，整个屋顶仿佛是从天上垂吊下来一般。

阿尔罕布拉宫中还有许多其他的奇妙建筑，有些还带着神秘的传说。据说有一位摩尔人的王子被独自囚禁在一座花园宫殿中，为的是不让他发现爱情的喜悦和痛苦，后来他在一只斑鸠的帮助下逃走了，在遥远陌生的土地上与一位基督教公主相爱相守。有一座石梯的扶栏上凿有水槽，在炎热的夏天可以用凉水降温。有一些带着城垛的高塔，从外面看上去纯粹是用于军事目的，但内部装修却极为精致，仿佛在普通石棺内装着珠宝一样。传说有三个摩尔人的公主被关在这些高塔中不让外出，于是她们就跟城外的基督教骑士们对歌谈情，其中两个从高塔中逃出和恋人私奔了，第三个胆子比较小，不敢往下跳，于是只好留在这座豪华精致的囚笼中度过余生。

***

对卡雷尔皇帝来说，他的新娘伊莎贝尔和阿尔罕布拉宫一样，是一座充满美妙与意外的迷宫。在成婚之前，两人从未见过面，而且语言不通。卡雷尔尝试了他所知道的各种语言，他试图用佛兰德语和她的母语葡萄牙语对话，或者用意大利语和她受了阿拉伯语影响的西班牙语沟通，虽然不能成功，却时时有惊喜，充满了妙趣。卡雷尔虽然深爱自己的妻子，却也怀念过去与情妇间那种随心所欲的感觉。他的情妇通常是一起长大的女伴，或是伺候他的女仆，要在一起幽会十分方便，随便找个花园，或是拉上帘子就行。但是和伊莎贝尔就不同，根据皇室的规矩，这对新婚夫妇必须住在不同的地方，而且还必须是宫殿的对角位置，两人要见一面，周围还得跟着一大帮随从和仆人。卡雷尔不愿意对皇后不忠另找情妇，于是把感情投注到阿尔罕布拉宫身上，这个充满奇异魅力与感官享受的地方让他沉醉着迷。

但是他发现阿尔罕布拉宫和他的新娘一样，追求起来也不容易。他在北方寒冷的平原长大，熟悉喜爱的许多东西在这里都不容易找到。他想念啤酒，但御医说安达卢西亚太热，建议他不要喝。他怀念在严寒的冬夜坐在炉火边的感觉，他喜欢刚从北海捞起来的新鲜鲱鱼的味道，还有牛奶、黄油、软奶酪，这些东西在西班牙南部的酷热中都保留不了多久。

他的随从已经带来了许多他熟悉喜爱的东西，他身边不仅有佛兰德的管家、厨师、贴身男僮，还有两个佛兰德的唱诗班，让卡雷尔可以在他的礼拜堂聆听故乡的音乐。他还带来了天文图、星动仪、星盘、天文望远镜，可以在晚上仰视星空，琢磨哪里是他的位置。他带来了地图，研究属于他的广阔疆界。他的图书馆中放满了各种书籍，记录着各代帝王的生平以及圣徒对他们的进言。他收藏的军事历史覆盖了法国、荷兰、十字军东征以及西班牙收复摩尔人领地的历史。

他在阿尔罕布拉宫的殿堂里和长廊上放满了厚重的北方家具。高高的桌子配上高背椅子，全都由橡木制成，雕着花纹，钉着皮革，披盖着土耳其毯子。另外还有高高的橱柜、黄铜烛台，以及绣着圣母玛利亚和独角兽的挂毯，这些房间俨然是一座座的藏宝室。屋外是炙热的艳阳和飘着花香的花园，屋内却像是北方日耳曼森林中的城堡。

卡雷尔继承了哈布斯堡家族突出的下巴和尖尖的颧骨。他吃东西的时候合不上嘴，食物常常从嘴边流下，所以他更愿意一个人独自进食。其实他喜欢一个人在自己的私人空间里待着，似乎从未能想明白应该如何得到他的新欢阿尔罕布拉宫的宠爱。

***

在私底下，卡雷尔是一个长相丑陋的笨拙情人，但是在世界舞台上，他是一个手握强权的君主。他虽然钟爱阿尔罕布拉宫的豪华舒适，但也明白作为皇帝，他有责任维持皇宫的庄严肃穆。在度蜜月的时候，他可以在宫中随意徜徉，享受庭院中喷泉的清凉，但是作为皇帝，他需要参加许多正式的活动：比赛、舞会、斗牛、赛车、接见皇公贵族等等。阿尔罕布拉宫的庭院虽然精妙，却不适宜承担这些规模庞大的正式活动。

过去的历代皇帝为了让他们的情妇可以出现在正式的场合，往往会给她们找个体面的丈夫。现在卡雷尔皇帝也准备这么做：他要给自己的新情妇阿尔罕布拉宫找个丈夫。于是一个婚礼方案诞生了，卡雷尔派人对阿尔罕布拉宫进行了仔细的测绘，就像是认真记录新娘的身世和嫁妆。在她的隔壁，将是她未来丈夫所在的地方：国王宫（Palacio Real）。这座宫殿的蓝图，就像是一份婚姻证书一样，证明双方的正式结合。

国王宫的设计师是画家佩德罗·马丘卡（Pedro Machuca），他曾在罗马师从拉斐尔（Raphael）学画。他的这一设计照搬了罗马建筑的风格，没有一点儿西班牙建筑的气息，更别提摩尔风格了。国王宫是一座四方的石质建筑，线条硬朗，墙壁厚重，完全对称，跟阿尔罕布拉宫飘逸的支柱、穹顶与水塘有着天壤之别。

国王宫体现了最新的意大利风格，但是最新的意大利风格却是一种返古的罗马风格。宫中的石头地基与柱廊是古罗马住宅的样式；中央的圆形庭院以及大门是依照古罗马作家普林尼（Pliny）和哲学家西塞罗

（Cicero）的豪华大屋所建；宫内的山墙、柱子、檐口，还有在表面所装饰的神话人物浮雕都是仿照古罗马时期的风格。

这种新潮的意大利建筑风格被当时的人们称为“文艺复兴”，即古罗马艺术的复活。这种风格正好适合卡雷尔皇帝，因为他认为自己的王位也是从古罗马继承下来的。在公开场合，他会头戴桂冠以示自己是古罗马皇帝的继承人，希望自己的皇宫也能让子民们联想起古罗马的辉煌。但事实上他头上的桂冠不过是皇帝丑陋面孔上的一张面具，他兴建的皇宫也是一样，不过是让他这个佛兰德的首领沾上些许古罗马的气派而已。这座皇宫无疑是古罗马的后代，但在它的血统中，却可以看到其他风格的混杂。

国王宫虽然在装潢上准确地模仿了古罗马风格，但是它的整个布局却和古罗马宽敞轻快的柱廊与花园大不相同。国王宫的主层非常典雅，但是却坐落在一个以巨石修成的城堡之内，连外墙上的窗口都被石条锁住。宽敞的宫殿大门是为了能让两个士兵并骑而出，中央的庭院并不是一个回廊花园，而是一个展示武器检阅军队的地方。要论血统，你可以说国王宫的母亲是古罗马皇帝的宫殿，父亲却是意大利城市中的富家大屋：那些大屋里面藏着金银财宝，外面却是死气沉沉，里面住着的通常是当地的银行富豪，大门一关就可以与世隔绝。

那些大屋宛如一座座城堡，外表看着威严吓人，出入要通过厚重结实的大门，为了防止暴徒，经常是关着的。这些暴徒可能属于支持神圣罗马帝国皇帝的吉伯林派（Ghibellines），也可能是他们的死对头、支持教皇的教皇派（Guelphs），还可能就是其他银行家族的武装家丁。进入大门之后是一座庭院，周围是马厩、作坊和其他工作场所。大屋几乎没有朝外开的窗户，即使有的话，也会堵上以防外人闯入。家中妇女住在楼上一两层，让她们远离肮脏的底层，也能够得到多一层的保护。再往上就是阁楼和角楼了，住的是小孩、阿姨、佣人，挤在狭小的空间里。这些大屋都有硕大的檐口，遮挡了墙外狭窄街道的光线。这些大屋是一座座垂直的堡垒，是博洛尼亚（Bologna）和圣吉米尼亚诺（San Gimignano）等地高耸的石塔的后代，也是敌对家族明争暗斗的基地，有时候这些争斗变得非常血腥，当地城市几乎都会成为战场。

这些堡垒大屋的祖先是中世纪的城堡，通常用大石块建成，堞口向外突出，窗口只是一条狭长的缝隙，大门外是吊桥。城堡中的高塔不是用来观景乘凉的，而是防御性建筑，弓箭手可以在塔上居高临下地放箭，还可以在这里往进攻者身上浇油砸石头。卡雷尔皇帝就是在这样一座城堡，即根特城堡中诞生的。他在阿尔罕布拉宫建的皇宫，尽管身上披满了拉丁风格的装饰，但说到底是个混杂物：中世纪城镇小资与野蛮城堡的混血儿。

现在国王宫成了阿尔罕布拉宫的制高点，它高高的塔楼俯视着宫中的各色庭院，挡住了观景台的视线。摩尔人修建的精致秀丽的阿尔罕布拉宫现在有了一个体面但霸道的丈夫。和所有的包办婚姻一样，这两个地方的交流极其有限，仅仅靠墙上开口处一条昏暗的通道和狭窄的楼梯相连。

卡雷尔和伊莎贝尔在阿尔罕布拉宫一起待了半年，他们喜爱这座摩尔人的宫殿，沉溺于经典华丽的梦幻中，但是没有忘记蜜月的主要目标是制造后代，为这个横跨东西的罗马天主教帝国提供一个继承人。公元1526年，皇后怀孕的消息正式公布，御医甚至还计算出皇后是在一场狩猎游戏的午后休息期间怀上的皇子。这对新婚夫妇的蜜月任务完成了，现在可以重新回到政治角逐的世界中，重新以罗马人帝国主人的身份出现。

***

卡雷尔皇帝离开阿尔罕布拉宫的时候感觉非常遗憾，这里充满着奇异的魅力和享乐的期待，他很希望看到自己的改造计划从图纸变为现实。

离开阿尔罕布拉宫时，他想起了这里过去的主人，发出了一声长叹："如果我是他，或者他是我，都真的愿意终老于此[①]"。说完这番话后，他扭头上路去了，跟自己说还有更重要的使命，阿尔罕布拉宫不过是一个快乐的梦，但梦总是要终结的，现在这样也不错，毕竟改造大计恐怕难以实现。卡雷尔皇帝虽然爱上了阿尔罕布拉宫，但如何与它长相厮守，却一直没有找到答案。

但其实在这时候，是有一个人可以为他提供答案的。公元1526年，波布狄尔，也就是格林纳达的摩尔人酋长阿布·阿卜杜拉·穆罕默德，正在北非寄人篱下。他本可以告诉卡雷尔应该如何解读阿尔罕布拉宫以及宫中的墙上装饰，卡雷尔眼中一幅又一幅的精美挂毯其实是一篇又一篇的指引。对能够阅读阿拉伯文字的波布狄尔来说，阿尔罕布拉宫的墙壁是诗篇，是告示，是警告也是命令。

这些阿拉伯文字被人大声诵读时，整个阿尔罕布拉宫忽然涌动了生命，如神语如魔咒，可以开启大门，指明通路，还可以解释每座庭院和大厅被人遗忘的用途。比如在金庭南墙上那些销蚀的装饰中藏有一段铭文，宣称："这里是文明道路的分岔口，是东方开始艳羡西方之处"[②]。在这段铭文之下，是一段来自《古兰经》的文字，告诉人们这里是酋长摆放王座的地方[③]。

但是卡雷尔皇帝看不懂这些铭文，也不知道这些庭院和大厅的用途。于是他把摩尔人公主的闺房当作了餐厅，伊莎贝尔皇后则把摩尔人酋长摆放王座的地方当作了寝宫。

这些铭刻在墙上的文字告诉人们这座宫殿是如何设计和装修的，应

---

① Robert Irwin, *The Alhambra* (Profile Books 2005), p. 63.

② Oleg Grabar, *The Alhambra* (Penguin 1978), p. 57.

③ Irwin, *The Alhambra*, p. 34.

该如何正确使用。在阿拉伯语中，这些铭文被称为“纹饰”（tiraz），与花缎绣品的绣花下摆同名，用来形容阿尔罕布拉宫墙上如同编织钩绣的装饰实在最恰当不过了。铭刻在使节厅前厅墙上的一段文字说：“我就像身披婚纱的新娘，完美而艳丽”①。在狮庭的墙上有宫廷诗人伊本·赞姆拉克（Ibn Zamrak）的赞词：“你身披精致的钩花帷幔，让我们忘记了也门的浮花锦缎”②。

夜晚来临时，放在低处的灯盏点亮了阿尔罕布拉宫。使节厅墙上镌刻的《古兰经》与内庭重重钩锈般的装饰在温柔的灯下中若隐若现③。

当波布狄尔还是这里的主人时，晚餐常常是一件舒适随意的事。斜躺在柔软的睡榻上，他可以通过窗扇上的方格，欣赏花园和山下的美景。镌刻在姐妹厅观景台上的文字是这么形容的：“置身这座花园，我的眼中满是喜乐。真主就在瞳孔之中，将他拥有的世界包揽其中”④。但是卡雷尔皇帝读不懂这座宫殿，于是他只会在这里独自进食，周围挂满了羊毛布匹和皮革，坐在高桌背后的高椅上，根本看不到窗扇外的世界。

阿尔罕布拉宫墙上的铭文不仅有实用价值，有些还将这里描绘成如同神幻世界一般。比如狮子院中央喷泉里的潺潺流水，被伊本·赞拉克形容为“四散的珍珠、融化的白银”⑤。姐妹厅墙上的铭文将之形容为天堂：“双子星座向它伸出手来，一轮圆月向它靠拢轻诉密语，明亮的星星宁可待在这里也不愿意在天际流浪”⑥。

阿尔罕布拉宫只对那些听得懂的人叙述自己的秘密，但是卡雷尔皇

① Grabar, *The Alhambra*, p. 141.

② Irwin, *The Alhambra*, p. 33.

③ Irwin, *The Alhambra*, p. 44.

④ Irwin, *The Alhambra*, p. 151.

⑤ Grabar, *The Alhambra*, p. 124.

⑥ Irwin, *The Alhambra*, p. 126.

帝一句也不明白，当他坐在姐妹厅里的高桌边时，对这里天堂般的魔力一无所知。

阿尔罕布拉宫内的铭文还有最后一个作用，是在讲述这座宫殿的历史。这里到处都有纳斯里德王朝（Nasrid）的铭言："只有真主才能断言胜负"[①]。在番石榴庭的墙上，记述了他们的辉煌胜利："清晨你抵达异教徒的土地，傍晚他们的性命就在你的手中。你在他们脖子上套上锁链，变成为你修建宫殿的奴隶。你挥剑征服阿尔赫西拉斯[②]，打开了通往胜利的大门"[③]。

纳斯里德王朝最早的酋长是13世纪的探险家伊本·阿尔纳斯尔（Ibn al Nasr），正是他征服了格拉纳达，酋长们还声称自己的祖先可以一直回溯到真主穆罕默德身边的随从。但是卡雷尔皇帝对此也一无所知，当他独自坐在姐妹厅中的时候，还以为阿尔罕布拉宫天生就是属于自己的。

***

卡雷尔皇帝喜欢将自己的血统回溯到远古时代，阿布·阿卜杜拉·穆罕默德酋长也喜欢这样，其实阿尔罕布拉宫自己又何尝不是如此呢？她是一系列华美宫殿中最后的一代，母亲是塞尔维亚的阿尔卡萨（Alcazar）宫，也就是卡雷尔和伊莎贝尔举行婚礼的地方，而修建阿尔卡萨宫的是纳斯里德王朝之前的阿尔莫汗德斯（Almohads）王朝。这座宫殿内的悬式拱顶、尖顶拱梁以及流水喷泉等等，都是负责修建阿尔罕布拉宫的工匠们灵感的源泉。

这两座宫殿的血统都来自科尔多瓦（Cordoba）的阿尔萨哈拉古城

---

① Irwin, *The Alhambra*, p.33.

② 阿尔赫西拉斯（Algeciras）为西班牙南部港口。——译者注

③ Grabar, *The Alhambra*, p. 140.

（Madinat al Zahara），这座古城500年前由安达卢斯的政教领袖们指挥修建。和阿尔罕布拉宫一样，古城也是一座敞亮的建筑，布满了观景台和花园，大理石的柱子顶着尖顶的拱梁。阿尔罕布拉宫内墙上绣花般的装饰，在这里就能看到其简陋的前身。在古城摆放王座的房间内有一只盛着水银的大碗，伸手触及水银的表面，整个房间内的光线都会随之摇曳。当伊本·赞姆拉克写下诗歌赞美天堂般的拱顶和水晶般的喷泉时，脑海中浮现的也许就是这只大碗中的水银。

阿尔萨哈拉古城不只有一位母亲，她们是大马士革伍麦叶（Umayyad）王朝领袖后代修建的宫殿群，正是这些领袖在安达卢斯建立了伊斯兰王国。每位伍麦叶王朝的国君都希望把自己的宫殿建得最为华美壮丽，在里面建满庭院、回廊和喷泉、穹顶大厅、镂空屏风和飘香的花园。国君们斜躺在床榻上，就像多年之后的阿布·阿卜杜拉·穆罕默德酋长一样。

这些伍麦叶王朝的宫殿不只有阿尔萨哈拉古城这一个后代，还有开罗的法蒂玛（Fatimid）宫殿、巴格达和波斯的哈里法宫殿（caliphal palaces），以及印度莫卧尔（Mogul）王朝的红堡（Red Fort）等等。在《阿拉伯之夜》（*The Arabian Nights*）中对王宫的描述让人联想起阿尔罕布拉宫中的狮子院："宫中铺着丝毯，挂着幔帐……正中是一座宽敞的院子，周边是四座缩进的庭院。在院子中央是一座喷泉，喷泉顶上蹲着四座红色的金狮，清水从口中喷出，四溅的水珠如同珍珠水晶一般。[1]"

阿尔罕布拉宫的血统还可以往上回溯。当先知穆罕默德在世时，阿拉伯的大使从君士坦丁堡回来，描述自己看到的皇宫景象：由雄狮和狮鹫守卫的王座大厅中有站满鸟儿的大树，全部由金子打造而成，当大使走进大厅前往拜见罗马皇帝时，雄狮和狮鹫便开始吼叫，鸟儿开始歌唱。

① *The Arabian Nights,* quoted in Irwin, *The Alhambra*, p. 15.

王座本身可以随意升降，这样罗马皇帝看上去就像在一片烟雾中现身、消失。皇帝的圣宫（Sacred Palace）是一座布满了无数庭院和屋子的迷宫，与其说是居所，不如说是一座城市。在皇宫周围唯一可以从事的产业是香水制造，这样没有任何异味能够飘到皇帝的鼻子中。在一座面向宫廷花园的柱廊式观景台上有一座会喷出果汁的喷泉；在另一座水神殿中，黄铜狮子的口中喷出的清水落在水池中，发出神秘的回响。墙壁上绣着钩花的丝绸、雕着带花纹的大理石、镶嵌着金色的拼画，看上去就像是茂盛的植物一般。

继续追根溯源，圣宫是罗马皇帝尼禄的金宫（Golden House）的后代。在金宫中，尼禄皇帝会和宫廷随从一起进餐，半躺在穹顶下的床榻上，奴隶们向他们身上抛撒玫瑰花瓣，香气通过地面上的暗格向上涌出。金宫本身是罗马皇帝哈德良（Hadrian）在蒂沃利（Tivoli）的别墅，里面是奇妙的庭院、门廊和浴池，头顶的拱梁上缀满了星形的水晶。其中一个巨型的凹形大厅是哈德良进餐的地方，他会斜躺在一座由柱廊包围的小湖边，美食美酒通过一条大理石建成的水渠向他送来。继续追根溯源，哈德良的别墅是帕拉蒂诺山（Palatine）的后代，这里原来是一座山丘，但是在不断的雕刻、延伸和重塑之后，到古罗马时期后期，已经变成了一座大理石的迷宫，其中布满了前厅、观景台、带拱顶的长廊、赛马场、游泳池等等，改造到何等程度，至今还是一个谜。

罗马帝国的第一任皇帝奥古斯都（Augustus）就曾住在帕拉蒂诺山，但是他的居住环境与其地位相比显得十分平凡。和阿尔罕布拉宫一样，奥古斯都的住所有一扇毫不起眼的大门，进门之后是一个中庭，中庭内有一个小小的水池反射着天光。每天早晨他会坐在一把低低的椅子上会见宾客，身后是回廊的庭柱，回廊的中央是一座花园。晚上他会换上宽松的袍子进餐，斜躺在舒适的躺椅上。奥古斯都的居所仅仅是帕拉蒂诺山中的房子之一，他在世时这一带不过是一个罗马贵族聚集居住的区域而已，但对于其后人来说，这里就成了罗马的明珠。“宫殿”（palace）一词，就是从帕拉蒂诺山这个地名演化而来的。

现在还可以从阿尔罕布拉宫中修长柱子的顶部，看到古罗马科林斯柱式（Corinthian）的叶形装饰或是爱奥尼柱式（Ionic）的涡卷装饰；也可以从狮庭中每个房间顶棚上晶光闪闪的拱顶，看到尼禄与哈德良皇帝的宫殿穹顶的影子；还可以在墙壁上无所不在的装饰中，找到拜赞庭的隐隐回忆。更明显的是，阿尔罕布拉宫各处庭院中的喷泉以及往各个房间送去清凉泉水的水渠，是几千年来建筑智慧的结晶。罗马时代的建筑，就这样一代又一代地保存、转变，通过地中海边一座又一座的宫殿，从罗马传往君士坦丁堡，通过大马士革，一直传到安达卢斯。

穆斯林世界的诗人和贵族们几百年来一直都在学习并不断掌握古罗马时代的科学和艺术成果，正是在伊斯兰王国叙利亚和埃及等地，由古希腊的托勒密（Ptolemy）和欧几里得（Euclid）在亚历山大（Alexandria）开创的天文学和几何学一直都被人不断地学习研究。君士坦丁堡的征服者穆罕默德二世（Mehmet）每天都让人把恺撒和亚历山大大帝的古典文献读给他听，让他可以更容易地征服这些伟人不争气的后代。正是在安达卢斯，亚里士多德（Aristotle）的哲学被著名的阿威罗伊斯（Averroes）仔细研究，这些研究工作比西欧人早了很多。科尔多瓦的清真寺用的柱子就是从当地古罗马遗址上搬来的，壁龛上的拼画则是从君士坦丁堡运来的。

伊斯兰的艺术家和科学家们继承了古罗马的传统，在他们手中，这些传承依然灵活而传神、愉悦而实用，就像在哈德良的别墅中一样。这些传统依然充满活力。卡雷尔皇帝对古罗马的传承则是通过另一条途径：先是向北，然后向西。首先是西哥特人（Visigoths）在他们的酋长阿拉里克（Alaric）带领下洗劫了罗马，随后向西占领了西班牙；另外还有法兰克人（Franks），他们的酋长卡雷尔（Karel）成了夏尔马涅，并恢复了皇帝头衔；中世纪意大利的王子和商人们也是途径之一。卡雷尔皇帝兴建皇宫的举动反映了一种自我意识，就像是一个新兴的中产阶级初到一个贵族聚会，发现几百年前这个聚会就已经开始了。阿尔罕布拉宫里的国王宫在1533年开始兴建，同一年阿布·阿卜杜拉·穆罕默德，这位格林纳达曾经的酋长，咽下了最后一口气。

***

卡雷尔和伊莎贝尔的儿子叫菲利普，公元1555年当他父亲退位时，菲利普继承了对西班牙和荷兰的统治。一直等到父亲去世之后，菲利普才停止了格拉纳达国王宫的修建。那时候宫殿尚未建成，只有一个外壳，巨窗和大门背后空空如也。与此同时，摩尔人修建的阿尔罕布拉宫也日益破落。金庭，那座墙上的铭文宣称是天堂王座的地方，现在成了羊圈；观景台和柱廊的窗口被封上，改造成了军营；在花园里栖身的是小偷和乞丐。300年之后，拿破仑的军队曾一度想把整个阿兰布拉宫炸为平地。一直到19世纪后期，越来越多的作家和艺术家被这里的奇异精巧吸引过来，这座摩尔人的宫殿才恢复了原来的华美，但是卡雷尔皇帝下令修建的国王宫一直到1967年都还没有屋顶。现在的阿尔罕布拉宫成为了一座博物馆。

菲利普为自己修建的宫殿位于卡斯蒂利亚地区中部的山区。埃斯科里亚尔宫（Escorial）是一座正方形、框格结构的石头建筑，风格与圣劳伦斯（St Lawrence）被杀的罗马圣洛伦佐（San Lorenzo）教堂相似，宫殿的最高处是一座由灰色花岗石砌成的圆形塔楼。菲利普在埃斯科里亚尔宫简朴的书房里统治着自己庞大的帝国。

菲利普在这座宫殿的中央修建了一座教堂，教堂巨型的穹顶之下安葬着菲利普所有的皇室祖先，因此埃斯科里亚尔宫不仅是皇帝的住所，还是整个王朝的墓座。今天人们可以去那里参观一座又一座的室内石棺，过去的国王皇后、夭折的王子们的亡灵是那里的常年住客。菲利普将父母的石棺放在了穹顶下的正中央，当年伊莎贝尔怀上菲利普的时候，她和卡雷尔这对新婚夫妇可是生活在一个完全不同的世界。

第 7 章

里米尼之马拉泰斯塔礼拜堂：被学者彻底改变的教堂

伟人的头像：
马泰奥·德·帕斯蒂（Matteo de' Pasti）设计制作的纪念币，纪念币上面是西吉斯蒙多·马拉泰斯塔（Sigismondo Malatesta）的侧面像和位于里米尼（Rimini）的圣弗朗切斯科教堂（church of San Francesco）

诠 释

帕提农神庙在1687年的大爆炸中被摧毁了，从那以后，它便不再是神庙、教堂或清真寺，而是成了古迹，成为呈现在梦中的建筑师眼前的正统古典建筑之一。在失去了建筑的功用之后，帕提农神庙成为一个抽象的概念，重现在学者的书中或模型中。学者们按照柏拉图有关完美建筑的理论来重现帕提农神庙，出于崇敬之情，他们把神庙遗迹的石头作为艺术品供奉在博物馆里，而这么做又进一步摧毁了帕提农神庙。学者们用心良苦，希望保留并了解过去，却眼睁睁地看着过去在自己的眼前消失。

文艺复兴，正如其名字的含义，就是要复兴古典艺术。然而，人为使之复活的文明和自然存在的文明是不一样的，因为自然存在的文明会不断到达新的高度，过程虽然缓慢却不间断。拉丁语在研究文艺复兴的人文学者的努力下复活，却受到语法和句法的束缚，修辞学也成为一种研究形式而已。

文艺复兴时期的建筑师所创立的建筑形式以同样死板的方式分门别类，建筑师跟作家一样苦苦挣扎，用重新发掘出的已经死亡的语言来表述活生生的现实。这么做有可能吗？如何讨论古希腊人或古罗马人从来没有思考过的概念？如何用当时的建筑语言来设计它们消亡以后才出现的基督教堂？文艺复兴时期的建筑师常常被迫要跟这样的近代建筑打交道：那些历史可追溯到黑暗中世纪的修道院、城堡、教堂等等。与人文学者一样，建筑师也同样面临着要把这些近代建筑用一种刚刚发掘出的古老语言重新诠释的问题。

“里米尼的著名神庙”就是最早一个用学术方法应对古典建筑的例

子，可以理解为把建筑用一种完全不同的语言来诠释。然而任何语言中都存在不可翻译、难以诠释的内容，因而“里米尼神庙”现在既不是教堂也不是神庙，而是二者的混合物。它代表的不是文艺复兴文化和古典文化的完美结合，也不是现在与过去的交融，而是一道鸿沟，这道鸿沟把《建筑师之梦》中的建筑师与他所见到的宏大的古典建筑无可奈何地分开。

公元1461年，教皇庇护二世（Pius II）召集红衣主教和各公国的国君前往罗马参加一个重要的会议，即在宗座廷上审判里米尼曾经的独裁者西吉斯蒙多·马拉泰斯塔的灵魂。庇护二世的指控如下：

“西吉斯蒙多·马拉泰斯塔是高贵的马拉泰斯塔家族中的一个私生子，头脑顽固、身体健硕。他曾是一名能言善辩、技艺超群的船长，也学习过历史，对哲学的知识超过了一般的门外汉。他似乎天生是个能干人，却从来意气用事，对金钱贪婪无比，因此成为让人唾弃的强盗和贼寇。他荒淫无度，强奸了自己的女儿和女婿们。他从小时候起就与男人发生可耻的性关系，自己扮演女人的角色，而成人以后仍然保持这种可耻的关系，让别的男人扮演女人角色。他完全不尊重神圣的婚姻，强奸发誓侍奉上帝的贞女和犹太姑娘。不顺从他的姑娘都会被处死，而不顺从他的男孩则被处以残酷的鞭刑。他与多名妇女通奸，占有她们的孩子，杀死她们的丈夫。他的残忍超过了任何蛮夷之人，双手沾满了无辜生命的鲜血。他满口谎言，工于心计，装腔作势，背信弃义……当他的臣民苦苦哀求他实施和平的政策，对一个因为他而饱受劫难的国度有一点儿怜悯之心的时候，他却说：‘滚开！只要我活着你们就永无宁日！’这就是西吉斯蒙多，一个贪婪无比、荒淫无度的人，一个让人永无宁日的战争贩子，这样坏的人在历史上闻所未闻，在未来也很难再有，他是意大利的耻辱，是我们这一代人的耻辱。[①]”

---

① Pius II, *Commentarii Sinea,* quoted in Franco Borsi, *Leon Battista Alberti Complete Edition* (Phaidon 1975), p. 128.

教皇对西吉斯蒙多恨之入骨是因为他背叛了自己的故乡锡耶纳（Siena），可是教皇要找到其他的原告和证人也易如反掌，因为西吉斯蒙多到处树敌。比如，那不勒斯的国王阿方索（Alfonso）曾出钱让西吉斯蒙多做雇佣军，可很快就发现他倒戈帮敌人攻打自己。乌尔比诺公爵（lord of Urbino）费代里戈·达·蒙特费尔特罗（Federico da Montefeltro）与马拉泰斯塔家族一贯是仇敌，而同样是雇佣军的弗朗西斯科·福尔扎（Francesco Sforza）则是他新交恶的死对头。

福尔扎向宗座廷提出了对西吉斯蒙多的第一项指控。他1442年曾把自己的女儿许配给了西吉斯蒙多，可三年之后他就有了一个情妇：年仅12岁的伊索塔·戴格莉·艾蒂（Isotta degli Atti）。当时28岁的西吉斯蒙多隔着窗户看到伊索塔就立刻爱上了她，还为她写下了动情的诗歌[①]：

> 鲜花和绿草会俯倒在你的面前，
> 因为有你双足的踩踏而骄傲，
> 因为有你长袍的轻抚而自豪，
> 清晨的太阳是如此的灿烂，
> 可是当看到你的容颜，
> 也会变得苍白，
> 泣泪而去。

后来这对情人面前的绊脚石或是搬开，或是置之不理，或是被无情的命运扫清。伊索塔的父亲很快就死了，留给了她丰厚的嫁妆。西吉斯蒙多的妻子波丽森娜（Polissena）可能曾经反对过，可是在容忍了丈夫三

---

① Hugh Bicheno, *Vendetta: High Art and Low Cunning at the Birth of the Renaissance* (Weidenfeld and Nicolson 2008), p. 170.

年之后也很行方便地撒手人寰。当然每一个人，包括她的父亲，都认定她是被丈夫谋杀的。

可是庇护二世麾下的国君们，包括很多主教，都有情妇，都生育私生子，背叛上级，都因为世仇而相互厮杀。他们知道，仅凭这一点是无法将西吉斯蒙多的灵魂打入地狱的。因此，教皇出示了另一条罪状，希望这样能让自己的敌人永世不得翻身。这条罪状是一枚铜币，上面有西吉斯蒙多·马拉泰斯塔的头像。铜币的正面是一座带穹顶的建筑，边缘还刻着：PRAECL. ARIMINI TEMPLUM，也就是“里米尼的著名神庙”的意思。

对西吉斯蒙多最严重的指控是建筑方面的。他被控为自己修建了一座亵渎上帝的礼拜堂，里面“供奉的全是异教徒的形象，是魔鬼崇拜者的殿堂，而不是基督徒的”[①]。更为严重的是，这座礼拜堂曾经是教堂，这一点圣弗朗西斯（St Francis）的兄弟们可以作证。

从前，马拉泰斯塔家族的祖先委罗基奥（Verruchio）曾授意弗朗西斯托钵修会修士（Franciscan friars）在靠近里米尼老罗马广场的地方修建一座小教堂。按照弗朗西斯托钵修会的传统，这座小教堂像是一个简单的方形盒子，供人祈祷之用。在其西端有一个拱形的大门，内部是一个朴素的房间，屋顶是木质的。当小教堂建成的时候，委罗基奥让弗朗西斯家的画师焦托（Giotto）在教堂的东部绘制了一幅圣坛背壁装饰画。这幅画和圣弗朗西斯所带来的上帝旨意一样简单直接，刻画的是在十字架上受难的耶稣。委罗基奥本人跪在受难的耶稣面前，希望救世主的鲜血溅落到自己身上，洗去自己的罪孽。委罗基奥在100岁高龄去世，遗体便埋葬在这座小教堂里。他的后人去世以后也都埋葬于此，希望能够通过

① Pius II, *Commentarii Sinea,* quoted in Franco Borsi, *Leon Battista Alberti Complete Edition* (Phaidon 1975), p. 128.

与圣弗朗西斯联系在一起来洗净自己的罪孽。西吉斯蒙多将这样一座家族的墓葬礼拜堂变成了一个亵渎上帝的场所。

***

下一个呈交给宗座廷的是西吉斯蒙多两名伺臣的证言。他们说，西吉斯蒙多是一个贪得无厌的私生子，可总是梦想着成为一个真正的国君。1433年，当他15岁的时候，神圣罗马帝国皇帝西吉斯蒙德（Emperor Sigismund）途经里米尼，西吉斯蒙多说服他封自己为该地的君主，而其实这个封号只有教皇才有权授予。

效仿那个时代真正的国君，西吉斯蒙多不仅擅长征战，而且在哲学、文学、数学、音乐、天文和历史方面都颇有见地。他如果出席了1436年在佛罗伦萨圣母百花圣殿（Florence Cathedral）举行的教皇祝圣仪式的话，就可能见到当时最博学的人。这些学者不仅通晓古典文献，自己也撰写著作。他们不仅用古罗马历史学家李维（Livy）的风格书写历史，而且也和佩特罗尼乌斯（Petronius）一样写下污秽的故事和讥讽的作品。他们还会用古罗马政治家、演说家和哲学家西塞罗（Cicero）般纯正的拉丁文书写檄文、颂文、田园诗歌、雄辩及演说等不同文体的作品，让语言摆脱教会的控制，摆脱麻木而得以振兴。

第二年，教皇与拜占庭的皇帝会面，拜占庭方面正寻求西方的援助以缓解穆斯林军队的封锁。当时，意大利的学者们在拉丁语的学习方面已经登峰造极，而拜占庭的大使们则带来了古希腊的智慧。其中便有一位名叫格弥斯托士·卜列东（Gemistos Plethon）的诗人和哲学家，他居住在原古希腊城邦国家斯巴达（Sparta）的山丘上。卜列东有着激进的思想，是复兴希腊古典文学的先驱，曾因为著作《论差异》（*De Differentiis*）而被视为异教徒，在这本书中，他比较了柏拉图和亚里士多德有关上帝的观点。他还在另一本名为《琐罗亚斯德和柏拉图的学说一览》(*Summary of the Doctrines of Zoroaster and Plato*)的书中呼吁回归祖先信奉的多神教。在一次回乡的路上，卜列东专程取道里米尼，与当时年轻好学的西吉斯蒙多畅谈数日，之后便扬帆而去，回到了15年后灭亡的拜占庭帝国，自此，两人有生之年再也没能见面。

与卜列东相遇之后，西吉斯蒙多希望同花钱雇他打仗的贵族一样显得文雅，于是召集了一大批人文学者到自己身边。他从帕尔马（Parma）招来巴斯尼奥·巴斯尼（Basinio Basini）做自己的占星师，巴斯尼后来改了一个拉丁名字巴斯纽斯（Basinius），并为自己的主人写了厚厚的一本书，用书写神话的笔触歌颂主人的丰功伟绩，称赞主人有古希腊第一勇士阿喀琉斯（Achilles）的勇气，有罗马帝国第一代皇帝奥古斯都的高贵，还有柏拉图的智慧。巴斯纽斯甚至还把西吉斯蒙多这样一个私生子写入了一组诗歌之中。西吉斯蒙多还从教皇犹金四世（Pope Eugenius IV）那里挖来了罗伯托·瓦尔图里奥（Roberto Valturio），瓦尔图里奥则用拉丁文为自己的新主人写下了一篇歌颂其战术的叙事文。西吉斯蒙多对这篇文章极其满意，自豪地把手写稿让人四处传阅，政治家和学者洛伦佐·德·美第奇（Lorenzo the Magnificent）和匈牙利皇帝都曾收到过这些手稿。

***

宗座廷方面得知，一些这样的手稿在威尼斯的属地干地亚（Candia）刚刚被发现，它们属于一个名叫马泰奥·德·帕斯蒂（Matteo de' pesti）的人。后来发现，这个人听命于西吉斯蒙多，把歌颂他的手稿送交给了君士坦丁堡的苏丹。然而，德·帕斯蒂的罪行不仅限于充当了自己主人和异教徒的中间人，因此他也被告上了宗座廷。

一次，在罗马贵族米西纳斯（Maecenas）的花园里举行的晚宴上，西吉斯蒙多看见佛莱拉（Ferrara）王子炫耀印有自己头像的仿古纪念币。多才多艺的德·帕斯蒂也是一位铸币师，因此西吉斯蒙多就想办法把他吸引到里米尼为自己铸币。德·帕斯蒂铸造了一系列纪念币，一面是西吉斯蒙多的头像，一面是各种不同的图案，赞美国君的贵族气质。一枚纪念币上有一个勇敢的士兵，手里拿着一段破碎的柱子，坐在两头大象上，这是马拉泰斯塔家族的图案。另一枚上只有一头大象，没有别的人物，而这头大象正踩踏着马拉泰斯塔的敌人，赞美他的丰功伟绩。还有一枚上面是一套骑士的铠甲。德·帕斯蒂还为歌颂西吉斯蒙多的书籍绘制插图，仿古典著作的方式将他的英雄形象呈现在纸上。因为这些功劳，德·帕斯蒂被任命为里米尼的首席技师。

可是西吉斯蒙多并不满足于看看吹捧自己的文章和纪念币，随着军事方面的胜利，他逐渐把里米尼朝着自己喜欢的方向改造。他修建了一座宏伟的要塞，名为西斯蒙多堡（Castel Sismondo），因此可以像一个真正的国君那样住在里面。然后，他把注意力转向了埋葬自己祖先的圣弗朗西斯教堂，开始思考去世之后如何能让人们记住自己。1447年，西吉斯蒙多在教堂的南边为一座新的礼拜堂放下了第一块基石，并把这座礼拜堂献给圣西吉斯蒙德（St Sigismund），而他自己的名字，即Sigismondo就是取自这位圣徒的名字。礼拜堂盖好以后，画家皮耶罗·德拉·弗朗切斯科（Piero della Francesca）受雇完成内部装饰。

皮耶罗的任务很简单，只是在墙上作画而已。画中，西吉斯蒙多跪倒在圣西吉斯蒙德面前，一如他的祖先委罗基奥在焦托作的圣坛背壁装饰画中跪倒在受难的耶稣面前一样。不过这两幅画的相似之处仅此而已。传统上，圣徒的形象应置于画作的中央，而施主则应居于一边，这么做是要强调圣徒比凡夫俗子更加接近神造的天地。然而，在新礼拜堂的画中，西吉斯蒙多却占据了画的正中心。如古代硬币上的帝王一样，西吉斯蒙多的形象以侧影的形式出现，背后是一堵墙，墙体由两条科林斯式的立柱支撑，立柱的样子酷似传统建筑的篇章结构。

画中，在西吉斯蒙多的面前，圣西吉斯蒙德端坐在神座上，与授予西吉斯蒙多里米尼国君地位的神圣罗马帝国皇帝西吉斯蒙德极其神似。圣西吉斯蒙德作为这位罗马帝国皇帝和西吉斯蒙多的守护圣徒实在是再合适不过了。他本人就是一个残暴的国君，盛怒之下竟然让人勒死了自己的儿子。他后来请求宽恕，逃到了森林并隐居在那里，然而蛮夷之人和雇佣军都对他没有任何仁慈之心，他最后被溺死在一口井中。

在这幅画中，西吉斯蒙多身后的图案就像一枚纪念币的正面。刻在圆形图案中的是给他安全庇护的西斯蒙多堡，圆形图案下方有两头大獒平静地伏在地上。一头浑身雪白，面向圣徒，代表狗对主人的忠诚。另一头则是黑色，头扭向一边，显得十分警觉，代表任何君主为保存自己的权力所应具有的警惕性。皮耶罗画中的君主并非仅仅乞求神赐圣徒的保佑，而是处于事物的中心，显得忠诚却有主见，强大而又残暴。看着完成的画作，西吉斯蒙多知道自己一定会被视作叛教，因此决定干脆效仿古代的帝王，把这座朴素的小教堂献给自己。

在修建圣西吉斯蒙德礼拜堂的同时，其他的礼拜堂也在马泰奥·德·帕斯蒂和雕塑师阿戈斯蒂诺·迪·杜乔（Agostino di Duccio）的指挥下修建。从表面上看，这些礼拜堂也有拱形的门和窄窄的尖头窗，不过是原有建筑的延伸而已，可是在细节上却跟一般的哥特式小教堂有着巨大的差异，因为这座礼拜堂带有很多古罗马时期建筑的装饰风格。每一扇拱门均由一对柯林斯式壁柱支撑，门框的装饰线有古罗马凯旋门的风格，在高高的罗马式柱头上刻着歌颂西吉斯蒙多·马拉泰斯塔功绩的铭文。

这些礼拜堂名义上是献给圣徒们的，可是其装饰风格却完全背离了基督教，处处显示着多神教的智慧。基督教堂的圣器室地位非常重要，用来放置做弥撒时所需要的宗教器皿，可是这些礼拜堂的圣器室中最显眼的却是皮耶罗绘制的有关圣徒西吉斯蒙德和神圣罗马帝国皇帝西吉斯蒙德的湿壁画，这完全可以说是逆经背道。礼拜堂内最靠近圣坛的地方供奉着希腊神话中司文艺和科学的众缪斯女神像，她们长发飘飘，身着半透明的轻盈长袍，大胆裸露着丰腴的身体。圣坛的另一边是献给宇宙中各个星球的神坛，分别用古典众神的名字命名：墨丘利（水星）、维纳斯（金星）、马耳斯（火星）、朱庇特（木星）、萨坦（土星），代表了柏拉图哲学中凡人必经的各个阶段。马拉泰斯塔祖先的遗骨依次叠放在"先祖神龛"中，由预言了耶稣基督降临的先知和女巫守卫着，也许西吉斯蒙多的祖先也预料到会有他这么一个后人存在吧。在圣坛背壁装饰画中，马拉泰斯塔家族的祖先委罗基奥的形象并没有出现在耶稣的脚边，这是为了避免他的伟绩让后人黯然失色。

另一个礼拜堂埋葬着西吉斯蒙多的情人，后来成为他妻子的伊索塔。西吉斯蒙多让德·帕斯蒂和迪·杜乔为她设计的墓冢甚至比自己的还大。伊索塔的墓冢高高地置于墙上，由大象支撑，倚靠着一个头戴帽盔身披绣花斗篷的骑士。墓冢本身装饰着色彩鲜艳的马拉泰斯塔家族的盾形纹章图案，两个丘比特小天使高高举起的铜片上刻着伊索塔的名字。在这个礼拜堂，甚至是整个教堂里，随处可见由字母S和字母I组成的花押字，S是西吉斯蒙多名字的首字母而I是伊索塔名字的首字母，这些花押字代表着他们之间浓烈的爱情，而西吉斯蒙多合法妻子的坟墓却默默躺在教堂中另外一处不起眼的地方。

随着修建工作的不断推进，这座哥特式教堂的内部渐渐缀满了古典的装饰物，科林斯式的立柱、精致华丽的飞檐和扶手让整座建筑罩上了一层古典的气息。叶形和月桂形的图案装点着朴素的墙壁，原本供奉圣徒的礼拜堂和神坛现在则让位于充满异域风情的大象、骑着海豚的丘比特以及高级交际花的形象。

西吉斯蒙多自己的墓冢则将对古典众神的崇拜和其自负的风格发挥到了极致。他的墓冢高高耸起，周围有铠甲和锦旗，锦旗上是他呓语般的箴言："我硕大的尖角世人皆可见"[1]。据说，当他的尸体18世纪被从坟中挖出来的时候，头骨的确因为长出角而变形了。西吉斯蒙多对上帝的亵渎最突出的应该是他在礼拜堂门的上方刻下的铭文[2]：

> 潘多尔福（Pandolfo）的儿子西吉斯蒙多·潘多尔福·马拉泰斯塔，经历了意大利无数惨烈的战争，因为勇气和刚毅而屡战屡胜。他用自己的金钱慷慨捐建了这座建筑，献给永恒的上帝和这座不朽的城市，也是一座高贵、神圣的丰碑。

***

历史上没有记载是否有一个叫莱昂·巴蒂斯塔·阿尔贝蒂（Leone Battista Alberti）的人作为秘书出席了宗座廷对西吉斯蒙多·马拉泰斯塔灵魂的审判。如果他在场的话，一定会感到极不自在。他也是一个私生子，出生于私生子家庭。他是一个被逐出佛罗伦萨家庭的私生子，这个家庭的所有成员都是被通缉的对象。他年幼时父亲就去世了，没有得到家庭的承认，因此被迫踏入社会想办法谋生。他选择成为一名学者，在博洛尼亚（Bologna）研习经典法律学方面的课程，并于1428年受任成为牧师。他在各个方面都十分出色。他在自传中写道，自己是如此强壮有力，可以将一枚硬币高高抛起，打到教堂的拱顶，还可以双脚并拢从人头顶上方跳过。

阿尔贝蒂研读古代人文学者的著作，深刻理会他们的观点，并模仿他们的风格写作。1424年，他用拉丁文写了一篇讽喻的爱情小说，文笔

① Bicheno, *Vendetta*, p. 176.

② I. Pasini, 'Il Tempio Malatestiano', Exhibition Catalogue, *Sigismondo Malatesta e suo tempo* (Rimini 1979), p. 134.

是如此完美，以至于他10年之后不得不写一篇声明解释这篇小说并不是古代学者的作品。他整理了意大利托斯卡纳方言（Tuscan）的语法，撰写了有关家庭的论文，写下了沉思录，强烈抨击了神职人员，所有的这些都用拉丁语写成，有西塞罗或恺撒之风。他还创作了一系列寓言故事，带有古罗马作家卢奇安（Lucian）的荒诞特色。

正是通过这些寓言故事，阿尔贝蒂说明了自己学习研究的目的。他讲过这样一个故事：他做了一个梦，梦中他站在高山之巅，下面流淌的是生命之河。河里挤满了人，有的人抓着充了气的动物膀胱飘在水面，有的人挤在慢慢下沉的船上，还有的人徒手与激流搏斗。很多人紧紧抓着木板做成的筏子，一些木筏单个儿地漂流，一些则杂乱地绑在一起。

阿尔贝蒂看见水面上方的空中有东西轻快地飞过，不禁想知道他们是什么。一片阴影出现在他身边，对他说：

> "这里有的人可不是凡夫俗子，而是才能出众之辈，这不仅仅是因为他们有天赐的智慧，而且也因为他们创建了那些能漂浮在水面上的木筏。在木筏上他们刻下了文科七艺①，这些技艺对在水中游泳的那些人是极为有用的。②"

这片阴影然后让他看另一群人，这群人在神之下，却又在水里漂流的那些人之上。阴影又说：

---

① 古罗马中世纪大学的文科七艺（liberal arts），指语法、修辞、逻辑、算术、几何、音乐和天文。——译者注

② Leon Battista Alberti, *Fatum et Fortuna*, from the *Intercoenales*, quoted in Mark Jarzombek, *On Leon Battista Alberti: His Literary and Aesthetic Theories* (MIT Press 1989), p. 132.

> “他们与神灵有相似之处，却又并非完全来自水面，因为他们带翅膀的鞋是不完美的。他们是半人半神，是最值得敬重的。他们的功劳在于把看似毫无价值的东西加在木筏之上使之变大，而且投身令人钦佩的事业，将触礁搁浅和被冲上沙滩的木筏残片收集起来，做成新的木筏提供给还在激流中挣扎的人。
>
> 向他们致敬，向他们致谢，因为他们用这些木筏帮助了多少在生命之河中苦苦挣扎的人们。”

阿尔贝蒂写道：“这就是我在梦中看到和听到的情况，我似乎是走在一条奇特的道路上，有可能跻身于长着羽翼的神灵之列。”在梦中，他自己是一个才能出众的人，不是把残片做成新木筏的人，而是发明了木筏，帮助人们趟过生命之河。这便是他生活的动力。

阿尔贝蒂1432年开始作为秘书供职宗座廷，他用精通的拉丁语起草没完没了的声明公告，书写没完没了的会议纪要和宗座廷发出的没完没了的书信。跟随宗座廷的队列他第一次返回了佛罗伦萨，而他的家人正是从这座城市被逐出的。在佛罗伦萨，他第一次通过文字以外的事物接触了文艺复兴。在大教堂内，他一定有时间欣赏建筑师菲利波·布鲁内莱斯基（Filippo Brunelleschi）设计的穹顶，也参加了穹顶的竣工庆典。这个穹顶是如此巨大，完全可以盛下整个罗马万神庙（Pantheon of Rome）。的确，布鲁内莱斯基曾在被称作“永恒之城”的罗马停留，思索、丈量、分析罗马古建筑的遗迹，以了解这些建筑的构造并设计自己后来的杰作。很多人都以为罗马是巨人或魔鬼建成的，或者根本就是奇迹，可是布鲁内莱斯基对这些说法嗤之以鼻，亲自前往罗马考察。回到佛罗伦萨以后，他用学到的技艺设计出超越前人的作品。

阿尔贝蒂惊讶于菲利波·布鲁内莱斯基和其他一些佛罗伦萨技师的革新，于是用拉丁文写下论著，向他们表示敬意。他的《论绘画》（*De*

Pictura）和《论雕塑》（*De Statua*）分别从绘画和雕塑的实例谈起，然后上升到知识和思考的高度。15世纪40年代，阿尔贝蒂开始巨著《论建筑》（*De Re Aedificatoria*）的写作，这本书模仿古典时期唯一的有关建筑的传世作品、古罗马建筑师和作家维特鲁威（Vitruvius）的皇皇巨著《建筑论》[①]（*De Architectura*）的写作风格。与《建筑论》一样，阿尔贝蒂的《论建筑》也分为10卷，分别讨论公共建筑、私人建筑、工程与古典的种类等等，他的著作与其他权威的著作一起交相辉映。然而阿尔贝蒂自己却认为维特鲁威的著作含混不清：

> 他的内容总是不够精确，他的语言让拉丁人以为他是古希腊人，而古希腊人又会以为他在说拉丁语。他的作品很清楚地表示他说的既不是希腊语也不是拉丁语，所以我们可以说他什么也没有写，或者是写了一堆谁也看不懂的东西。

阿尔贝蒂竭力要用纯正的、丝毫没有受希腊语影响的拉丁语重新书写维特鲁威已经论述过的内容。他的《论建筑》一书的标题就是维特鲁威的《建筑论》的拉丁化名字，而这个名字的词根来自希腊语。他写道："我们写下的是真正的拉丁语（除非我错了），而且形式也是易于理解的。[②]"然而，阿尔贝蒂需要解决的不仅仅是受外来语影响的文本，而且还有风格已受影响的建筑。他接着写道：

> 残存的古代庙宇和剧院可以教给我们的东西跟任何教授能

① 该书也译作《建筑十书》。——译者注

② Leon Battista Alberti (tr. Joseph Rykwert, Neil Leach and Robert Tavernor), *On the Art of Building in Ten Books* (MIT Press 1988), p. 155.

> 教给我们的一样多，但是我悲哀地看到每一天都有这样的建筑受到洗劫。今天那些盖房子的人借鉴的都是一些现代的荒谬而不是经受过考验、获得过赞赏的传统方法。没有人可以否认，如果这种情况再继续下去的话，我们的文明和学问就可能完全消失殆尽①。

阿尔贝蒂的任务是清楚的，也是紧迫的："我感到每一位绅士或者说每一个有学问的人都有责任拯救这个学科，我们英明的先祖们曾如此崇尚这个学科。"

《论建筑》一书试图要保留并重振古代的建筑智慧，阿尔贝蒂在这本书中把当时的建筑界描述为"现代的荒谬"，指的不仅仅是与他同时代的建筑师的作品，而且包括所有中世纪的建筑。阿尔贝蒂崇尚的是有华丽广场、柱廊和剧院的城市，他把自己时代的建筑称为盗贼的巢穴，说它们腐朽得随时可能倒掉。他笔下崇尚的教堂更像是神庙，供奉的是众多的神，而不是基督教唯一的上帝。他宣扬古罗马作家普林尼和古希腊历史学家希罗多德（Herodotus）的作品，仿佛他们与他生活在同一时代，而不是在遥远的过去。

《论建筑》是一部建筑理论家而不是实践家的著作，但是当这部巨著的书写接近尾声的时候，阿尔贝蒂得到了一个机会，把自己的文字付诸实践。没有记录说明这位人文学者究竟是如何跟里米尼的独裁者西吉斯蒙多相识的，可是他们相识之初便结出了硕果，即由马泰奥·德·帕斯蒂铸造的一枚纪念币。纪念币上写的是1450年，那时候圣西吉斯蒙德礼拜堂的修建工作已经开始了。纪念币的正面是西吉斯蒙多的侧面像，而背面则是一座被称为"里米尼的著名神庙"的建筑物。这枚纪念币虽然很

① Alberti, *On the Art of Building in Ten Books* (MIT Press 1988), p. 154.

小，却清楚地显示出这座神庙并非是散布在城市里的古代建筑，而是一座新建筑，有着巨大显眼的穹顶。

当然，里米尼的著名神庙绝不再是以前的圣弗朗西斯教堂，其内部正由这位铸币师和他的助手们进行装饰。马泰奥·德·帕斯蒂设计的内饰是粗糙的古典大杂烩，与中世纪时维特鲁威著作的手抄版本一样，不再纯正。由阿尔贝蒂设计的外观却是纯粹的古典智慧的体现，他在原来教堂的砖墙外面包上了一层白色的伊斯的利亚（Istrian）石头。原来的拱门保留了下来，却被阿尔贝蒂改为献给西吉斯蒙多的凯旋拱门。阿尔贝蒂十分清楚古代拱形门与军事荣耀方面的联系：

> 一个广场或者路口最高贵的装饰品莫过于在入口处加上一座拱门。拱门是一座永远敞开的大门 …… 从敌军那里获得的战利品都会堆放在拱门旁边，因此发展出在拱门上镌刻铭文和历史事件并饰以雕塑的做法[①]。

阿尔贝蒂为西吉斯蒙多设计的凯旋门有一对立柱，立柱的尺寸和细节都是直接模仿罗马帝国的第一代皇帝奥古斯都下令修建的一处已成废墟的城门，当时这座城门位于弗拉米尼亚大道（Via Flaminia）之上，把里米尼和罗马连接在一起。阿尔贝蒂设计的拱门两边都有神龛，有人说，这是因为他计划将西吉斯蒙多和伊索塔的石棺放在那里。原来教堂的纵向天窗现在被饰以更多的壁柱并加上天篷，保护着那些被神化了的凡人的遗骨。

教堂的侧面也以类似的手法把一座地方哥特式教堂改头换面变成了正统古典建筑的样子。每一侧都加上了七扇圆形的拱门，每一扇都指定

---

① Alberti, *On the Art of Building* (MIT Press 1988), p. 265.

将盛放西吉斯蒙多手下的某一位人文学者的遗骨。阿尔贝蒂为教堂的东端设计了一个巨大的穹顶，与布鲁内莱斯基在佛罗伦萨设计的尖形穹顶不同，阿尔贝蒂设计的穹顶是圆形的，类似罗马的万神庙。而且整座教堂通过加高基座被抬高，就像一座高高矗立在广场上的罗马神庙一样。

阿尔贝蒂设计的里米尼著名神庙的外观从细节上看十分经典，从整体上看也十分经典，这一点和其大杂烩般的内饰有很大的不同。每一部分都经过精心丈量设计，各部分间的关系也考虑得十分仔细，因此整个建筑才能够和谐一致，这一点完全符合古希腊人的数学原理。阿尔贝蒂写道："我再次确认毕达哥拉斯（Pythagoras）的说法：自然从整体上来说是具有一贯性的，这一点非常明确，事物就是这样存在的。同样的数字能使声音听起来和谐，悦耳动听，同样也能让人的眼睛看到喜悦和奇迹。①"

里米尼的著名神庙的每一部分都互相呼应，因此是美丽的，正因为是美丽的，所以是完美的。阿尔贝蒂宣称："美丽就是各个部分和谐组成一个整体，增之一分、减之一分、改之一分都会破坏这种整体。②"那么，既然里米尼的著名神庙是完美的，为什么其主人不能神化，不能位列诸神之中?

当阿尔贝蒂在里米尼忙于设计的时候，马泰奥·德·帕斯蒂铸造了另一枚纪念币献给这位人文学者。纪念币的正面是学者自豪的侧面像，背面是一个典型的格言式的图案：一只知识的眼睛闪烁着代表创造力的闪电，由神的羽翼托起高高飞行在空中。上面还刻着一行字："Quid tum？"翻译过来的意思就是："下一步呢？"

---

① Alberti, *On the Art of Building*, p. 301.

② Alberti, *On the Art of Building*, p. 156.

***

阿尔贝蒂当时仍然是宗座廷的秘书，被召回罗马时，体现其设计的大型木质模型已经完成了，里米尼的著名神庙的外部工作已经交给马泰奥·德·帕斯蒂来做。他们之间的一系列通信极好地展示了理论是如何被付诸实践的。非常清楚的是德·帕斯蒂和他的工人们并没有理解阿尔贝蒂设计中的经典语言，鲁莽地违背了毕达哥拉斯提倡的比例。阿尔贝蒂对他们非常不满：

> 问候。非常感谢您的来信，很高兴国君做了我想做的事情，也很高兴他听从了大家最好的意见。然而，当您告诉我马泰奥断言穹顶应该是两个直径高的时候，我更愿意听从修建了诸如帕提农神庙等伟大建筑的人的意见，而不是马泰奥的意见，听从理智而不是任何个人。而且，如果他固执己见的话，犯下错误也是丝毫不让人惊讶的事[①]。

然而，除了美学方面，实现阿尔贝蒂的设计也存在实际操作方面的问题。这是因为阿尔贝蒂不是在设计一座全新的建筑，而是改造一座在他看来属于“现代的荒谬”的旧建筑。他在给德·帕斯蒂的信中写道：

> 至于我模型中的支柱，记住我是怎么跟你说的：建筑的正面应该是一个独立的部分，因为我觉得原建筑礼拜堂的高度和宽度让人不安…… 如果你改变它们（即阿尔贝蒂设计增加的支柱）的话，就会破坏和谐。我们想一想怎么使用轻一点儿的东西来覆盖整座教堂吧，别指望原有的

① Robert Tavernor, *On Alberti and the Art of Building* (Yale University Press 1998), p. 61.

支柱能支撑任何重量。正因为如此，木质的拱顶是最合适的[①]。

阿尔贝蒂决定让改造后的建筑的正面完全独立出于两个原因。首先，他认为原建筑十分粗糙，不愿意让自己设计的部分跟其有任何接触。第二，他相信教堂的扩建，即增加了伺奉缪斯众女神、星球、西吉斯蒙多和伊索塔的礼拜堂，已经极大地破坏了原建筑的结构，正因如此，他才建议使用木质的拱顶而不是砖石的。这样一来，阿尔贝蒂设计的教堂新的正面部分与原有的哥特式小教堂就没有什么联系了。砖墙、中世纪的扶壁、尖头窗均出现在了新拱形门上，原有建筑和新建筑遵循彼此独立的节奏。

同时，圣弗朗西斯教堂还有一些事先看不出的细节与阿尔贝蒂的设计产生了冲突。举例来说，原建筑西边的前端有一些扶壁向外伸出，这就跟打算放置西吉斯蒙多和伊索塔遗体的神龛产生了矛盾。原来为神龛所做的四方形设计会使扶壁暴露在外面，而阿尔贝蒂要求德·帕斯蒂把神龛做成圆的，这样扶壁就会完全被挡住。但是德·帕斯蒂很快发现这个解决办法也有自己的问题，因为石棺放不进圆形的神龛中，而且会从建筑的表面伸出去。最后决定完全放弃在建筑的西面放置神龛的想法，将西吉斯蒙多和伊索塔的墓冢放置在教堂内部。这位傲慢的雇佣军人的墓冢躺在正门右手边一个不起眼的角落里。

阿尔贝蒂本人不在施工现场这一点一直困扰着整个改建工程。他很担心失去西吉斯蒙多的信心，于是写道：

如果有人来到这里（即罗马），我一定竭尽全力让国君满

① Tavernor, *On Alberti and the Art of Building*, p. 61.

> 意。至于你，我乞求你考虑所有的情况，聆听大家的意见并且让我知道。有人可能会有值得一听的建议。你如果见到国君，或写信给他的时候，请一定美言我几句，我非常希望向国君表达我的感激之情。在杰出的罗伯托的面前，以及其他所有你认为热爱我的人的面前，请美言我几句[①]。

所有的这些困难都是建筑固有的，15世纪的时候如此，今天也是这样，可是在里米尼著名神庙的修筑过程中也遇到了阿尔贝蒂设计之外的问题。简言之，西吉斯蒙多没有那么多钱来完成这个项目。德·帕斯蒂尽力在石料方面节约，可是材料还是不够用。西吉斯蒙多不再派人去伊斯的利亚或卡拉拉（Carrara）购买从地下开采出的石灰石或大理石，而是开始在里米尼的古罗马港口寻找石料，这个古代港口不仅仅是一片让人畏惧的遗址，更是该市主要的宝贵资产。有一位对西吉斯蒙多的做法深恶痛绝的人记载道："无论何地，只要有可以被用来装饰或镌刻的好石头，都会被西吉斯蒙多拿走"，"这极大地损害了本市古代留下来的丰碑"[②]。西吉斯蒙多诱使位于拉文纳（Ravenna）的圣阿波利纳雷教堂（San Apollinare in Classe）的院长把教堂本身的很多石头卖给他，修建这座教堂的正是当年修建圣索菲亚大教堂（Hagia Sophia）的查士丁尼一世（Justinian I）。院长还把一车车的斑岩和蛇纹石运给西吉斯蒙多，用以装饰其神庙西门上的拱形结构。拉文纳人愤怒了，取消了与这个雇佣军人的所有合同，让威尼斯来保卫他们的荣誉。

在阿尔贝蒂的梦中，半人半仙用生命之河中遇难木筏的残片做成新的木筏，而现在里米尼的著名神庙则是把古建筑遗留下来的材料胡乱地

---

① Tavernor, *On Alberti and the Art of Building*, p. 61.

② Alberti, *Leon Battista Alberti Complete Edition*, p. 166.

接在一起。这位人文学家无论如何也不会想到，建造自己仿古杰作的同时会对自己竭力要保留的古典遗迹带来如此毁灭性的破坏。

***

西吉斯蒙多越来越穷途末路，敌人与日俱增。1458年，新教皇庇护二世组织了反对他的同盟。同盟军深入里米尼腹地，占领了57个村落，将不愿投降的人统统处死。第二年，西吉斯蒙多当掉了自己所有的珠宝，筹款招兵买马组成了反叛军，围攻数个教皇势力范围内的城镇。一名受雇于他的人文学者瓦尔图瑞斯（Valturius）目空一切地将他比作罗马帝国弗拉维王朝的第一位皇帝韦斯巴芗（Vespasian），说西吉斯蒙多就是“修建了和谐与和平神庙的韦斯巴芗在世”①。然而，1461年西吉斯蒙多被囚禁在里米尼，与此同时教皇在罗马组织对他灵魂的审判。

最后的裁定是可想而知的。宗座廷废黜了西吉斯蒙多公国君主的地位，将他逐出教会，把他的灵魂打入地狱。意大利很多教堂在大门处焚烧他的肖像。威尼斯人认为他日后可能还有用，于是与宗座廷协商，取得了对他的宽恕，但是西吉斯蒙多被要求禁食三日，然后在里米尼广场上教皇派来的使节面前跪下乞求宽恕。

西吉斯蒙多参加的最后一仗离自己短命的公国很远。在他的灵魂被打下地狱而后又被宽恕的三年之后，威尼斯人派他去希腊攻打突厥人。在古时斯巴达城邦国家的山丘上，他找到一个自己从未想过还会见到的人：格弥斯托士·卜列东，这位希腊学者的多神论曾在他年轻时给了他极大的鼓励和启迪。卜列东那时候已经过世了。西吉斯蒙多派人将这位学者的遗骨运回里米尼，安葬在阿尔贝蒂为他设计的神庙里，在那里预留了多处墓冢埋葬逝去的名人。

---

① lberti, *Leon Battista Alberti Complete Edition*, p. 166.

可是神庙一直都没有完工，设计好的穹顶也只是打了一点儿基础而已。在神庙的西端，高高的拱形廊台也没有建成，这本来可能是西吉斯蒙多打算为自己修建的纪念碑。旧圣弗朗西斯教堂的砖质正面建筑仍然留着一个一个的大窟窿，计划放置在那些地方的墓冢也从来没有到位过。教堂侧面的石棺也有一半是空的，因为西吉斯蒙多没能找到足够多的名人尸骨。本来计划修建一些拱形结构来庇护这些石棺，可是越往教堂的东边完成的拱形建筑就越少，这样本来希望让拱形建筑挡住的中世纪的砖墙仍然暴露在外面。

西吉斯蒙多1468年死于在希腊时染上的疟疾。七年以后，在他的私生子罗伯托的婚礼上，餐桌的中心摆放着一个巨型的蛋糕，是西吉斯蒙多和阿尔贝蒂心目中里米尼的著名神庙应该建成的样子。宴席散了，蛋糕也吃掉了。

***

阿尔贝蒂因为跟教皇的关系没有受到牵连。他很快在佛罗伦萨、曼图亚（Mantua）和罗马等地开始了新的建筑项目，可是他设计的建筑没有一个完工。这些建筑现在跟当初停工时一样残缺不全，类似阿尔贝蒂寻求效仿的古建筑的遗迹。

阿尔贝蒂希望自己的建筑是完美的。在梦中，他站在高山之巅看着神灵在生命之河的上空掠过，梦想自己是其中的一员。从某种意义上来说，他这种亵渎上帝的想法也受到了惩罚。他设计的里米尼的著名神庙是对古典完美建筑的追求，可是最终却不过是一个没写完的句子、一个前后不连贯的推断、一堆结结巴巴的呓语而已。

第 8 章

波茨坦之无忧宫：一如往昔

仿古遗迹：
从无忧宫（Sans Souci）对面的山丘上可看见的凹地与废墟

模　仿

1833年，现代希腊面临的首要问题之一便是为自己建立一套历史。希腊人为自己找来了一个国王，并讨论如何将帕提农神庙变成他的行宫。卡尔·弗里德希·申克尔（Karl Friedrich Schinkel）准备的方案是围绕帕提农神庙修建一系列以之为模板的古典建筑，而神庙本身则作为遗迹保留下来，目的是提醒这个年轻的国家任何文明在某一天都有可能衰落。申克尔的设计模仿的是一个从未存在过的希腊，他设计的王宫跟《建筑师之梦》一样，为一个没有历史的国家提供一个历史教训。

里米尼的著名神庙（Famous Temple of Rimini）和阿尔罕布拉宫都可以说是过去与现在之间、因循守旧与开拓创新之间的博弈。里米尼著名神庙的设计师阿尔贝蒂和入主阿尔罕布拉宫的卡雷尔皇帝心中，都明确地知道自己心向何方，可历史的进程却让他们统统败倒。里米尼的著名神庙也好，阿尔罕布拉宫也罢，所有人们用智慧结晶所建造的神庙和圣殿一样，都是不完美的。这些建筑星星点点，装点着人类历史的长河。所有为完美而生的建筑最终都会无可奈何地凋零，走向毁灭。

可花园则不同。在自然的怀抱中，花园总是能够享受时光的流逝而不会随之凋零。这一情况在18世纪欧洲启蒙运动时期尤其如此，那时候，英国历史学家爱德华·吉本（Edward Gibbon）看过古罗马广场的遗迹，听过弗朗西斯托钵修会修士在朱庇特神庙的吟诵，感慨万千，写下了著名的《罗马帝国衰亡史》（*The Decline and Fall of the Roman Empire*）。这部著作的读者，那些高雅而博学之人，会修建一些庭院休憩小所来排遣夏日的无聊，这些建筑中包括随意而为的观景台，也可能圈入古典的遗迹，他们对建筑所做出的建构性改变恰恰是传统建筑所竭力反对的。这些建筑和《建筑师之梦》一样，展现的是历史进程的缩影，就像是那位梦中的建筑师在立柱之上冷眼旁观，无动于衷。

很久很久以前，当世界还是快乐无忧的时候，在一片森林之中，有一个平静而深邃的湖泊，环抱她的是高高的白杨树。在湖泊的一侧，人们为栖身于此的水妖修建了一座神龛。这座神龛如今还在原处，在水边的一堵墙垣之上。

一天，一名周游四方的王子无意中找到了这片湖泊，在湖边建起了一座花园。在花园里，他修建了两座神殿，一座献给父皇，一座献给母后。时光流逝，后来居住于此的希腊人在花园里增建了一座神庙，再后来，神庙四周又建起了多立克式的柱廊。

在以后的岁月里，这座花园神庙曾经十分风光，因为罗马人在这里建了一座华丽的浴池，让来此朝拜的信徒们能够沐浴休憩。在正厅中，是一座用俄罗斯碧玉砌成的浴池，顶上是阿波罗和酒神巴克斯的神像。在隔壁房间，一座由四个多立克式柱子围起来的蓄水池承接着雨水和阳光。在第三个房间内，所有的洗浴用品都放在一个个龙形的青铜支架上。一片水雾从热水池的金色大门中涌出，沐浴者们可以顺着台阶，在女神立柱之间，一步步走入热气腾腾的水中。

为这座神庙加建了一座拱门的，大概也是罗马人，也许当时罗马帝国已经衰落，这座拱门的结构粗糙，显然是作为防御之用的。到了中世纪，这座大门又扩建成为一座诺曼风格的塔楼。然而，渐渐地，不知出于什么原因，神庙变得无人问津，越来越失修破落。后来，一户农家搬了进来，在塔楼之下建成了一座农舍，具有典型的罗马郊区风格：在黄土堆成的谷仓墙上，点缀着意大利中世纪后期托斯卡纳地区风格的圆窗。在屋子上部，波形瓦铺成的屋顶之下，是一层晾台，用来接纳清凉的空气，还可以用来晾干谷物。在屋子的一侧，还残留着加建的痕迹，不难猜出，在收成好的年份，这户农家曾经扩建过自家的宅院。

这户农家显然并不知道自己所住的地方曾是一座精美的神庙。出于对历史的无知，他们漫不经心地把猪羊牲畜圈养在古墙一边，在另一边为自己搭建了一座简单的凉亭。他们把那些曾经围绕神庙的多立克式柱子搬来，除掉柱头和带状装饰（这些部分现已遗失），置于墙顶，用来撑起一座葡萄架。当葡萄越长越盛后，他们又从神庙遗址上找来了两个顶上刻着赫尔墨斯像（Hermes）的木头方柱以提供更多的支撑。

之后，农家主人把遗址上残留下来的石块搬来装饰凉亭：他们把一座多立克式柱子的柱头当桌子；把一座破裂的古代石棺当喷泉底座，让水从青铜雕成的鱼嘴里涌出；把原来安在墙脚的浅浮雕靠在凉亭墙上；在桌子周围的椅子上，还摆放着其他拣来的石块。这一切完工之后，他们终于可以在炎炎烈日下，躲在凉亭内安然休息了。

这是一幅静谧恒久的景色，然而对于那些喜欢建筑的人来说，这里的湖泊、神庙、浴池、塔楼还有农舍也是一部建筑风格的百科全书。如果说建筑艺术史讲述的是建筑风格如何在一代又一代之间逐渐推进，那么这座农舍里破碎的砖块和迸裂的泥墙就是在讲述一部建筑的历史。就在这个地方，曾经有过一座花园，一处人类最早的居所；然后是一些简单的祭坛，慢慢成为华美的帝国神庙；在古代这里曾经辉煌过，以后却重回荒蛮，成为农民的居所。这个地方的沧桑和许多文明的变迁一样，都经历了一个初始、建立、构筑、发达、衰落的过程。这里有属于不同时期的建筑，这些建筑的精巧程度不同，衰败程度有别，正是能够凸显历史循环往复的最好作品。

从王子发现这座湖泊，到农民来此定居，相隔了许多个世纪。也许，你可以说王子和农民生活的时期都处于文明的低谷，然而农民却拥有一件王子所没有的东西：记忆。不管这里是多么的不完美，定居此地的农民心中，却肯定有一些值得回忆的地方。历史中的每一个循环都并非凭空而来，之前一定还有另一个循环。所有的知识，不论是历史的、技术的、哲学的，还是艺术的，一经学会，便永不磨灭，这就是人类文明能不断进步的原因。

***

故事讲到这里，卡尔·弗里德里希·申克尔停了下来。他斜靠在长椅上，从面前一个用多立克式柱头做成的桌子上拿起酒杯，斑驳的阳光通过头顶的葡萄架洒落下来。这是一个引人入胜的故事，讲故事的人也魅力十足。一位在场的人后来回忆道："他的一举一动，不论是嘴角的一丝微笑、眉毛的轻微跳动，还是深邃的眼睛里的一点闪光，都带着柔和的贵族气息……但是更令人心旌飘荡的，是从他口中吐出的话语，仿佛把我们带进了一个美丽的世界。①"

但其实要讲这个故事，申克尔甚至一句话都可以不说，只需指一指他身边的景物即可，因为这个传奇故事就发生于此：他们就坐在故事中的那个凉亭内，在他们的面前，就是墙脚浅浮雕和其他的古迹碎片。这是一个用破落的砖块、褐色的泥土、碎裂的大理石为材料，用葡萄藤蔓编织而成的故事。

然而整个故事最神奇的地方在于：它是申克尔一手编造出来的。那所谓的湖泊，不过是一座人工挖出的喷泉；所谓的古老花园祭坛，不过是宫中的一座花坛；神庙不是希腊人所建，浴室并非罗马人的遗物，塔楼也与诺曼人无关；而所谓托斯卡纳的农庄当然也是无稽之谈。这个地方在波茨坦附近，被叫作暹罗（Siam），其实是普鲁士皇储威廉王子的夏宫夏洛滕宫，其中所谓破落的墙壁和遗留的碎片都只有14年的历史。

申克尔是一位建筑师、一名画家，他的特长是构建奇幻场景。他为

① Franz Kugler, *Karl Friedrich Schinkel, Eine Characteristik siner kuenstlerishchen Wirksamheit* (Berlin 1842), first published in the *Hallesche Jahrbuecher,* 1838.

歌剧《魔笛》(*The Magic Flute*)所做的舞台设计中，有夜之女王骑着一轮新月驶过银河的场景，这个构想至今仍被采用。他的《巴勒莫全景图》(*Panorama of Palermo*)是一幅夜晚从观景台俯瞰城市的全景图。他的其他作品，比如一幅展示莫斯科被大火焚毁的画作，还有位于莱比锡的民族大会战纪念碑(Battle of the Nations)都让有幸亲眼目睹的人感到无比震撼。他的名声很快转到了普鲁士国王和皇后耳中，被请往宫中服务。

他为路易丝皇后(Queen Luise)设计的卧室以精美的粉色为主，挂满了半透明的轻纱，让人如同置身于晨光初照的帐篷之中。他为国王修建了一座基亚拉蒙蒂庄园(Villa Chiaramonte)的仿制品，让国王可以在其中回想自己在意大利度过的美好时光。虽然申克尔从未见过原建筑，但是他的仿制品却极其逼真，获得了国王的称赞。国王说当他置身其中时，仿佛立刻回到了阳光明媚的那不勒斯湾(Bay of Naples)一般。申克尔为卡尔(Karl)和威廉(Wilhelm)这两位从军的王子建造的，是另一座著名的意大利建筑格利尼克宫(Schloss Glienicke)，还有坐落在哈弗尔河畔(Havel)、陡峭山林之上的哥特式城堡巴伯尔斯贝格(Babelsberg)。然而在暹罗，申克尔的想象力展现得最为细致而含蓄，其中的每一点每一滴都有历史与哲学上的渊源，以致完全可以乱真。

普鲁士探险家、自然学家亚历山大·冯·洪堡(Alexander von Humboldt)当天也在凉亭里落座，他对申克尔的故事非常喜欢，也许是因为这个故事符合他对自然历史的理解。他曾这么写道：

> "描述自然，必须紧密联系其历史。地理学家对自然的理解必须以事实之间的关联为基础；没有对过去各个时代的历史进行深入的研究，就不可能形成有关现实世界的概念。通过对地球上各类事物的传代研究，我们才能将过去与现在联系起来。自然就如同语言一样，通过词源学的研究，可以让我们发现词

汇的发展规律，了解词汇的源头，可以让我们更好地思考今天使用这些词汇的方式。[①]”

申克尔用光线与阴影、花园与内景、园地与水面构筑的美妙布景完美地表达出了洪堡对自然与文化关系的理解：它们之间不应该相互敌对，而是相互映照、相互融和。

让洪堡更为高兴的是暹罗的主人威廉王子请他随时入住这座农庄，让他把这里当作自己的家一样。对于洪堡来说，他从来没能在自己的家里体会到家的感觉。他周游列国，到拉丁美洲和俄罗斯探险，到欧洲各国首都担任外交特使等等，照理说这些已经能满足他旅行的欲望，但其实却让他更渴望出游。在申克尔构筑的天地里，他可以继续品味旅行的乐趣，却无须忍受外出的种种不便。斜躺在茂盛的葡萄架下，足不出户，远处的托斯卡纳农舍便尽收眼底。在这里，远离都市生活的重重烦恼，他可以思考，写作，和同道中人畅快地交流。

这次小型聚会发生在1840年5月一个阳光灿烂的午后，在场的还有这里的主人、戏称自己为“暹罗王子”（Prince of Siam）的皇储威廉王子。听着申克尔的故事，威廉王子感觉心满意足，因为暹罗虽然是申克尔的作品，却也是他的主意。

从年轻时候起，威廉王子就梦想着去意大利。1828年他终于有机会去了罗马，一路上还访问了许多堪称欧洲文明瑰宝的城市：威尼斯、佛罗伦萨、那不勒斯等等。在回到家乡这片黄土平原之后，他决定在这里再现意大利蒂沃利（Tivoli）地区翠绿的花园和豪华的庄园。在他的指挥下，园艺家彼得·约瑟夫·伦内（Peter Joseph Lenné）为他设计了一座

① Quoted in Barry Bergdoll, *Karl Friedrich Schinkel: An Architecture for Prussia* (Rizzoli 1994), p. 156.

花园，有着典雅的树丛和精巧的花径，大片的草地还有高高的白杨则让人联想起罗马郊区的平原和柏树。

在申克尔的协助下，威廉王子为自己兴建了一座乡村庄园。申克尔的任务是建一座庄园以便让威廉王子回忆起他在意大利旅行的日子，同时还能联想到古罗马作家普林尼书中对庄园的描述。庄园的房间内按照庞贝城的风格漆成鲜亮的深红色和橄榄绿，布置有罗马风格的雕塑，墙上的油画展现的是那不勒斯湾的景色。家具设计得仿佛能够立刻折叠起来，随着威廉王子继续在意大利旅行一般。在一个房间内甚至还搭建了一座大帐篷，帐篷外点缀着一圈铃铛，帐篷里面的一座露营床上方，几支长矛搭在一起，撑起了一座雨篷。申克尔把庄园建成了一个最适宜夏日度假的地方。

在威廉王子的想象中，暹罗是遥远东方的一个既喜乐又自由的地方。那里的人们脚步轻盈地行走在阳光灿烂的田野中，而不像欧洲城市的居民那样只能在昏暗的石子路上蹒跚。在暹罗，人们衣着宽松随意，完全不受欧洲社会各种繁文缛节的束缚。各种各样压抑人性的东西，比如排满勋章的礼服、拘谨的军事游行、沉闷的宫廷舞会等等，在那里都不会存在。暹罗的人们是自由的，不受传统、礼节、政治和历史的束缚，过着逍遥自在的生活。

威廉王子希望在为自己修建的暹罗中，也能过着同样逍遥自在的生活。在1840年那个春日的午后，他拥有的这片空间几乎达到了完美的程度。从庄园的平台看过去，申克尔修建的农庄融为美景的一部分，这正是威廉王子希望达到的效果。洪堡答应来这里住上几个月，这幅画面便更臻完美：一位自然哲学家与其周围的自然风光和居住环境间达成的真正和谐。威廉王子开心地想道：这一定将会是个美妙的夏天。

***

多年以后，那位昔日自称为暹罗王子的威廉王子已步入老年，回想往事，不禁长叹。美妙的夏天似乎都不会长久，他心中暗忖道。距那个阳光明媚的午后仅一个月的时间，威廉王子就继承了王位，成为普鲁士国王，而申克尔则在那年的秋天去世，暹罗便渐渐地消退在记忆中。它并非真正位于遥远的东方，而是俯卧在波茨坦的皇家花园的山脚下。威廉王子不过是一时兴之所至，才把它叫作暹罗，期待这座花园能给他带来想象中的自由和喜乐。

修建暹罗，不过是他以后大兴土木的一个前奏而起。他为自己修建了一座巨型的宫殿群，暹罗只是其中的一小部分。他期望能在这里忘记各种繁文缛节、各种政治历史的纷争，远离各种各样的忧虑，宫殿群因此被称作无忧宫（Sans Souci）。

不过最早修建无忧宫的并不是威廉王子，而是他的曾祖叔父、普鲁士国王腓特烈（Féderic）。和威廉王子一样，即使是在家中，他也期待身在别处。和威廉王子不同的是，他钟爱法国而不是意大利，梦想着巴黎典雅的风范、沙龙里妙趣的对谈以及凡尔赛的宫廷生活。在他的想象中，法国的生活与无聊的普鲁士完全不同，普鲁士有的只是单调的森林和沙质平原。“如果上帝是为我创造了世界”，他曾经写道，“那么他一定是为我的享乐创造了法国”[①]。登上王位之后，他便开始想办法满足自己的愿望。他当然没有办法不理朝政，但是如果去不了凡尔赛，至少可以把凡尔赛中的田园农舍特里亚农（Trianons）搬到身边来。每当漫步在景色宜人的花园中时，他都可以暂时忘记朝政的种种忧虑，他曾经用法语说道：

---

① Nancy Mitford, *Frederick the Great* (Penguin, London 1970), p. 79.

“当我置身其间，便无所忧虑”[①]，这座宫殿的名字Sans souci 便是法语“无忧”的意思。

1744年他请来了一位从军时的老朋友格奥尔格·冯·克诺贝尔斯多夫（Georg Von Knobbelsdorf），帮他修建一座宫殿，让他可以在其中“无所忧虑”。修建过程中，两人就像一对老夫妻一样，经常争执不休，腓特烈还经常亲自抄起画板，修改老朋友的设计。宫殿修在坡顶，沿着山坡向下修建了一层层的平台，腓特烈决定在这些平台上盖一座座玻璃暖房，种植无花果、葡萄和蜜桃，为皇家餐桌提供香甜的水果。1747年无忧宫完工之后，腓特烈立刻搬入居住。

无忧宫的规模不大，但内部装修却极为华美，让人觉得似乎是由甜美的蜜糖、粉色的云朵和灿烂的晚霞调制而成。在音乐间里，至今还放着一台著名作曲家巴赫曾经用过的风琴。1747年腓特烈请来巴赫教授他音乐的原理和技巧，据说巴赫对这位花哨的年轻王子印象不佳，经常对他加以批评。在风琴旁边摆放着一个乐谱架，腓特烈有时会在晚餐之后，向客人们表演笛子演奏。整间屋子有如万花筒一般：墙上的镜子镶在金色的镜框内，镜子前的桌上摆着烛台；顶棚仿佛是一个镶金的网格，在网格的中央，垂下一盏大吊灯。

腓特烈热爱阅读，他非常崇拜法国哲学家伏尔泰（Voltaire），1750年将伏尔泰请到无忧宫居住。不过好景不长，脾气暴躁的伏尔泰不久就得罪了这里的主人，三年之后逃离无忧宫，回到了他的侄女，也有人说是他的情人身边。无忧宫里伏尔泰的卧室和他本人一样诙谐风趣、与众不同。从顶棚沿着墙壁垂下许多精巧的花茎，花茎上长着石膏做成的玫瑰，

---

① Kunst- und Ausstellungshalle der Bundesrepublik Deutschland, *Filmreihe: Schätze der Welt –Erbe der Menschheit*, p. 11 (German, PDF), http://www.kah-bonn.de/bibliothek/schaetze_pr.pdf.

墙壁则像是一座收藏着各种珍奇生物的动物园：猴子、鹦鹉和朱鹭聚集在一起，身边满是花朵和果实。夏日的清晨，当伏尔泰从睡梦中醒来时，看着从落地长窗撒入的阳光，也许会想象自己身处遥远的中国或是日本，只有窗外腓特烈和其爱犬的叫声才会把他拉回现实之中。

无忧宫中最重要的房间是餐厅，因为腓特烈最喜欢在餐桌旁与客人边吃边聊，交谈的主题十分丰富，从艺术到数学，从工程到自由，无所不及。无忧宫里午餐和晚餐时间之长是非常有名的，期间腓特烈会饮下无数杯香槟和咖啡。餐厅是一个椭圆形的房间，围着一圈科林斯式的柱廊，白色柱身、金色柱基柱头，中央穹顶上的小天使和缪思的雕像代表着腓特烈餐桌话题的主题。这座精美的餐厅，看上去就像是一座神庙，餐桌则是神庙的祭台。

无忧宫的大花园里，随处可见来自其他时代、其他地方的建筑，让人产生一种身处异时异地的美妙幻觉。其中的一座中国式的亭子是坐下喝茶用的，屋顶像一座巨大的帐篷，由棕榈树状的镶金柱子撑起，廊上有兴高采烈的中国老爷和小妾们的图像。花园中还有一座纪念友谊的神庙，在那里腓特烈可以回想自己和最亲近的姐姐威廉明妮（Wilhemine）一起度过的快乐时光。大花园里还有一座功能齐全的风车磨坊，皇室的孩子们可以在那里玩农夫的游戏，或是在用树丛建成的小径和环岛间追逐玩耍。

无忧宫内房间的设计风格基本上都是美妙精致、欢欣宜人的，但是腓特烈却在客人离开之时，为他们安排了一片意想不到的景色。离开无忧宫时，客人们看到的是一处肃穆的遗迹：这一堵断墙一定曾是某个椭圆形剧场的墙壁，令人想起古罗马的斗兽场；那一处破败的圆形大厅，过去肯定是某个哲学家的居所；还有那一排残存的爱奥尼亚式的柱子，显然曾经是狩猎女神神殿（Temple of Diana）柱廊的一部分。一眼望去，仿佛古罗马人曾经在这座山丘上修建过一座城市，而腓特烈则选择在这座城市的遗址边修建了自己的宫殿。

当然这不过是一个玩笑而已，就像饭后需要音乐伴奏以助消化，这座“遗址”也许能为腓特烈请来的见多识广的客人们带来一丝微笑。“遗址”的设计者是意大利剧场布景画家因诺琴特·贝拉维特（Innocente Bellavite），和后辈申克尔一样，他也在这里构筑了一片罗马郊区风格的田野山丘，让人觉得似乎罗马的牧羊人依然生活其中，在神殿残迹中，在高高的引水渠下看护着羊群。

在这个为自己创造的神奇空间里，腓特烈不必为一切俗务操心，他每天做的，就是兴之所至写写东西，吹吹笛子，在晚宴上与客人聊聊天，尝尝暖房送来的水果，遥望宫外的罗马“遗址”静心沉思。正如他所希望的那样，在这里可以无忧无虑地生活，仿佛在皇家花园的大门之内，时间凝固了，而历史则不过是一个幻影。

但是无忧宫并不能算作一个正式的皇宫，不可能在这里接见外国使节，处理烦人的公务，于是腓特烈在花园的山丘脚下另外修建了一座宫殿作此用途。这座名为新宫（Neues Palais）的宫殿是一座巴洛克风格的建筑，顶上有一座派头十足的穹顶，进门要通过一片半圆形的科林斯式柱廊。宫中有无数的房间、一座歌剧院、装潢豪华的舞厅、一座墙上贴满贝壳的洞窑，还有一座艺术博物馆。但是腓特烈不喜欢待在新宫。“那不过是一个摆排场的地方”，他说道。

当腓特烈不得不出门远行时，他时时梦想着无忧宫，怀念每天早晨起床之后走出卧室的落地长窗，和爱犬蓬帕杜尔夫人（Madame de Pompadour）一起散步的时光。为了排遣思念，他不断地阅读和写作：给伏尔泰写信，写诗，还不断书写记录自己行为的《行止实录》（*res gestae*）。有人说如果他不是普鲁士国王的话，可能会成为18世纪最出色的法语作家之一。

腓特烈身边总是带着一本书，他曾说过这是一本可以读了又读的小说。伏尔泰的小说《赣第德》(*Candide*) 是他在离开无忧宫之后写成的，小说中的男主角是一个老实的年轻人，故事写的是他如何不得不离开乡下的葡萄酒庄出去闯世界的经历。腓特烈一定从男主角的经历中找到了共鸣，因为他本人也因为继承王位而不得不出去闯荡。也许伏尔泰在写这本小说的时候，想到的就是腓特烈，在小说的最后，赣第德经历了花花世界中的一切丑恶，决定抽身而退，叹道："我宁愿在自家后院养花种草"。腓特烈读到这里，脸上一定会浮上一丝微笑，赞同男主角的决定。

腓特烈去世之后，无忧宫被荒废了半个世纪之久。当暹罗王子登上普鲁士国王宝座之后，立刻就想到曾叔父的住所，希望让花园重现生机。在他父亲去世几个月之内，无忧宫封闭已久的门窗就被重新打开，夏日的阳光从落地长窗倾泻而入，惊醒了沉睡多年的小天使和猴子，遮尘布下镶金的镜框又重见天日了。很快，在椭圆形餐厅中央的餐桌上，再一次摆满了从花园中摘来的各色水果。这张桌子从18世纪起就在不断聆听腓特烈的餐后闲聊，不过这位新登基的国王的絮叨十分做作无聊，大概连这张餐桌都受不了。

国王请来了曾经当过申克尔助手的路德维希·佩尔西斯 (Ludwig Persius) 扩建无忧宫外的皇家花园，规模比腓特烈的设想要大得多。在森林中的一道山丘之上，佩尔西斯和国王一起设计了一座意大利托斯卡纳地区梅迪奇庄园 (Villa Medici) 的复制品。在通往庄园的路上，有无数的台阶、洞窑、玫瑰花园和水妖殿。庄园的最高处是一座观景楼，两侧是巨大的玻璃暖房，种着柑橘和柠檬。站在观景楼上，不仅看到的是意大利风光，连闻到的都是意大利水果的清香。在夏天，国王会想象自己是文艺复兴时期的某个人文大师，聆听着黄昏的钟声在罗马的天空中飘荡。水库边有一座埃及清真寺式样的建筑，其实是花园里喷泉的水泵房，映在水面的倒影看上去仿佛是在遥远的沙漠绿洲边一样。在庄园的一边，国王还修建了一座教堂，完全按照罗马修道院的风格，包括里面的一座安静的方形回廊。在稍远处的圣灵节山（Pfingstberg）的顶上，修建了一座巨大的观景平台，从那里可以看到远处地平线的风光。

在国王的青年时代，当他还自称是暹罗王子的时候，就建造了暹罗的凉亭以再现意大利的风光。现在他成为无忧宫的主人，整座皇家花园变成了一道无边无际的幻想风景，重建了来自各个时期、各个地方的宏伟塔楼和精妙宫殿。在这个神奇空间的背后，是莎士比亚的《暴风雨》中普罗斯佩罗（Prospero）所渴望的一个包罗一切的历史观，申克尔曾经说过，在这个历史观中，“建筑让所有的人类关系变得高尚”①。梦想则是建立在这样的基础之上。

***

1945年8月，在塞茜尔霍夫宫（Cecilienhof）外的平台上，坐着三位重要人物。这是一座半木结构的乡间别墅，由腓特烈王朝中最后一位皇帝为儿媳塞茜尔（Cécile）所建。

三位重要人物来到这里已经有一个月了，度过了一段美好的时光。他们下榻的地方就在附近，位于申克尔修建的哥特风格要塞巴伯尔斯贝格的花园之中。一名随从在自己的日记中提到这里美丽的湖泊和宜人的风景，他甚至还在湖里用鱼叉抓过鱼②。然而这三位重要人物却不是来这儿抓鱼或是欣赏风景的，他们下榻的乡村别墅也不是其私人财产。他们的一名秘书在给自己妻子的信中这样写道：

---

① Snodin, *Karl Friedrich Schinkel*, p. 1.

② Diary entry of Field Marshal Alanbrooke, Chief of the General Staff, 15 July 1945, quoted from Alex Danchev and Daniel Todman, eds., *War Diaries 1939-1945: Field Marshal Lord Alanbrooke* (Weidenfeld and Nicolson 2001)，p.705.

“所有的德国人都被从这儿清除掉了，没有人知道他们的去处。你能想象德国人或是日本人在英格兰这样做会是什么样子吗？你能想象如果我们被集体赶走为希特勒一伙儿让道会是什么样子吗？[①]”

“三巨头”：斯大林、丘吉尔和杜鲁门确实不是来游山玩水的，而是有要事商谈。他们在谈判如何解决德国问题，如何终结德国历史上这段丑恶的时期。三人之间有很多分歧，但是回顾德国历史，他们都同意一点：普鲁士历代君主们既愚蠢又冒失，无忧宫外时光没有凝固，历史不是幻影，世界上充满了忧虑。

在无忧宫内，腓特烈寻找的是无忧无虑的日子，期望远离朝政；但在无忧宫外，他被称为腓特烈大帝（Frederick the Great），是18世纪最好战的欧洲君主之一。登基不到一年，他便出兵并吞了普鲁士邻近地区西里西亚（Silesia），然后一直想方设法不让其对手、奥匈帝国女王玛丽亚·特蕾莎（Empress Maria Theresa）夺回这块土地。他的军队跨过奥得河（Oder），抵达布雷斯劳（Breslau），占领了萨克森（Saxony），深入布拉格，甚至逼近维也纳城下。腓特烈让许多人成为贵族、国君甚至皇帝，也让许多人丢了王位官爵。在去世之前，他还最后玩弄了一把强权政治，与奥地利和俄罗斯女王串通，瓜分了波兰。这一举动所引发的后果一直到1945年依然未能消除。直到今天，这些后果的影响依然存在。

在无忧宫外，腓特烈生活在一个充满忧虑的世界中，思考着历史的遗迹，可同时也在制造忧虑，破坏建筑。他认为自己的所作所为没有任

① Letter from Sir Alexander Cadogan, Permanent Under-Secretary, Foreign Office, to his wife, 15 July 1945, in David Dilks, ed., *The Diaries of Sir Alexander Cadogan 1938-1945* (Cassell 1971), pp. 761–2.

何意义，当1760年普鲁士军队占领萨克森地区时，他这样写道："我尽可能地保护那个美丽的国家，但现在它已是满目疮痍。我们都是可悲的疯子……以摧毁自然和人工的杰作为乐，造成巨大的破坏和灾祸，留下的是丑恶的记忆。[①]"他虽然这么说，却并不打算就此罢休。他在写给朋友凯特（Catt）的信中提到："我承认战争是残酷的：极不情愿被拉上战场的士兵吃的子弹比面包还多，最后要么伤痕累累，要么缺胳膊少腿；农民的处境更加糟糕，多半在打仗时被饿死。正是匈牙利女王和我的顽固不化，让这么多人的生活被毁掉。[②]"腓特烈的性格确实顽固不化，以致玛丽亚·特蕾莎女王只能祈祷"我主垂怜，摧毁这个恶魔吧"[③]。腓特烈大帝声名远扬，流传于世。拿破仑入侵普鲁士时，他和手下曾拜访腓特烈大帝的坟墓，并说道："先生们，让我们向他脱帽致敬！如果他还在世，我们绝对打不到这里。[④]"

腓特烈大帝的后代既继承了他开明的私人生活，又继承了他暴虐的军国主义做法。1848年，弗里德里希·威廉四世（King Friedrich Wilhelm IV），也就是那位曾经的暹罗王子，在柏林遭遇了一场平民抗议，他们要求的无非就是王子享受的自由生活。平民在街道上聚集游行，要求立宪治国，成立一个自由政府，还要求德国统一。历史给了弗里德里希·威廉四世一个机会，把他钟爱的自由让其子民分享，把他的王国变成理想中的暹罗。

3月18日，这位生活开明又热爱自由的国王派出军队驱散示威人群，混乱中有几百人丧生。但是人民认为这一次历史站在了自己一边，他们

① Mitford, *Frederick the Great*, p. 200.

② Mitford, *Frederick the Great*, p. 145.

③ Mitford, *Frederick the Great*, p. 215.

④ Mitford, *Frederick the Great*, p. 291.

没有乖乖地回家，而是继续抗议活动。三天之后，他们迫使国王离开无忧宫，回到柏林。他们在国王身上披上代表革命的三色旗，迫使他走到示威死难者的墓前表达歉意。也许在那一刻，弗里德里希·威廉四世真的觉得历史站在了他的子民一边，也许他没有别的选择，于是在示威群众面前他同意了人们对自由和进步的要求，然后回到了无忧宫。

新生的普鲁士没有维持多久，当秋天来临时，弗里德里希·威廉四世带着军队解散了民主选举的议会，废除了宪法，恢复了自己的权力。第二年，当代表德国各地的大议会在法兰克福召开会议，准备授予他德国皇帝称号的时候，他厌恶地拒绝了，称这个皇冠“被肮脏的革命玷污过，就像在泥里打过滚一样”[①]。他回到了自己的无忧宫，把那里最新的一座建筑称为和平教堂（Friedenskirche），丝毫没有觉得这个名字有任何讽刺之意。

腓特烈大帝梦想着伺候法国国王梳妆更衣，弗里德里希·威廉四世宁愿待在意大利和暹罗也不愿意接受德国皇冠。但是在1871年，他们的继承人威廉一世（Wilhem I）在取得了一场对法国的决定性胜利之后，在巴黎凡尔赛宫的镜庭（Galerie des Glaces）加冕称为德国皇帝（Kaiser Wilhelm I）。

他的孙子威廉二世（Kaiser Wilhelm II）当时也在场，他被辉煌的加冕排场所吸引，对“无忧”这个概念却毫无兴趣。在波茨坦，他选择住在新宫里，也就是那个被他的祖先腓特烈称为“不过是个摆排场的地方”。他在那里加装了电灯和现代排水系统，甚至在厨房和餐厅之间加建了一条隧道，因为两处相隔有百余米之远。

对于威廉二世来说，皇家讲究的就是“排场”，生活在辉煌的宫殿中，他真的相信了自己是世界的中心。他曾说道：“即使是在世界上最遥

① http://www.age-of-the-sage.org/history/1848/reaction.html.

远地方、最偏僻的丛林中，每个人也必须聆听德国皇帝的声音，德国皇帝的旨意必须施于所有事物……在德国，他的旨意就是一切”[1]，念念有词仿佛是埃及法老的咒语一般。为了保证自己是世界之王，他带领德国与其他欧洲国家开战，其中包括英格兰和俄罗斯，当然还有老对手法国，随之而来的是尘土、泥泞、弹壳、毒气与毁坏。直到今天，近一个世纪过后，人们还能在当年的战场上挖出阵亡士兵的遗骸。

威廉二世的“排场”成了一场空，第一次世界大战以德国的惨败告终，他却坚持不肯退位，还是德国总理马克斯·冯·巴登（Max of Baden）替他做了主，威廉二世自己一直等到逃往荷兰之后才宣布退位。不久以后，他又派了一列火车来到新宫，运走了56节车厢的财宝，其中包括他收藏的大批鼻烟盒、几百套军事礼服、由申克尔和佩尔西斯设计的家具，当然还有腓特烈大帝的画像。被迫居住在荷兰的赫伊斯·范·多伦庄园（Huis van Doorn），这位德国前皇帝一点都不“无忧”，他始终相信有人会来请他回去重归正位，但是从来没有人来找过他，于是他便把怒气发泄在庄园周围的树林上。在流亡期间，他砍倒了600多棵树，让这片佛兰德的田野变得面目全非。

威廉二世退位后，1919年11月9日，魏玛共和国在新宫的阳台上宣告成立，一部悲惨的德国现代史开始了。斯大林、丘吉尔和杜鲁门都认为，希特勒带来的灾难，与德国历史上的一系列灾难一脉相承：从腓特烈大帝迷恋靠军事征服为自己增光，到弗里德里希·威廉四世专制的保守作风，再到威廉二世愚蠢的妄自尊大，似乎存在着一种普鲁士人特有的残忍性、侵略性和危险性。三人都同意现在必须把德国人的这些制造废墟

---

① Dr Annika Mombauer, Germany*'s Last Kaiser - Wilhelm II and political decision-making in Imperial Germany, New Perspective,* Vol. 4 Number 3 (Open University 1999), http://www.users.globalnet.co.uk/~semp/wilhelmii.htm.

的毛病根治了，不然他们以后还会找机会再犯。

这是一个挺能说服人的想法，同时也是一个挺有说服力的借口。凭着这个理由，三巨头决定把德国炸成废墟。整座整座的市镇在一个下午就被炸烂焚毁，散布在德累斯顿、斯图加特、慕尼黑和柏林的宫殿成为空壳。当三巨头在塞茜尔霍夫宫聊天时，他们的手下正在把所能找到的油画、雕塑、家具和其他财宝一件件地搬走保存。

正是在去塞茜尔霍夫宫的路上，杜鲁门总统做出了向日本投掷原子弹的决定；正是在这座漂亮的乡村别墅前的平台上，他说服了盟国领袖向日本发出最后通牒：马上投降、否则后果严重。日本人遭受了这个严重后果，当时钟停在了广岛原子弹爆炸的那一刻时，人类制造残迹的水平，达到了一个新的高度。

***

如果当时三巨头有时间走出塞茜尔霍夫宫到附近转转的话，他们很快就能来到波茨坦镇以及无忧宫。当时英国的外交大臣安东尼·伊登（Anthony Eden）写道："对于波茨坦遭受的灾难性破坏，我得知所有这一切仅仅是一次50分钟左右的轰炸造成的。那一个小时左右的时间简直是地狱啊。[1]"腓特烈大帝巴洛克式的柏林宫（Stadtschloss）、申克尔设计的圣尼古拉斯教堂（Nikolaikirche），还有波茨坦的街道房屋，令人想起罗马城中的种种历史残迹。在波茨坦的街道上行走，不时能看到还在冒烟的废墟上，一根石柱，或是一座雕像突兀地竖在那里，衣衫褴褛的妇女在废墟中翻找，期望能找到一点食物。即使是丘吉尔也为之动容："我心中的仇恨，在他们投降之后便已消失。他们的求生精神、枯槁的面容和

① Anthony Eden, *The Reckoning: The Eden Memoirs*, vol. 2 (Cassell 1965), p. 545.

破烂的衣衫让我深受触动。[1]”

至于无忧宫，它似乎更加回归自然了。花园一年没人打理，草木茂盛，看上去颇为美丽，是举行一场忧伤的花园晚会（fête champêtre）的好地方。宫殿里面，家具和油画早已被搬到远处的防空洞里，看上去就像是一座刚刚关闭、准备过冬的夏宫一样。腓特烈大帝为娱乐客人建造的废墟看上去更破落了，诺曼塔楼被一支火箭击中受到了一些破坏。一座被炸过的观景楼坐落在一条树丛修成的长长路径的后方，颇为悦目。只有新宫的西门呈现出一幅伤感的画面：凯旋拱门上布满了弹孔，两边半圆形柱廊倒在草丛之中，今天依然倒在那里。

在暹罗，葡萄藤依然爬满了凉亭，青铜鱼嘴依然向破裂的古代石棺内吐水。农庄的窗户关上了，罗马浴池积满了灰尘，希腊神殿则典雅依旧，花园不过就是杂草茂盛了一些，高高的白杨依旧倒映在深色的湖水之上。暹罗王子的这座残迹一如往昔，一切似乎都没有发生过。

① Martin Gilbert, *Churchill: A Life* (Minerva 1991), p. 850.

第 9 章

巴黎圣母院：修整一座理性的神庙

一部19世纪的小说：
维克多·雨果的《巴黎圣母院》卷首插图

修 复

在《建筑师之梦》中，虽然每座建筑修建的年代和地点都不一样，但看上去都是崭新而完美的，与它们设计师的想象一模一样。公元1834年，在帕提农神庙面前，德国建筑师利奥·冯·克伦策（Leo von Klenze）对周围一群身穿古希腊雅典人服装的男男女女发出誓言，要将过去几个世纪对帕提农神庙的改造全部纠正过来，让这座神庙恢复最初的面貌。在以后的一个世纪中，原来添加的部分被拆除了，原来被切除的部分又重新修复了。这些过程中，许多拜占庭和奥特曼时代对帕提农神庙改造的痕迹都被抹掉了。冯·克伦策的修复是有选择性的，在他眼中，最初用来祭奠雅典娜的功用在地位上高过帕提农神庙后来扮演过的任何角色。

用法国建筑师、建筑修复的积极倡导者维奥莱–勒–迪克（Viollet–le–Duc）的话来说，建筑修复是一种现代的理念和实践。文艺复兴时期的建筑师学习古代建筑是为了将它们作为蓝本，启蒙时期的历史学家研究古代建筑是为了启发智慧，而19世纪的建筑师们面对古代建筑时急切想到的，是如何将它们恢复原貌。

他们的这种焦虑情绪也许和其身处的时代有关，因为那是一个从未有过的急剧变化的时代。1789年法国大革命终结了法国的“旧制度”（Ancien Régime），成为一个新世界的元年，彻底改变了人与物质环境之间的关系。在这样一个时代，过去的建筑象征的是一种急速消失的生活方式。

帕提农神庙再怎么修也只能修复到废墟状态，但是巴黎圣母院，这座用来祭奠另一位圣女、还曾一度是理性与智慧的神庙，其修复过程却是19世纪完美修复的典范。冯·克伦策对帕提农神庙的修复，是去除蛮夷们添加的赘生物；维奥莱–勒–迪克对巴黎圣母院的修复，是恢复那些被蛮夷们去除的华美原状。

但是巴黎圣母院不是帕提农神庙，其修建过程跨越了几个世纪，设计理念也不断改变，所以说这座大教堂从来就不是一位凭空而降的完美圣女。所谓巴黎圣母院的原貌，只是一个虚构的概念，“复原”后的巴黎圣母院是科学与浪漫的结合体，如果被那些最早修建巴黎圣母院的石匠们看到，一定会迷惑不已。和《建筑师之梦》一样，修复后的巴黎圣母院所展示的，与其说是一部历史画卷，不如说是其当时身处的时代。

1962年，作家居伊·德博尔（Guy Debord）在一篇题为《倒入历史的垃圾堆》（*Into the Dustbin of History*）的传单上这样描写1871年的巴黎公社：

> “在巴黎公社最后的日子里，一群暴动者涌向巴黎圣母院，要将它摧毁。在那里他们遇到了一群参加暴动的艺术家，他们也手持武器，目的却是保护巴黎圣母院。当我们想到直接民主时，这是一个含义丰富的例子。当暴动者想通过摧毁这座大教堂来宣示他们对当前的社会、这个完全不理会他们生命价值的社会的不满时，那些艺术家是以什么名义来保护巴黎圣母院的呢？是保护恒久不变的美学价值，或是保护博物馆文化？①”

没有人知道后来发生了什么，有传言说暴动者冲进了巴黎圣母院，把所有的座椅都堆到中殿，然后一把火烧掉。但是巴黎圣母院依然矗立在那里，而巴黎公社却早已灰飞烟灭。不难想象为什么暴动者选择巴黎圣母院作为他们的目标：如果要选择一个符号来代表那些阻挡自由平等博爱的反动势力，他们只需在巴黎圣母院内四下一看就可以找到。

***

巴黎圣母院的西墙仿佛是一个垂直的迷宫，挂满了各种各样中世纪人们想象的产物。三扇大门上挤满了一群又一群的天使、圣徒、烈士，各种美德与罪恶的化身等等。大门之上是圣安妮（St Anne）和她女儿圣

---

① Guy Debord, *Sur La Comune* (Aux Poubelles D’ Histoire 1962) tr. Ken Knabb 2006. http://www.bopsecrets.org/SI/Pariscommune.htm.

母玛利亚的雕像，正中间是审判日的基督。再往上是以色列所有国王的雕像，在他们头顶则是圣母和其左右两侧的两位天使，圣母身后的玫瑰花窗看上去就像是她头顶的光环一样。在玫瑰花窗之上，横跨整面西墙的，是如同一片森林般的细柱、尖顶拱梁，以及一群畸形、丑陋、忧郁的怪兽。在这座石头动物园的顶上是两座高塔，塔身布满了尖顶窗，让塔楼内大钟浑厚的钟声可以传遍巴黎。在所有这一切之上，是一座尖顶，直插入巴黎那铅色沉重的天空。

昏暗是巴黎圣母院内部的特色。在中殿两边是高高的彩绘玻璃窗，与圣母院几乎漆黑一片的内部形成鲜明对比，让彩窗看上去就像是宗教游行中的横幅一般，列队而行。玻璃窗下边是两排走廊以及无数的礼拜堂。这些礼拜堂内部色彩浓重、装饰精美的供台上排放着各种各样的圣徒和朝拜对象。这一切仿佛一场宗教游行，而这场游行在通往祭台的途中被一个十字架形的建筑结构所打断，两边延伸出南北两个耳殿，东边则是一个半圆形的拱殿。南耳殿的尽头是一座巨大的玫瑰花窗，一个彩绘玻璃与石块组成的万花筒。花窗上的图案讲述的是《新约全书》中的故事，正中的是耶稣基督，向外发散的图案呈现的是各个章节中的故事。北耳殿的尽头也是一座玫瑰花窗，正中间是圣母玛利亚，耶稣还是一个孩童，坐在她的膝盖上。这幅画面外有层层的同心圆，其中是代表远古的重重图像：先知、国王和以色列的大祭司们。

在半圆形的拱殿中央，高高的祭台上供奉着巴黎的圣母。在祭台之后是一扇巨大的玫瑰花窗，每天清晨阳光透过花窗，将祭台笼罩在一片光晕之中。整座巴黎圣母院的形状可以看作是被钉在十字架上的耶稣，拱殿是他的头，他的双臂从南北耳殿伸展出去，中殿拱顶上的石头肋条是他的肋骨，两边彩绘的墙壁和花窗则是他的血肉之躯。

在这座耶稣的身躯上，包含了所有和基督教有关的景象。在东侧，透过玫瑰花窗射入的阳光照耀在耶稣复活的祭台上；在西侧，夕阳斜照下呈现出一幅审判日的景象。《旧约全书》中的先知和长老们屈居阴暗的北侧，而《新约全书》中的使徒和圣人则沐浴在南侧的阳光下。经文刻在墙壁的低处，方便信徒们仔细研习。而在圣母院之外，在建筑的高处，是古代传说中的怪兽，带角留须，身披蝙蝠般的翅膀。难怪巴黎公社的暴动者们要捣毁这座建筑了。

***

巴黎圣母院虽然看上去是一座中世纪建筑，但其实在巴黎公社7年前的1864年才刚刚修复完毕。两位建筑师：欧仁—埃马纽埃尔·维奥莱—勒—迪克（Eugène-Emmanuel Viollet-le-Duc）和让—巴蒂斯特·拉叙斯（Jean-Baptiste Lassus）在1843年受司法与宗教部任命主持巴黎圣母院的修复工程。他们做了很大的努力，保证修复的结果是原汁原味的中世纪教堂。在提交的报告中，维奥莱—勒—迪克写道："在修复工作中，建筑师必须完全抹掉自我，忘记自己的口味和本能，必须认真研究被修复的项目，恢复继承建筑的原有构想。①"他的修复手法不是依靠建筑师的想象，而是对历史证据的分析。他继续写道：

> "为了完美的修复，必须做非常认真细致的工作，而不是仅仅依赖文字记载，因为文字记载可以有不同的诠释，而且有些文字记载本身也很晦涩。在另一方面，考古学的证据被保存在建筑的石块中，尽管难以确定日期，但却十分确凿，为我们提

① 'L'artiste doit s'effacer entièrement, oublier ses goûts, ses instincts, pourétudier son sujet, pour retrouver et suivre la pensée qui a présidéà l'exécution de l'oeuvre qu'il veut restaurer.' Eugene Viollet–le-Duc and Jean-Baptiste Lassus, *Project de Restauration de Notre Dame de Paris* (Lacombe 1845). http://www.gutenberg.org/files/18920/18920-h/18920-h.htm.

供了详尽的信息”①。

维奥莱的修复工程，从根本上说分为两步：第一步是移除多年积累的污垢，第二步是修复原建筑上被人为去除的东西。第一步在考古学上已经是一项挑战了，而第二步，即要科学地替换那些人为去除的部分，则更是难上加难。西边墙壁上铭刻的经文在几个世纪之前就已销蚀，其石料的来源地，即原来的石矿现在也成了居民区。彩绘玻璃上绘制的图案内容也已经没有了纪录。修建这座建筑的材料没有了，修建技术也早已失传。

维奥莱对采用新技术新材料替换被拿走部分的做法十分不满。他写道：“如果用一种材料代替另一种材料，还奢望保持原状，是完全不可能的。水泥不能再现石头的感觉，就像木头不能代替铁块一样”②。他在修复巴黎圣母院时，就尽量采用最为接近原来材料、原来技术的办法，对于那些被人为去除的雕饰和其他组件，他这样写道：

> “我们认为，要修复大门上所有的雕像、国王的塑像以及扶壁等地方，必须通过完全复制同一时期其他教堂类似雕塑的做

---

① ‘Il fallait que cette analyse minutieuse vint expliquer, compléter, et souvent même rectifier les opinions résultant de l'examen des textes seuls; car souvent un texte peut se prêter à des interprétations diverses, ou paraître inintelligible, tandis que les caractères archéologiques sont là, comme autant de dates irrécusables, gravées sur l'ensemble et jusque sur les moindres détails du monument.’ Viollet-le-Duc and Lassus, *Project de Restauration*.

② ‘Car, en changeant la matière, il est impossible de conserver la forme; ainsi, la fonte ne peut pas plus reproduire l'aspect de la pierre que le fer ne peut se prêter à rendre celui du bois.’ Viollet-le-Duc and Lassus, *Project de Restauration*.

法来实现。这些雕塑我们可以在法兰西岛（Île-de-France）的沙特尔（Chartres）、兰斯（Rheims）、亚眠（Amiens）以及其他许多地方的教堂中找到。这些教堂还为我们提供了修复彩绘玻璃的样本，虽然无法模仿其风格进行创造，完全复制却是可以做到的。①”

1864年修复的巴黎圣母院是精心研究的成果，而7年之后的巴黎公社暴动者所要捣毁的，正是这座教堂所代表的中世纪鬼怪。

***

巴黎圣母院的修复是以科学方法再现历史的杰作，但是这场修复工程的动机却是出于一种浪漫情怀。维克多·雨果从1830年开始创作的《巴黎圣母院》（*Notre Dame de Paris*）将故事设定在1482年，书中的主人翁是一个被遗弃在教堂门口台阶上的婴儿，从此之后，他一直生活在这座教堂内，巴黎圣母院就是卡西莫多（Quasimodo）人生的一切，他极少跨出教堂的大门：

“他所知道的植物只有彩绘玻璃上的鲜花；他所知道的树荫只有撒克逊柱子顶部那些石刻的茂密树叶和栖身的鸟儿；他所

① ‘Nous pensons donc que le remplacement de toutes les statues qui ornaient les portails, la galerie des rois, et les contreforts, ne peut être exécuté qu'à l'aide de copies de statues existantes dans d'autres monuments analogues, et de la même époque. Les modèles ne manquent pas à Chartres, à Rheims, à Amiens, et dans tant d'autres églises qui couvrent le sol de la France. Ces mêmes cathédrales nous offriront aussi les modèles des vitraux qu'il faudra replacer à Notre-Dame, modèles qu'il serait impossible d'imiter, et qu'il est beaucoup plus sage de copier.’ Viollet-le-Duc and Lassus, *Project de Restauration*.

知道的山峦也只有教堂的两座高塔；他所知道的海洋就只有教堂脚下流过的塞纳河”[1]。

甚至他的长相都跟雨果笔下那个时代的巴黎圣母院相似：“长得像个巨人，破破烂烂，身体的各个部位似乎没有安放好一样”。书中的女主角是吉卜赛舞女艾斯梅拉达（Esmeralda），她的长相同样让人想起雨果想象中的1482年的巴黎圣母院：她的美丽是强健而带有异国情调的，吸引了所有见到她的人。但是这本小说中真正的女主角是巴黎圣母院自己，在雨果笔下，在小说结束时，驼背人、吉卜赛姑娘，还有巴黎圣母院，都将遭受被毁灭的命运。

在书中，艾斯梅拉达因为爱慕虚荣而走上歧途，在不择手段的男人的赞美声中变得轻飘飘起来。她在遭侵犯、践踏之后，被当作妓女、女巫和谋杀犯接受审判，被判死刑。在巴黎圣母院前草草搭起的绞架上，艾斯梅拉达等着她最后忏悔的机会。这时，卡西莫多忽然从天而降，吊在一根绳索上，一把抱起这位吉卜赛姑娘，马上又荡回巴黎圣母院，两人飞过教堂的阳台、西大门上方的国王群雕，落在石雕怪兽之间。这里就是卡西莫多的栖身之地，艾斯梅拉达在驼背人的照顾下，找到了一个避难的角落。

但是这个故事没有一个快乐的结局。巴黎的暴徒们以为钟楼怪人劫持了属于他们的吉卜赛姑娘，于是决定要把她救回来。他们冲向巴黎圣母院的西大门，好在教堂抵挡住了他们的冲击，就像一座被围困的城市关上了所有的大门。巴黎圣母院甚至还向暴徒还击：外墙上的怪兽向人群喷出滚烫的铅水，两座高塔间火焰冲天，连教堂的石块都参加了还击，瓦片和石块像雨点一般飞向暴徒，将他们击退。

---

① Victor Hugo, *Notre Dame of Paris,* tr. John Sturrock (Penguin 2004), p. 177.

但是有一个年轻人爬到了国王群雕的位置，胜利在望，他得意地笑了。忽然石雕的国王向他扑来，一把抓起他的脚腕，使劲摔向阳台边缘，让他立刻头破血流。卡西莫多抱起年轻人的尸体放回到街道上，然后转身回到教堂。他快步穿过过道、越过障碍、顺着窗台而上，回到艾斯梅拉达休息的地方，却发现自己心目中的圣女已经不知所踪。

士兵们赶来驱散了暴徒，巴黎城内的秩序恢复了。第二天早晨，巴黎市民打开大门开始了新一天的生活。雨果写道，在教堂前的广场上：

> “手里还抱着牛奶罐子的主妇们，惊讶万分地看着巴黎圣母院主阳台被毁坏的状况，从墙上淌下的两条铅河已经凝固。头天晚上的暴动剩下的就只有这些残迹。卡西莫多在两座高塔之间点燃的柴火堆也已经熄灭了。[①]”

从巴黎圣母院屋顶的石雕怪兽之间，卡西莫多俯视着下面的巴黎。他“抬眼看到在远处绞架上，吊着他心爱的吉卜赛姑娘，白袍之下，她的身体在临死前的阵痛中颤抖……他呜咽道：‘唉！我爱过的一切！’”[②]

这是雨果为那座早已逝去的巴黎圣母院所写的挽歌，然而他笔下虚构的教堂也是一个现代发明。小说完成于1831年1月，3月份就已经上架出售，获得巨大成功。成千上万的读者来到小说中故事的发生地点，他们会忍不住通过雨果的文字，在心中重构小说的画面。他们会忽略巴黎圣母院后来的改造，想象那座被摧毁的教堂的华美。1837年当奥尔良公爵夫人见到雨果时，她对他说：“我曾经去拜访过你笔下的那座巴黎圣母院。”

雨果描绘的是一个逝去的巴黎圣母院，不久以后，公众开始要求修

---

① Hugo, *Notre Dame of Paris*, p. 486.

② Hugo, *Notre Dame of Paris*, p. 490.

复这座教堂，而且要和雨果小说中所写的一模一样。1845年维奥拉–勒–迪克和欧仁–巴蒂斯特·拉叙斯开始他们修复巴黎圣母院的工程。

***

两位建筑师任务艰巨，因为在过去的几个世纪中，雨果笔下的巴黎圣母院已经因为“时光的盲目和人类的愚蠢”而被掩盖了。1804年雅克–路易·大卫（Jacques-Louis David）创作的一幅油画记录了巴黎圣母院修复前的模样：卡西莫多和艾斯梅拉达藏身之处的中世纪石雕与纹饰被红、绿、白色的巴洛克风格的大理石所覆盖，教堂的拱殿看上去更像是凡尔赛宫里金光灿灿的沙龙或是歌剧院的布景。

在这幅油画的中央，一个矮个子男人正在一座金色的王座前指手画脚。拿破仑·波拿巴刻意模仿法兰克人皇帝夏尔马涅（Charlemagne）的样子，右手举着一顶桂冠，正准备给他的妻子约瑟芬（Josephine）戴上，封她为法国皇后。教皇也出现在画中，站在高祭台边，教堂走道上则站满了王公显贵。

大卫的油画没有表现出来的，是拿破仑不知廉耻地挪用“旧时代”的场景与道具的做法给当时人们带来的极大惊骇和痴迷。据说画中王公显贵的一员、一名法国大革命时期的将军喃喃自语道：“多么可惜，30万法国人献身推倒了皇帝，他们的牺牲都白费了！[①]”这位将军后来的命运如何现在已无从知晓。

10年之后，路易十八，一位真正的国王，走向巴黎圣母院的中殿，敬谢自己得以加冕、法国君主制得以恢复。在此之前，法国经历了四分之一世纪失败的共和制和没有名分的皇帝，而此时的巴黎圣母院已经和剧终后灯光亮起之时的剧院布景一样空虚艳俗。1830年，历史又几乎重演，

① http://www.georgianindex.net/Napoleon/coronation/coronation.html.

在“七月革命”中，国王被废，似乎法国会重建共和制。但是共和制没有成功，接替王位的是国王的堂弟路易·菲利普（Louis Philippe）、奥尔良家族的一员。

就在那一年，年轻的维克多·雨果做出了一个决定：如果历史无法保护巴黎圣母院，那么只有靠他的小说来完成了。他把自己关在家中，开始奋笔疾书。

***

雨果笔下的钟楼驼背人与美丽的吉卜赛姑娘之间的爱情，不过是一个虚构的浪漫故事。但是与他同时代的人都知道，书中巴黎圣母院被围攻的故事其实是基于历史上的一个真实事件，而且还是不久之前发生的事。

1793年10月23日，法国大革命正在如火如荼地进行中，巴黎公社的指挥官派手下来到巴黎圣母院。巴黎大主教在门口迎接他们，宣布除了“自由”别无他教。就像雨果小说中的一样，暴动者爬上西大门上的国王群雕，将22座国王石雕砸了下来。这些缺胳膊少腿的石雕，接着又被人扔到塞纳河中，或是放在桑特道（Rue deSanté）上，当作系缆柱之用。

那时候的巴黎圣母院差不多就是一座废墟。两年前的1790年2月，教堂内祭拜圣母的正祭台换成了一个祭拜“父国”（Fatherland）的祭台。人们聚集在祭台前向“国家”（Nation）宣誓，甚至连那个极为虔诚的基督教国王路易十六都被迫参加这一仪式。同年11月，教堂内的教士们收到了一封驱逐令，在他们离开后不久，自称是民众代表的一群人闯入巴黎圣母院，没收了所有用来宣传基督教迷信的用具；把所有耶稣基督和圣母、圣徒、贵族以及教会领袖的雕塑画像送到一座修道院里新建的古董博物馆，他们觉得那里才是这些迷信用具应该去的地方；他们扯下了烛台、香炉、圣骨盒和油灯，把这些东西送到财政部，在那里所有的金银铜器都被投入炉中融化，为共和国所用。一年之后，教堂的尖顶也被拆了下来，其中的铅被铸成子弹。不过巴黎圣母院彻底改头换面是1793年11月10日的事了。

那一天，一位法兰西喜剧院（Comédie-Française）的女歌剧演员猫腰躲在一排布景板的后面。那里又暗又热，她头上戴着的弗里吉亚（Phrygian）式帽子扣在卷发上，身上的希腊式袍子不停地从肩上滑下，但是马亚尔小姐（Mlle Maillard）已经习惯这种场合了。随着提示，她从布景板后走出来，她的舞台是一座临时搭起的观景台，上面题着“哲学”字样，两边分别是鲁索（Rousseau）和伏尔泰的石膏胸像。马亚尔小姐走到一个王座前，拿起雅典娜的长矛与盾牌在王座上坐下，一动不动。在喜剧院少女唱诗班的歌声中，民众的代表们向她献礼，高喊她的名字：“理性！理性！”11月份的阳光从天窗中撒下，她和她的神庙被笼罩在一片冷静理性的光芒中。

完成祭拜后，民众代表把理性女神举在肩头，这座教堂现在已经变成属于她的神庙了。人群把她从祭台抬往中殿，她从一个肩头被转移到另一个肩头，阳光时不时地照射在她的希腊袍子上。这时一对木制大门被打开，理性女神出现在街头，站在高处，接受民众的欢呼。

在她身后的理性神庙，看上去就像是一座建在废墟上的城市，身上还能看到那些被摧毁的理性女神敌人的残肢。大门两边的雕塑，有些丢失了翅膀，有些脑袋被砍掉、有些手中的权杖被拔下。在中间大门的上方，一座展现审判日的基督的浮雕被破坏了，其上所有的雕像都被敲掉，玫瑰花窗的中央空无一物。神庙的两座塔楼上能看到斑斑点点的一些石头桩子，有些地方还能看到原来雕塑的残留物：一只爪子或是一对蝙蝠的翅膀等等，从扶壁上伸出，仿佛是在提醒街道上的人们理性的沉寂意味着恶魔的诞生。

一年之后，雅克–路易·大卫，这位曾是法国大革命时期的品位仲裁人，后来又成为拿破仑帝国时期品位仲裁人的画家，建议修建一座纪念碑，用以纪念巴黎圣母院这座天主教堂被改造成理性神庙的历程。代表革命威力的罗马神话人物赫丘利（Hercules）将站在巴黎圣母院所处的西岱岛（Île de la Cité）的尖头，矗立在一堆从巴黎圣母院中扔出来、被砸烂的天使圣徒雕像之上。这样，理性打败宗教反动势力的一仗，就可以说是完成了。

***

这场理性战胜宗教的胜仗，已经酝酿了近100年。18世纪初，巴黎大主教是枢机主教诺瓦耶（Cardinal de Noailles），他富有魅力、平易风趣，而且掌握大量财富。他是詹森主义（Jansenist）信条的追随者，谴责传统宗教偏重仪式的做法，提倡一种新的基督教，能够给予信徒理性的启蒙，而不是用神秘与仪式来迷惑他们。当他成为圣公会主教（Episcopal）的时候，巴黎圣母院中满是各种神秘与仪式的用具。一代又一代的国王、贵族、教士、行会等送来还愿的礼物堆满了中殿：油画、雕塑、墓碑、金属制品等等。路易十四还把整座教堂用巴洛克风格的大理石包装起来，后来这些大理石成为拿破仑还有马亚尔小姐公开演出的背景舞台。在诺瓦耶看来，这座昏暗而拥挤的教堂需要好好地启蒙。

18世纪20年代，诺瓦耶下令重铺巴黎圣母院的地面。多年以来，在无数朝拜者的踩踏之下，加上不断增加的坟墓，教堂内的地面早已不再平整。诺瓦耶下令改铺大理石地面，白色而平整的大理石，能够将透过窗户的光线反射回中殿之内。他又下令把教堂内的墙壁刷成白色，多年以来的烟熏火燎，教堂内壁早已变得黑乎乎的了。刷成白色之后，阳光又可以从墙壁上反射到朝拜的人群身上。他的继承者继续进行改造工程，1741年教堂主持人决定将窗户上的彩绘玻璃换成透明玻璃，大部分换下来的彩绘玻璃都被拿走砸碎。毕竟这些彩绘玻璃上画的无非是些给文盲们看的幼稚故事，砸了又有什么可惜呢？他们还把教堂外墙上残余的怪兽雕像全部拆除了，毕竟到18世纪70年代时，这些残余的怪兽雕像年久失修，掉落街道上吓坏女人的新闻时有发生。于是，当下雨的时候，教堂屋顶的积水不再从这些怪兽的口中向外喷出，而是顺着隐藏的铅制水管而下，跟上了现代建筑的设计步伐。

到1789年法国大革命时，巴黎圣母院里里外外那些愚蠢野蛮的部件，如果还没有被掩盖起来的，就早已被清除出门。那一天暴动人群想做的，无非是给他们崇拜的理性神庙抹上最后一笔而已。

***

维奥拉-勒-迪克的任务是将巴黎圣母院修复成其初始的状态，即人们还没有开始进行各种破坏之前的状态。他相信，在很久以前，巴黎圣母院曾经一度出落得与其设计师的想象一模一样，而那种状态也就是勒-迪克和拉叙斯期望实现的。他们面临的难题是：怎么才能知道最初的设计师是谁？设计师想象中的巴黎圣母院又是个什么样子呢？因为和帕提农神庙不一样，巴黎圣母院从来都没有一幅统一的蓝图。

巴黎圣母院始建于1163年，当年的巴黎大主教莫里斯·德·苏利（Maurice de Sully）在巴黎散步时，顺着他手中的牧杖，找到了西岱岛上的这个位置。苏利下令兴建的教堂和雨果以及维奥莱喜欢的巴黎圣母院有很大的不同。在他们两人的想象中，教堂墙壁的高窗上铺的是耀眼的彩绘玻璃，而苏利的教堂墙壁厚重，窗户窄小。他们两人对教堂墙外悬空的撑架以及复杂的石梁骨架赞叹不已，而苏利的教堂不过是用一面厚石墙撑起拱顶。最初的巴黎圣母院并非19世纪人们喜爱的那种明亮轻盈，配以修长的肋条和亮晶晶的玻璃，而苏利本人也从未把自己的教堂想象成那个样子。

教堂开工33年后，苏利于1196年去世，兴建工程暂停了一段时间，当时完工的只有祭台和中殿内的三座侧堂。工程在1200年重新开始，新一批石匠的任务是完成中殿的建设。当他们将教堂的西端建成之后，教堂内部就变得越发昏暗了。很明显侧墙上的窗户太小了，于是石匠们决定把它们改大。

他们采用了一种叫作“拱弧”（arcs boutants）的结构，看上去像是从墙壁向外伸出去的半座桥梁，桥梁本身是粗大的承重石梁，这样屋顶的重量先是通过拱顶内的肋条，接着通过拱弧直接传到地面，整座建筑的承重部分组成了一个石头笼子结构。经此改造之后，屋顶下的墙壁已不需要用来承重，于是石匠们可以把原来厚重的石墙拆除，改建成漂亮的大窗，嵌上闪闪发光的玻璃。

这时的巴黎圣母院就和苏利所想象的不同了，石匠们凭着理性与经验，把这座教堂改得更好了。后来建成的侧堂，内部光线充足，外部则是一组令人眼花缭乱的石头骨架和撑柱，指向天空。这批石匠们对自己的手笔极其满意，立刻开始用同样的办法改造原先已经建好的部分。他们一路改建原来的侧堂，向东一直到祭台处，窗户扩大之后，向西一路在外墙上添加拱弧。在所有厚重的石墙被拆除之后，整座教堂似乎渐渐融化在倾泻而入的阳光之中了。

一年又一年过去了，石匠们劳作不止。维克多·雨果写道：

> “伟大的建筑跟雄伟的高山一样，都是多年积累的结果。建筑设计常常是在兴建过程中就已经发生了变化，而建筑的兴建也是一个与变化同步的过程。它们借鉴其他优秀建筑的成果，借用、吸收、改造……然而建筑是没有作者名字的，那些兴建者、艺术家们的名字不会保存在他们亲手建起的伟大建筑上，因为这些伟大的建筑是全人类智慧的汇聚与结晶。时光是建筑

师，整个民族一起成为建筑工。[①]”

时光一直是巴黎圣母院的建筑师：苏利过世后的几百年内，这座大教堂被不断地重新设计，重新改建。如果维奥莱—勒—迪克想将她恢复成初始的模样，他并没有图纸和文本可找，而是必须通过自己的想象创造出一个大教堂的模样。

***

维奥莱曾根据自己的想象绘制了卡西莫多和艾斯梅拉达曾经驻足过的巴黎圣母院的样子。在这幅画中，拿破仑的王座被移走，理性女神的神庙不见了踪影。诺瓦耶下令刷上的白色墙粉现已发黄，将被刮除。祭台的中央是一座哥特式的高高的祭坛，饰满了铜饰和珠宝。在他的画中，几百年来的改造全然消失了。

维奥莱的图画马上成了修复工程的蓝图，在祭台附近，由路易十四下令添加的巴洛克大理石板被拿了下来，人们发现大理石板背后的一圈哥特式拱梁与中殿的风格一致。维奥莱命令工匠们刮掉内墙上18世纪时涂的墙粉，原来石墙沉稳厚实的感觉终于重新浮现出来。

维奥莱在另一幅图画中，展示了他想象中的教堂西门在法国大革命之前的景象。他手下的工匠们开始依照此图重建西墙上这座圣灵与鬼怪之城，从天使到圣徒，从国王到怪兽，一一重回原来的栖身之地，让西门重新恢复其中世纪的风貌。对此雨果感叹道：“这里仿佛是由神灵亲手所建，既多姿多彩，又恒久不变。[②]”

维奥莱最大的难题是教堂两侧墙外那些悬空的撑柱，以及中殿两侧

---

① Hugo, *Notre Dame of Paris*, p. 129.

② Hugo, *Notre Dame of Paris*, p. 124.

高高的窗户。这些结构并非苏利大主教的设计，于是维奥莱面临两种选择：他可以移除这些后来加上的轻盈结构，把教堂恢复成苏利希望的厚墙小窗，也可以保留这些拱弧撑柱，并在此基础上继续修复。

维奥莱没有从两个方案中选其一，而是采用了一个聪明的策略：他把大教堂修建过程中的不同设计结合在一起，既保存了原貌，又实现了最大的实用价值。在整个中殿以及拱殿部分，他保存了13世纪的改造工程，所有的拱弧和高窗全部保留，但是在教堂十字形状的交叉处恢复了苏利最初的设计，重建了厚墙小窗式的侧堂，对称地安置在交叉处周围，在视觉上让人感觉十分沉稳厚重，让这里自然而然地成为整座建筑的中心。屋顶上原来的尖顶在法国大革命时被拆了，维奥莱下令重新修建了一个，加强了教堂的对称感。现在巴黎圣母院终于恢复了她完美的身躯，回到贞女的状态。

***

在此之前，巴黎圣母院从未拥有过一个完美的身躯，从来没有过一个完整的模样，也从来没有一个后人可以修复成的标准样板。维奥莱的修复工程，是试图在流水般的时光长河里找到一个固定的目标，时至今日，考古学家和历史学家们在梳理这座大教堂的历史时，还在对维奥莱的修复发出感叹。因为尽管做了最大的努力，他的修复工程并不是科学地恢复历史，而是依照一个浪漫的想象，是一个保存与破化同在的寓言故事。

维奥莱对此是非常清楚的。“‘修复’这个概念，以及修复工程本身都是现代的东西”，他写道：“修复并不等于保存，也不等于修理或重建，而是将一座建筑恢复到一种过去无法达到的完整状态”①。

---

① Viollet-le-Duc, *Dictionnaire Raisonné*, quoted in Hearn, ed., *The Architectural Theory of Viollet le Duc*, p. 269.

著名的英国艺术批评家约翰·拉斯金（John Ruskin）对建筑修复这一理念感到惊骇，将之形容为“一种破坏，伴之以对被破坏之物的虚假描述”[①]。他认为，如果巴黎圣母院是几个世纪改造的结果，那么就没有一个科学的理由来说明为什么必须清除18世纪的加工痕迹而同时保留其他时期的改造结果。如果过去的改造在当时看来是必需的，那么后来的人们把这种改造移除的行为实际上就是背叛了前人对后人的信任。同时，恢复那些已经被拆除的原有结构的行为也是一种犯罪，因为这实际上是在欺骗那些最早建起这些原有结构的人，假装他们的心血结晶从来没有被后人亵渎过。拉斯金的弟子威廉·莫里斯（William Morris）对此解释得更加浅白：“假设一个古希腊时代的工匠建了一座哥特式建筑，或是一个哥特时代的工匠建了一座古希腊建筑，我们一定会觉得很可笑。但是为什么一个维多利亚时代的工匠建了一座哥特式建筑，我们就一点儿不觉得荒谬可笑呢？[②]”

相对于修复，拉斯金提出了一个更为激进的方案：什么也不要做，或者说，尽量做得最少。“用关怀焦虑的心态关注一座建筑，尽最大能力保护它，尽量减少各种破坏……如果哪里松了，就用铸铁连上；如果哪里开始被腐蚀了，就用木头填上。不要管这些维护工作是否难看。[③]”莫里斯则更激进：“如果一座房子到了无法使用的程度……与其对它改造或是扩大，不如重建一座新的。[④]”

---

① John Ruskin, *Seven Lamps of Architecture: The Lamp of Memory,* quoted in Jukka Jokkilehto, *The History of Architectural Conservation* (Butterworth Heinemann 1999), p.175.

② William Morris, *History and Architecture*, quoted in Chris Miele, ed., *William Morris on Architecture* (Sheffield Academic Press 1996), p. 118.

③ Ruskin, *Seven Lamps of Architecture,* quoted in Jokkilehto, *The History of Architectural Conservation,* p. 180.

④ William Morris, *Manifesto of the SPAB*, quoted in Miele, *William Morris on Architecture*, p. 55.

维奥莱对此的反应是："我们明白这些都是严谨的理论，我们也可以接受这些想法，但是只有当我们面对的是一座奇异的废墟，一座没有未来、没有现有实用价值的废墟时，才可能实践这些理念。①"巴黎圣母院不是一座奇异的废墟，而是世界上最先进国家的最重要的神殿。她在法国大革命中被亵渎，但是正如恢复帝制是必要的一样，恢复这座教堂的宗教地位也是必要的。

然而正如被恢复的帝制（以及法兰西第二帝国）和法国"旧时代"的帝制完全是两码事一样，被修复的巴黎圣母院也不是对原件的拷贝。它展现的是19世纪的浪漫情怀，是现代而非中世纪的象征。"哥特式建筑……是柔顺而自由的，兼具现代的探究精神。②"维奥莱写道。他坚定地认为他身处时代的建筑所展现的创意，并不比那些修建巴黎圣母院的石匠们差。

对于维奥莱来说，哥特式建筑就是现代建筑：他预言未来的建筑将会和巴黎圣母院一样轻盈光亮，今后的建筑师会从巴黎圣母院身上中世纪的悬空撑柱上找寻灵感。他修复的巴黎圣母院、时髦的老佛爷百货公司大楼（Galeries Lafayette）以及奥西火车站（Gare d'Orsay）的玻璃屋顶一样，都是典型的19世纪建筑。

所以说，1871年巴黎公社的暴动者选择巴黎圣母院作为发泄怒火的地方，实在是一件讽刺的事。如果他们需要寻找一座纪念理性与进步以及诸如此类理念的殿堂，他们只需稍微转移一下视线，看看巴黎圣母院的拱顶和悬空撑柱就行了。

---

① 'Nous comprenons la rigueur de ces principes, nous les acceptons complètement, mais seulement, lorsqu'il s'agira d'une ruine curieuse, sans destination, et sans utilité actuelle.' Viollet-le-Duc and Lassus, *Project de Restauration*.

② Viollet-le-Duc, *Rational Building*, from *Dictionnaire Raisonné*, quoted in Hearn, ed., *The Architectural Theory of Viollet le Duc*, p. 116.

第 10 章

曼彻斯特之休姆新月楼群：未来成真

记住未来:
2004年一个关于休姆新月楼群（The Hulme Crescents）的展览中展出的一张图片，模拟1971年《建筑师杂志》（*The Architects' Journal*）的封面

预　言

拜伦曾经希望闲人和学究们放过帕提农神庙，让它安安静静地逝去。现在，他的愿望真的要实现了，帕提农神庙正渐渐化为尘土，所有的修复和保护工作都不过是延缓这一过程而已。

修复，正如维奥莱–勒–迪克所说的，是一种现代的概念。历史上的动荡让过去与现实分离，于是过去就成了一种可以不带感情而加以研究的东西，正因为有了这一认识，修复的概念才能为人所接受。继承了维奥莱的事业、并视他为先知的建筑师现在把他的方法倒转了方向：他们为尚未到来的事件撰写“历史”，其记录未来的严谨态度，不亚于19世纪的先辈研究过去时的认真。仿佛托马斯·科尔的画作《建筑师之梦》中的建筑师，将眼光从古埃及、古希腊、古罗马的建筑上移开，转而梦想那些尚未兴建的未来建筑。

在建筑师的美梦中，所有时代的建筑同时出现在眼前。但是在现实中，每一代建筑都会取代前一代建筑，然后被新一代建筑所取代。前卫的现代主义（Modernism）乌托邦的实现，是建立在破坏之前所有东西的基础之上，然而不久之后，现代主义的新世界也变得陈旧，将会被其他理念所取代。

英国曼彻斯特的休姆新月楼群就曾是一个乌托邦，实现了现代主义的预言，然而和本书中的所有其他建筑一样，它们现在也离开了，剩下的不过是保存在屏幕上的记忆而已。新月楼群过去的居民们，现在会在网站上相互诉述那很久以前、曾经的未来。

"大家好，晚上好，欢迎来到英国曼彻斯特的休姆！我很荣幸地向你们这些住在贫民窟里的人宣布：你们的祈祷应验了。欢迎来到人间仙境！[①]"

这是1993年3月，这里看上去一点都不像是人间仙境。在一片漆黑中，摄像机镜头能找到的，是在燃烧的玻璃之上闪动的火苗。一队身穿连头罩外衣的人群从火苗背后出现，摄像机镜头推向他们涂抹成黑白色的脸庞，这些脸庞上仅有的一点点表情是怜悯和蔑视。一声被捂住的喊叫划破黑夜，一名鼓手以压低的鼓声奏出寂寞的进行曲。

然后，这一肃穆的景象忽然被闪烁的灯光与快节奏的音乐所取代，而休姆新月楼群的贫民窟居民们忽然跳起舞来。聚光灯将人们的视线引向一座巨大的楼房：彩色的水泥、亮晶晶的玻璃、锃亮的栏杆。一块白布从楼顶一直垂到楼底，在这块巨布的上方，一小群人似乎在与一个难以控制的东西搏斗。

一只又一只聚光灯对准了这一群人，敲击的鼓声越来越紧促、人群的呼喝声越来越高亢。这些人开始聚集在楼顶的护栏边，似乎停顿不动了一阵子，然后又忽然一起动了起来，把与之搏斗的东西，即一辆白色的小汽车推倒了楼顶的边沿。摇晃了几下之后，楼顶的水泥护栏被压垮，在电视屏幕上，小汽车由上而下慢悠悠地飞下，仿佛是沉入水中一般。欢呼的人群涌向前方，淹没在身下的废墟中，似乎完全没有注意到他们头顶天空中的爆炸声。

① www.exhulme.co.uk/page2.php.

***

没有人想到休姆新月楼群的结局会是这样的。1971年，当它第一次开放，人们聚集在宰恩中心（Zion Centre）喝茶庆祝时，没有人会想到新月楼群的下场会是这样。那时候的新月楼群就像是一个崭新的奇迹，不仅按进度按预算完工，而且看上去奇妙宜人。《曼彻斯特晚报》上一篇文章的标题是《现代设施齐全的迷你小镇》(*A Mini Town with All Mod Cons*)，文中称赞新月楼群的“高架通道、地下通道、连接通道……拥有中央取暖和双层玻璃窗户”的住所是自成一体的“安静的庇护所”，周围还有属于这个楼群的“散步小径、商店和图书馆”①。

新月楼群一共有四座楼，每座都长达800米左右，置身于一个巨大的开放式公园内。每座楼都有7层高，100多套房，每套都按照最新的人体工程学设计最佳空间，每一套都是从一条外廊进入，而在外廊上则可俯视公园宽阔的草地。新月楼群的设计师休·威尔逊（Hugh Wilson）和路易斯·沃默斯利（Lewis Womersley）分别以四位著名的英国建筑师给四座楼命名：威廉·肯特（William Kent）、约翰·伍德（John Wood）、约翰·纳什（John Nash）、查尔斯·巴里（Charles Barry）。这两位设计师显然也幻想着有朝一日能加入这些著名设计师的行列，被后人铭记。他们说：“我们在休姆所做的努力，是为了给20世纪的居住问题提供解决方案，让这里的生活标准在当代的地位，就像布卢姆斯伯里（Bloomsbury）和巴斯（Bath）的居住条件在18世纪的地位那样”②。这是一个大胆的宣言，布卢姆斯伯里和巴斯享有盛名的乔治时期风格的排屋，不论在地理位置还

---

① *Manchester Evening News*, 4th June 1969, quoted in Rob Ramwell and Hilary Saltburn, *Trick or Treat? City Challenge and the Regeneration of Hulme* (North British Housing Association and the Guinness Trust 1998), p. 5.

② Quoted in Ramwell and Saltburn, *Trick or Treat?*, p. 5.

是在屋主的收入水平上面，都是休姆楼不可同日而语的。然而在1971年，一切似乎皆有可能。

***

新月楼群的降临，从多年以前就已经开始酝酿，但是未来难道不总是这样姗姗来迟？100多年前，一位年轻的德国商人第一次来到曼彻斯特，他父亲把他送到工业革命最火热的这个地方，希望通过在家族工厂里的艰苦劳动，让儿子放弃他心中那些天真幼稚的理想主义想法。但是这位年轻人痛恨工厂里的工作，其激进想法也没有丁点儿改变。他的名字叫弗里德里希·恩格斯（Friedrich Engels）。他与一位名叫玛丽·伯恩斯（Mary Burns）的女士交上了朋友，伯恩斯带着他目睹了曼彻斯特的许多地方。恩格斯被眼前的景象所震惊，动手写了记录其所见所闻的《1844年英格兰工人阶级状况》（*The Condition of the Working Class in England in 1844*）一书，在书中他生动地描述道：

> "默德洛克河（Medlock）转角边有一个颇深的大坑，周围都是高大的厂房或堤岸上的高楼。坑中是两群房子，每群都有200间左右的屋子，一间又一间紧挨着。在这里住着大约四千多人……到处都是肮脏的水洼、垃圾、动物内脏，令人恶心的秽物堆积如山。空气中弥漫着臭气，天空被工厂烟囱中冒出的浓烟染黑……在这样的环境中，人类的生命尊严一定已经降到了最低点。[1]"

[1] Friedrich Engels, *Condition of the Working Class in England in 1844*, quoted in Ramwell and Saltburn, *Trick or Treat?*, p. 2.

后来恩格斯离开了曼彻斯特，抛弃了父亲给他的工作，和玛丽·伯恩斯一起去了巴黎，在那里他遇到了卡尔·马克思。1848年，当革命席卷欧洲之时，他们两人共同发表了《共产党宣言》，在宣言中要求：

“1. 剥夺地产，把地租用于国家支出。

2. 征收高额累进税。

3. 废除继承权。

4. 把全部运输业集中在国家手里。

5. 按照总的计划增加国有工厂和生产工具，开垦荒地和改良土壤。

6. 实行普遍劳动义务制，成立产业军，特别是在农业方面。

7. 把农业和工业结合起来，促使城乡对立逐步消灭。

8. 对所有儿童实行公共的和免费的教育。取消现有形式的儿童工厂劳动。把教育同物质生产结合起来……等等①”

到1971年，这些要求中的大部分都实现了。如果要寻找一座马克思与恩格斯的纪念碑，你只要去休姆就行了。这里所有的物业都属于曼彻斯特市政府，所有人都从政府拥有的邮局领取福利。没有私人遗产继承：这里的居民没有什么财产可以传给下一代的，即使有的话也被交了税。人们进城时，坐着的是政府运行的公共交通工具。工会与企业组成了产业大军，所有的孩子都能接受免费教育。休姆新月楼群是坐落在一大片绿地之中的水泥大楼，所以说它甚至“逐渐消灭了城乡对立”。

① http://www.marxists.org/archive/marx/works/1848/communist-manifesto/index.htm.

***

马克思和恩格斯预料的未来是一种乌托邦，但是他们并不指望能和平地实现。他们写道，“共产党人深知，各国无产阶级的力量被暴力所压制……如果被欺压的无产阶级最终被迫起来革命，那么我们共产党人将不仅用言辞，还将用行动捍卫无产阶级。[1]”

并不只有共产党人才相信这个世界需要一双强有力的手将其推向一个正确的方向。号召使用暴力成为欧洲各地现代主义者宣言的主旋律，而且不仅仅限于政治领域。1909年一个疯狂的夜晚，一群自称“未来主义者”（Futurists）的年轻人聚集在一起，情绪高涨时，写下了一堆他们所能想到的所有语句。他们身处落后的意大利，闷得不行。那些让恩格斯震惊的景象，却让这群年轻人着迷。也许他们是在梦想着曼彻斯特：

> “我们为那些因为工作，因为享乐，因为暴动而兴奋的大众歌唱；我们为现代都市中一浪又一浪多姿多彩的革命而歌唱；我们为强烈探照灯下的军火库和船坞夜晚动荡的火热而歌唱；贪婪的火车站吞噬着冒烟的巨蛇；工厂喷着浓烟高耸入云；桥梁像体操选手一样跨过河流，在阳光下像刀子一样闪亮；探险的蒸汽轮船无所畏惧地驶向天际；蒸汽机头声音浑厚，钢铁巨轮就像是用管子绑在一起的巨型铁马，趴在铁轨之上；飞机的螺旋桨在风中发出嗒嗒之声如同飘舞的旗子一般，又如热情的人群。[2]”

---

① Friedrich Engels *The Principles of Communism* (1847), http://www.marxists.org/archive/marx/works/1847/11/prin-com.htm.

② Filippo Tommaso Marinetti, *The Founding and Manifesto of Futurism* (1909), http://www.cscs.umich.edu/~crshalizi/T4PM/futurist-manifesto.html.

吃饱喝足之后，他们走上街头，砸烂了一辆跑车，把它扔进了沟里。在报废的汽车边，身上还满是油污，他们发布了未来主义宣言，宣告对过去彻底的摧毁与破坏：

> “我们站立在世纪的海角！……为什么要向后看？我们想要做的，是砸碎那扇通往‘不可能’的神秘大门……来吧！让我们点火烧掉图书馆的书架！挖开运河让大水淹没博物馆！……噢！看到那些老古董的画布在水中飘浮，色彩融化，化作碎片，多么让人开心！拿起你的锄头，拿起你的斧头和锤子，砸烂，砸烂，砸烂这个高贵的城市，绝不怜悯！①”

四分之一世纪之后，锄头和锤子正是曼彻斯特的父母官们决定用在休姆身上的东西。当然他们的动机不是因为梦想着“多彩多声的革命浪潮”，刚好相反，他们决定彻底拆除休姆这座贫民窟，是因为担心出现暴乱。当时的《曼城卫报》（*Manchester Guardian*）写道：“尽管到处是疾病、死亡和危房，这个区域的人口自1918年一战结束以来便不断增加”②。这么密集的人口太容易成为未来主义者眼中“兴奋的大众”了，当然他们不是因为工作和享乐，而是因为暴动而兴奋起来。

于是父母官们买下了整个休姆地区。贫民窟里所有的人都被赶到郊外的砖屋居住，为平息人们的不满，这些小屋被叫作“英雄之家”。随后整个休姆地区被夷为平地，变得一片荒芜。原来的主街变成一条泥泞的小径，通往一片发黄的草地。没有人知道如何处理这块地。

---

① Marinetti, *The Founding and Manifesto of Futurism*.

② *Manchester Guardian*, 10 January 1923, quoted in Ramwell and Saltburn, *Trick or Treat?*, p. 2.

***

答案很快就会找到。1933年，也就是曼彻斯特市政府决定清理休姆贫民窟的前一年，一群年轻的建筑师，胸怀年轻人特有的热情，租了一条蒸汽轮船，离开马赛港，驶向未来。当这条船停泊在雅典港时，国际现代建筑师协会（Congrès Internationale d'Architecture Mmoderne，CIAM）已经知道未来应该是什么样子的了。在雅典卫城脚下，面对1500名希腊政府代表，CIAM宣布了他们“对当今混乱的城市建筑的解答”，这项提案将会“打开所有通向现代都市主义的大门。《雅典宪章》（*Athens Charter*）将交给各地政府，其中“逐字逐条、明确解释如何让城市走向正确的道路。[①]”

《雅典宪章》以警告和愿景开篇，显得颇为自命不凡：“无所不在的突变控制了全球：机械主义文明正在混乱、草就和废墟中占领世界……这样的状况已经持续了一个世纪！……但是在这个世纪中，新叶也在成长……展望未来，各种思想、理论、建议纷纷出现……未来的这一天也许会到来……”[②]接着宪章列出了24项原则，以科学的精确性提出未来的城市将会并且应该会成为什么样子。在宪章的科学分析中，还加入了一条政治声明：“这部宪章必须放在城市与国家管理者的桌上”[③]。

该宪章看上去虽然很科学，但其灵感却来自对未来的各种疯狂预测之上，其疯狂程度并不亚于那些未来主义者。在俄国大革命最初的几天，苏维埃的建筑师草拟了一份蓝图，其中，巨型的集体居屋飘浮在草原之上，采用核聚变的巨大能量让它浮在空中。德国诗人保罗·舍尔巴特（Paul Scheerbart）曾预见未来的城市由透明的玻璃建成，建筑师布鲁诺·陶特（Bruno Taut）则想象在阿尔卑斯山清澈的空气中闪亮的水晶城

---

① Le Corbusier, *The Athens Charter* (Grossman 1973; 1st ed. Paris 1943), p. xiv.

② Le Corbusier, *The Athens Charter*, p. xiv.

③ Le Corbusier, *The Athens Charter*, pp. 25–6.

市。难怪那些坐船前往雅典的CIAM建筑师也认为未来城市的命运尽在他们的掌握之中。

《雅典宪章》中提出的原则在后来的一本书中给予了明确的解释，这本书是在CIAM领导人的一次聚会之后不久出版，名为《光辉城市》(*The Radiant City*)，书中建筑设计师勒·柯布西耶为未来城市提供了一份蓝图。他将之比喻为一位新娘：她的脚下是冒着浓烟的工厂，与其他城市的工厂通过复杂的火车系统连接起来；她的头顶有一座水晶高塔，城市精英在塔内管理城市，就像是柏拉图《共和》(*Republic*)中的哲学家国王一样；她的身体上布满了住房；而她的肺部则是城市的绿地。

《光辉城市》所描绘的城市是《雅典宪章》中提出的未来都市最纯粹的形式，这样的都市“是三维的，而不是二维的”①。在这里，道路将高悬于空中，这样土地就被解放出来，成为绿地。居屋高楼同样也悬在空中，在这些高楼的楼顶和阳台上，居民们就像高级游轮上的游客一样享受着阳光。向外看去，满眼都是绿色的森林，其中没有一点儿人类的痕迹。旧时代的宫殿和神庙已被扫除一空，留下的只有未来：用柯布西耶的话说，是一片广阔的“阳光、空间与绿色”。当然这样的人间仙境，只有当现代文明结束之后才能实现。

但是CIAM的建筑师们却不用苦等到那一天。欧洲早期空想社会主义学说的创始人托马斯·摩尔(Thomas More)的名著《乌托邦》中名为“无处”(no place)的理想社会仅仅存在于难以抵达的岛屿上，而这些建筑师眼中的乌托邦则会在身边实现。在不到10年的时间内，第二次世界大战就席卷了整个欧洲，旧的城市被破坏殆尽，其毁坏的程度，大概比共产党人和未来主义者想象的还要彻底。一个新的世界终于可以实现了。

---

① Le Corbusier, *The Athens Charter,* p. 105.

***

二战之后，欧洲城市纷纷以《光辉城市》为蓝本飞快地重建起来，但是在曼彻斯特那个曾经叫休姆的地区，30年来却什么也没有发生。1964年，被政府居屋部长任命为“进度监督”（progress chaser）的罗伯特·梅利什（Robert Mellish）看到这片市中心的空地时，对当地官员喊道：“为什么还让我看到这片空地？为什么你们不能在这里建点儿房子呢？[①]”

受这番话的刺激，曼彻斯特的市议员们马上前往临近城市设菲尔德（Sheffield）取经。看到的景象让他们既震惊又羡慕：在市中心的山坡之上，他们的邻居已经建成了现代主义者所预言的未来城市。一大片高层居屋享受着阳光、空间和绿色，住在其中的人没有任何资产，许多人不久之前还住在连自来水都不通的地方，现在却能享受室内厕所了。更重要的是，设菲尔德所建造的是一个有英国特色的光辉城市。战后，英国的建筑设计师着迷于兴建仿佛行驶在绿地上的豪华游轮般的建筑，但是也关心如何保留贫民窟中人际交往的方便。尽管是现代主义者，但是他们同样怀念旧时石头铺成的小路和背靠背式的居家小楼，因为他们清楚现代主义建筑可能会造成孤独、疏离这样的现代病。

设菲尔德的公园山（Park Hill）居住区为这个问题提供了标准答案。在位于市中心的一片土地上，原来的建筑被清理一空，建起了高高的钢筋水泥住宅，每座高楼之间留出了开放式的绿地。这些高楼之间还建起了宽阔的悬空走廊，形成一个“空中街道”网络，高楼里的住宅大门面向空中走廊而开，就像是过去居家小楼的大门面向街道而开一样。建筑设计师们很有信心地预测说，不久以后，这些悬空走廊上就会成为孩子们玩耍、主妇们闲聊的地方。

① Miles Glendinning and Stephan Muthesius, *Tower Block: Modern Public Housing in England, Scotland, Wales and Northern Ireland* (Yale University Press 1994), p. 256.

曼彻斯特的领导人明白该怎么做了，他们把主持公园山建设的米勒（J.S. Millar）从设菲尔德挖了过来，让他主管曼彻斯特的规划部门。米勒找到了路易斯·沃默斯利（Lewis Womersley）（他也曾参与了设菲尔德的建设项目），让他设计一个方案改变休姆地区的现状。沃默斯利和休·威尔逊是一对高效率的合作伙伴，两人曾一起为斯凯尔默斯代尔（Skelmersdale）、雷迪奇（Redditch）、北安普敦（Northampton）、诺丁汉（Nottingham）等地的现代主义建筑方案献计献策。1966年，两人向曼彻斯特市政局提交了休姆地区的住宅设计方案，当时会议简洁的纪要无法再现委员会成员的兴奋之情：

> "休姆5期的规划目标要求增加居住密度，使该地成为居住中心，并指出其目的是要建立一个城市规模的都市居住环境。咨询师对这一要求提供的解决方案是修建6层楼高的连续的复式单元住宅楼，大楼的基本形态将会尽量简单，以便创造最大的开放空间。[①]"

"连续住宅楼"的形态是四座新月形的建筑，据其设计者说，将和巴斯的皇家新月街以及约翰·纳什在伦敦摄政公园边设计的排屋相似。这些市议员们虽然没有亲眼见过这两处建筑，但显然都十分佩服这一设计。

这种设计并不是为了怀旧，休姆楼将会是一群以现代方法修建的现代建筑，将会采用最新的工程制造技术。建筑设计师的报告解释说"外墙和内壁都将有很高的质量，因为不论是结构部件，还是内部装修和维

① Minutes of Meeting of Housing Committee, 6 July 1966, quoted in Manchester Housing Workshop, *Hulme Crescents: Council Housing Chaos in the 1970s* (Moss Side Community Press Women' s Co-op 1980), p. 4.

护结构，都将在厂房中，在监督下预先建好，不用担心建筑工地上气候和其他因素造成的影响"[①]。简单地说，整座建筑将以水泥预制板的方式兴建。在威尔逊和沃默斯利提交设计方案后的第5年，休姆新月楼群，这座曾被许多人，包括恩格斯和柯布西耶在内所预言的建筑群，已经可以接待第一批居民了。

***

刚建成的新月楼群"应该"是什么样子的，一些人直到现在还记得。在一个名为"前休姆"（exHulme）的网站上，一位署名为"卡罗琳"（Caroline）的用户写下了如下这番话：

> "我们家搬进去的时候，我才四岁。我们要搬到那里去，是因为原来住的塞尔福特镇（Salford）的布劳顿区（Broughton）要被清理了。我妈曾跟我说，当时我家得到的保证是'通往所有单元的外廊，一个全新的未来'。我得承认，在开头几年内，那些单元真是挺不错的……我记得自己曾看着一个感觉非常高雅的男人一边清洗他的'复仇者'汽车，一边对自己说'这可真高雅'。他每个星期天都擦一遍车。我们很容易交到朋友，那里确实让人觉得是个社区……我们有商店，还有一间洗衣房，因为在那个年代，家里有台洗衣机是件不得了的事。我是看着罗伯特·亚当和约翰·纳什新月楼建起完工的。就像我说的，在开头几年真是挺不错的，我们能想到的设施都能满足……那真是一个好地方。到处是新的构想，住在那里的人们抱着许多希望。

① Minutes of Meeting of Housing Committee, 6 July 1966, quoted in Manchester Housing Workshop, *Hulme Crescents,* p. 5.

> 邻居之间会相互说话聊天，我还记得和其中一家人说笑的经过。他们还请我和我爷爷去家里喝茶，带我们去观看这些住宅单元奇怪的设计。他们的单元很干净整齐，他们因此十分自豪。[①]”

但是当越来越多的人搬进这里后，新月楼开始失去了一些原有的光彩。卡罗琳继续写道：

> “然后很突然的，我记得是在1972年，开始出问题了。就像我说的，一些人开始搬出去了。我记得和我妈一起去商店，我们不得不从新月楼前的草地穿过去，因为楼道里有些奇怪的人在游荡。原来那些设施都还在，公园啊商店啊什么的，都在，但是事情就是变得不对劲儿了，我不知道为什么，但就是不对劲儿了。新月楼群开始变糟，糟糕的事情出现了。”

糟糕的事情是从墙上的潮湿斑点开始的。1971年的冬天，一些住户开始投诉说他们的单元返潮，墙上黑色的斑点毁了明亮的现代墙纸。建筑师和居屋管理官员来看了一下，一致指责是住户们在做饭和晾衣服的时候不开窗。于是住户们只好打开窗，忍受冬天寒冷干燥的天气，但是返潮问题并没有因此解决。

1973年的石油危机让能源价格大幅上涨。新月楼群是用电取暖的，所以那里的住户受到的影响特别大，一些住户每个季度的电费急剧上升到500英镑，许多住户干脆切断了家里的电源。于是他们在自己的现代住宅内度过了一个黑暗的冬天，像过去那样靠蜡烛照明，靠煤油炉取暖，这样至少墙上的斑点在昏暗的光线下是看不出来了。

---

① ‘Caroline’ 15 November 2007, quoted in www.exhulme.co.uk.

这些只是技术问题，但是新月楼群还面临着管理问题。新月楼群是用来安置曼彻斯特最贫困的那部分居民的：70%的居民是因为其他区域清理贫民窟而搬进来的，30%的居民领取市政府的救济，他们所交的房租又付还给市政府，相当于政府自己交钱给自己。当这部分住户比率上升时，市政府的收入就会因此而减少，而这个比例在两年内升至44%。面临日益缩减的预算，城市父母官还得继续维护这里差不多3.6公里长的楼房：路灯坏了要换，走道要清扫，悬空走廊和绿地上的垃圾要清理。他们连保证基本的维护都吃力，更不用说要对付楼群里肆虐横行的老鼠和蟑螂了。

这些只是管理问题，但是新月楼群还有严重的设计问题。和设菲尔德的公园山一样，所有的单元都是通过外廊进入的。这些外廊确实像设计师想象的那样，提供了社交的场所。小孩们喜欢在长廊上奔跑玩耍，按一下门铃然后跑开，等人来看门。他们还喜欢爬上长廊的栏杆，向外伸出身体，俯瞰楼下。栏杆繁复的设计似乎是在鼓励小孩这么做，因为有许多可以搁脚的地方，而扶手又很宽大，正好可以靠在上面，居民担心总有一天会有人从楼上掉下去。悲剧果然发生了，第一个摔下去的是一个四岁的孩子，他只比新月楼群大一岁。

对许多住户来说，这是压垮骆驼的最后一根稻草。1975年，担心自己孩子安全的新月楼群住户们向曼彻斯特住房委员会提交了一份请愿书。他们的要求很清楚①：

- 列出一份清单，列上所有希望搬出新月楼群的住户。
- 这份清单必须以轻重缓急的程度排列。
- 必须给出搬出的日子。
- 空出的单元，只能给单身人士、没有孩子的夫妇，或是学

① Ramwell and Saltburn, *Trick or Treat?*, p. 7.

生居住。

- 所有的住户都有权要求列入搬出名单，不管他们是否欠缴房租。

“为什么我们住在这样危险的地方，还要交房租？”请愿书上这样写道，然后强调说：“搬迁必须从现在开始。”

住房委员会同意了他们的请愿，于是家庭住户开始搬离，新月楼群开始清空，等待单身人士、没有孩子的夫妇还有学生入住。一名新住户回忆到：“我搬进去的那天是1981年12月11日，到处都是深深的积雪，这在曼彻斯特是很不寻常的。当我们小心翼翼地在楼群间行走时，感觉非常可怕，单一色的壮观景象，一片空旷。我觉得即使第一次看到埃及金字塔都没有这种感觉。[①]”

新月楼群真的是在变成完全的空旷。因为实在很少有人想搬到这里来住，政府开始免费送出单元，严格地说，不是政府“送”，而是像一位署名“卡伦”（Karen）的人在“前休姆”网站上所写的：

> “我1982年搬到休姆，四座楼我都住过……经常搬来搬去，随身就带着一个超市的购物推车，似乎所有人都是这么干的，然后还需要一个电源上的保险丝用来通上电，一条金属丝用来绕过电表和撬开门锁。这在当时似乎是很正常的，人们可以随便找个空单元就搬进去住一阵子。不过有一次出了问题，我撬开一家单元的大门时，发现里面已经住着两个男人，他们见到

---

① Compost City 2: blog page on Hulme Crescents myspace page, posted 18 December 2006, http://myspace.com/index.cfm?fuseaction=blog.view&friendId=55432167&blogId=206922483.

我就想拿起锤子杀死我。[1]”

你只要闯入一间空置单元，锁上大门，就可以住一阵子。不用担心房租和房东，因为当管理部门发现有人擅入的时候，你已经搬到另一个单元去了。这就是新住户和那些搬出去的家庭住户之间的差别：他们不把这里当作家。

第一批住户搬出新月楼群之后，曼彻斯特市政局在外廊上每隔一段距离安装一扇钢门。这些钢门要靠密码才能打开，而对于这些密码住户们是知道的，住房管理员很快就忘了，警察却从来都不知道。作为一个官僚机构，市政局花了好长一段时间才意识到他们把自己锁在了外面。在这个政府管不着的地方，楼里的住户开始建立一套新的社会秩序。那里的年轻人多数没有技能，没有前途，自由自在；他们没有家庭、没有工作、没有财产。私人财产权在这里是无效的：没有什么东西是属于谁的，任何东西都可以属于任何人。所有的东西都是偷来的、骗来的、顺来的、砸烂的、免费送人的。这些人说这就是恩格斯预见的未来。

“休姆人”在这里可以想干什么就干什么。正常的社会行为准则不仅无效，而且完全被拒绝，还被踩上几脚然后叫滚蛋。卡伦回忆起那里的一次“草地午餐”：

“还记得奎妮（Queenie）吗？一个炎热的夏日，我们坐在宰恩中心外的草地上，大约有15~20人，一边抽烟一边喝酒。这时奎妮过来了，骂着粗话，喊着叫着，还说要坐在谁的脸上！可怜的肖恩（Shaun）（我听说现在他人已经没了）被按倒在草地上，然后她真的坐在了他的脑袋上……是的，我还记得管理处

---

① 'Karen', 22 April 2007, quoted in www.exhulme.co.uk.

的雷兹拉（Rizzla），清楚地记得他从罗伯特·亚当楼和威廉·肯特楼之间的走廊上跳下来的那一天。听到动静后我们都从酒吧里冲了出来，以为他一定摔得浑身是血，没想到他竟然站了起来，开始冒出一串粗话，然后再次上楼往下跳！真是个疯子！①”

到了20世纪80年代中期，休姆楼群里住着的是一群受社会鄙视的人，但就是这些人，现在也成了怀旧的对象。有人甚至在社交网站MySpace上为新月楼群建了个人资料页，在那上面，是这样描述楼群“想交往”的人的：

“朋克、哥特派、丑八怪、人渣、懒虫、懒鬼、畜生、废物、蠢货、傻子、酒鬼、怪人、梦游人、变态、蟑螂、吸美沙酮的、暴力杂种、自摸的、蠢猪、打劫的……②”

这些以前可没有出现在预言中吧？

***

1976年，一个名叫托尼·威尔逊（Tony Wilson）的年轻音乐记者在曼彻斯特的自由贸易厅（Free Trade Hall）参加了一场音乐会。这场音乐会没有多少观众，一共也就40来人，他们都是来看一个不知名的名叫“性手枪”（Sex Pistols）的新乐队演出的。

一个多小时之后，威尔逊离开音乐会时，浑身热血奔涌，他现在对朋克音乐有了遇到救世主般的热情。上次他这么兴奋，是在读了恩格斯

---

① ‘Karen’, 22 April 2007, quoted in www.exhulme.co.uk.

② Hulme Crescents MySpace page, ‘would like to meet’.

的书之后，或是在卡巴雷伏尔泰（Cabaret Voltaire）夜总会听了特拉斯坦·查拉（Tristan Tzara）的演唱之后。他在新月楼群边找到了一家以前的工人俱乐部，开了一家名为“罗素俱乐部”（Russell Club）的艺术场所，为新月楼群内开始涌现的新音乐提供了一个演出场所。这个地方虽然看上去并不起眼，但是威尔逊的艺术工厂是按照美国现代艺术家安迪·沃霍尔（Andy Warhol）的艺术合作社，或是德国的包豪斯学校的模式经营的，因此成为新型前卫艺术在此发芽的暖房，开始有了现代主义预言的伟大时代的样子。“坠落”（The Fall）、“欢乐分队”（Joy Division）等乐队早期都在这里演出过，威尔逊还成立了名为“工厂录音”（Factory Records）的唱片出版公司，把曼彻斯特放上了国际音乐版图。他雇用了图像设计师彼得·萨维尔（Peter Saville）为俱乐部设计海报，为唱片设计封套。萨维尔所做的与拉斯洛·莫霍里·纳吉（Laszlo Moholy Nagy）、马塞尔·杜尚（Marcel Duchamp）、乔治·布拉克（Georges Braque）等人在20世纪20年代所做的一样：把东西撕碎，然后粘贴在一起，再传递下去，用破碎的过去和不完整的未来组成了一连串极为时尚的图像。

新月楼群的住户，一次又一次地回忆他们听到的音乐。一位名叫“詹姆斯”（James）的人写道：

> “我最美好的回忆，是当我独自一人第一次把唱针放到《权力腐败与谎言》（*Power Corruption and Lies*）上的时刻，我是在这张唱片出版的第一天就将它买了回来。当时我不过20多岁，对我来说，他们的音乐最好地重现了休姆楼群无处不在的恐惧，以及同时存在的自由和创意的可能性，当然你得受得了这里楼道和电梯里的尿味和满地的狗屎，就像是一张绝望的神奇地毯。①”

① 'James', 10 February 2008, quoted in www.exhulme.co.uk.

詹姆斯和一个鼓手同住一个单元，他们在墙上粘上鸡蛋盒子，把单元改造成了临时录音棚。这么做的不只他们两人："劳埃德"（Lloyd）在查尔斯·巴里楼的三楼建立了两个海盗电台，每次听说警察可能会上门，他就把所有的器材都搬到另一个空单元。"快乐分队"在水泥长廊前拍了一组粗颗粒、灰蒙蒙的照片；号称是"英国高级爵士浑蛋三人组"的bIG*FLAME乐队成员都是1982年在新月楼群出生的。其他的一些乐队，比如 A Certain Ratio、A Guy Called Gerald、Finlaye Quaye、the Inspiral Carpets等等也挤在新月楼群里，他们的临时录音室兼夜总会演出让楼群里到处都是无休无止的敲打、重击和脉动的噪声。

20世纪80年代中期左右，休姆楼群的音乐开始出现了变化。新冒出的乐队不再创作美妙的旋律和有深度的歌词。"快乐星期一"（Happy Monday）的一张唱片名叫《药丸、快感和肚子疼》（*Pills' n' Thrills and Bellyaches*），基本上说明了这些音乐的内容：都和毒品有关。朋克音乐和啤酒密不可分：如果你觉得朋克音乐太烂，你可能会把手中的啤酒泼过去，但这至少显示你还在听。托尼·威尔逊的后朋克音乐和大麻密不可分：你庄严地把唱针放到唱片上，然后躺下，等待那种无所不在的恐惧冲上脑门。但是80年代后期新兴的锐舞音乐就完全和毒品密不可分：各种名堂的毒品，最受欢迎的是摇头丸，这些东西让你整日整夜不由自主地跳舞和扭动，音乐到底有多烂完全没有关系。

那就是新月楼群开始吞噬自己的时候，这一切从1989年的一场舞会开始。一开头不过是在夜总会关门后一些人回到自己单元的厨房继续跳舞，让身体内残留的毒品消耗完毕。但是很快就闹得越来越大，每个人都拉来自己的哥们儿，厨房里根本就挤不下那么多人，更别说跳舞了。"布鲁斯"（Bruce）还能记得下面发生的事情："我记得杰米（Jamie）拿着气钻在墙上打洞，他是想把单元搞成夜总会吗？……然后他所有的音乐录音器材全被人顺走了？[①]”打穿的墙壁通到了隔壁单元。当人越来越多时，他们又开始在墙上打洞，接着人更多了，他们又第三次打洞。最后好几个单元都被打通了，原来的厨房现在成了一个炼狱般的洞穴，挤满了浑身是汗的身躯和重击音乐：

> “客厅里装着一个巨型的音响系统，楼下的厨房成了一个卖‘红条’（Red Stripe）啤酒的地方，整栋大楼似乎到处都有一股大麻味，可没人在意，因为每个人都已经目光呆滞、面孔扭曲。[②]”

没过多久，这类舞会开始占领整个地方，对那些不是来“跳舞”的人来说，这里基本上没法住了。“弱智”（Gonnie）写道：

> “还记得那个叫‘休姆拆除音响系统’（Hulme Demolition Sound System）的夜总会，倒不是他们选的音乐多好，主要是他们每周三晚上在一个小购物区开舞会，一直到周四早上，然后夜总会关门，商店开门了，只有一辆巡警车会过来看一下。管唱片台的叫‘沙漠风暴丹尼’（Desert Storm Danny），他的哥们儿乔（Joe）四处鼓动大家干活。周四一大早，当老年人到商店买早餐的时候，还有那么几个人在购物区的屋顶上跳舞，另外几个就在一边坐着躺着，沙发和椅子什么的都是从那些准备拆除的单元里搞来的。[③]”

---

① ‘Mark/Bruce’, 22 April 2007, quoted in www.exhulme.co.uk.

② ‘John Robb’, quoted in www.exhulme.co.uk.

③ ‘Gonnie Rietveld’, 18 April 2007, quoted in www.exhulme.co.uk.

1934年曼彻斯特的父母官们清理休姆区贫民窟的时候，他们担心的正是这里出现聚众闹事的情况，他们大概从来不会想到，后来出现的会是这么一幅新景象。

***

早在1986年曼彻斯特市政局就开会讨论过该如何处理休姆新月楼群。他们显然对这里不抱什么希望，因为这个会议的标题就是“外廊出入的灾难”（Deck Access Disaster）。他们什么都试过了。他们建立了一个居屋行动信托会（Housing Action Trust），负责对楼群进行改造，意图是为这里的住户提供更好的居住条件，但是住户们很快把这个办公室洗劫一空。他们本打算出资让人研究这个区域的社会、经济、环境和居住现状，但很快也就放弃了。结论是休姆区的问题没法解决。

至少靠曼彻斯特自己的力量是没法解决的，最后市政府向中央政府求援。1991年曼彻斯特得到了一笔预算，用来解决休姆区最大的问题。虽然这些钱解决不了所有的问题，但是至少以后市政府再也不用担心作为房东的责任了。这个项目的官方目标，用苍白的官方用语来说，是创造一个“安全、干净、吸引人”的环境，让居民可以拥有“满足自己居住条件以及对前途的想象”的居屋。规划者希望，最终“当地居民愿意长期居住在本地区。[①]”

你也许会想，这和《共产党宣言》和《雅典宪章》比起来，实在算不了什么。但是对休姆新月楼群来说，却是一个了不起的愿景，一个多少年来只能幻想的未来。

当然为了实现这个未来，要付出一点儿小小的代价：新月楼群本身不属于这个未来的一部分，所以必须拆除掉。曼彻斯特市政府联络了一

---

① Ramwelland Saltburn, *Trick or Treat?*, p. 19.

个当地剧团“天堂之狗”（Dogs of Heaven），让他们编排创作一个向新月楼群告别的演出，向这个地狱般的地方告别的仪式。于是，在1993年3月一个晴朗的夜晚，他们把一辆小汽车从约翰·纳什新月楼顶推下，点燃了葬礼的柴堆，送别这个曾经是乌托邦、后来却走上了一条谁也想不到的道路的地方。这个节目后来在BBC的《晚间秀》（Late Show）上播出过。

另一部业余电影记录了第二天的事件，那天天气糟糕，一群衣衫褴褛的人拉来一堆用住宅单元门窗、汽车零件、厨房用具凑成的东西。他们把这些破烂堆在一起，在空地上还有一个用建筑材料搭成的巨大的凤凰，所有这些东西都来自他们即将失去的家园。最后他们放火将之点燃，人群在这里最后一次跳起了舞。

休姆人对新月楼群的告别是颇具时代特征的。在一面水泥墙上，用市政府通知的口气，涂写着一段对政府的讽刺：

> “作为疯子市政府，我们的目标是砍掉工作机会，破坏服务，出卖你的家园……
>
> 我们通过民主程序决定，你的家园毫不重要。大企业家和有钱人许诺了一大笔钱，让我们在休姆区建造办公室、高档商店、停车场、酒吧等等。你们中也许有一两个人交过人头税，那么我们在远郊威森谢尔（Wythenshawe）有一两间房可以给你们住，但你们不得进入市中心破坏我们吸引大企业和申请奥运会的机会。至于那些没交过人头税的人渣、白占空房的，或者太老太小我们不想管的，我们有一大批公园长椅和纸箱可供你选择。对任何因此造成的不便我们表示歉意。[①]”

---

① Ramwell and Saltburn, *Trick or Treat?*, p. 12.

如果今天你到休姆去，已经看不到一点儿新月楼群的踪迹了。你看到的是整齐的砖砌排屋，带着小小的花园，其格局与恩格斯描述的紧挨着的居家小屋非常相似，差别也就是街上几个脏兮兮的孩子。休姆区的未来像极了它的过去。

***

这看上去一点儿都不像是个预言，对不对？但是对于预言我们必须小心对待。恩格斯知道他的梦想只有在一场破坏性的革命之后才能实现；柯布西耶也一样，他的光辉城市将会摧毁他所处时代的所有城市。他们知道，一个新世界只会在旧世界的末日来临之后才会诞生。

他们忘记的是在每个未来之后都会有另一个未来。他们对未来乌托邦的蓝图和其他的蓝图一样，终有一天会被推到一边，以便追求另一种他们无法预计的未来。休姆区的居民在一个多世纪的时间内，一次又一次地经历了这一过程，一种又一种的情况降临在他们头上：革命的熔炉、现代主义的样板、无政府主义的自生自灭、你感受到天堂的化学物品。所有这些未来都为曾经历过这一切的人们带来既怀旧又恐怖的回忆。

“未来不在，未来不在，”性手枪乐队在他们最畅销的歌曲中唱到。但是未来主义者将这一点表达得最清楚：

“我们中年纪最大的只有30岁：所以我们还有至少10年的时间来完成我们的工作。当我们40岁时，其他更年轻、更强壮的人大概会像扔破纸片一样把我们扔到垃圾桶里，可是我们期待这样的事情发生!

那时候，我们的继承者会来追杀我们，他们来自远方，来自各个角落，在他们的第一首歌中起舞，他们像野兽一样舞动着爪子，像狗一样在学院门口寻找我们腐朽思维的恶臭，那些早该进坟墓的腐朽思维。

但是他们不会在学院里找到我们，在一个冬天的雨夜，他们将会在空旷乡村的一间屋子里找到我们。他们会看到我们蹲伏在颤抖的飞机旁边，用一点小小的火苗取暖，烧的是我们写过的书。

他们会冲破大门，围在我们身边，喘息中带着厌恶与愤怒，我们的大胆举动激怒了他们，他们向我们冲来，将我们杀死。他们的仇恨越是无法消解，对我们的爱与崇敬就越让他们迷醉。

他们的眼中散发出的光芒是不讲道义的，这是一种强烈而又冷静的情绪。事实上，艺术就是暴力、残忍和不讲道义。[①]”

“未来主义者”，这听上去像是一支来自曼彻斯特的乐队，不是吗?

① Tommaso Marinetti, *The Founding and Manifesto of Futurism*.

第 11 章

柏林墙：历史的终结

销售历史：
一个男孩正在出售柏林墙碎片。柏林波茨坦广场（Potsdam Square），1990年3月10日

历史的终结

帕提农神庙正在渐渐化作尘土，人们也早已开始为其生命的终结做准备了。在雅典卫城脚下，伯纳德·屈米（Bernard Tschumi）设计的博物馆中留有一片空间，大小和帕提农神庙一模一样，做好了准备，一旦帕提农神庙的任何部分因过于脆弱而不宜留在露天环境，这个空间将会接收它们。博物馆已经保存了所有留在希腊境内的帕提农神庙雕塑，空空的柱基正等待流落伦敦和其他地方的大理石作品。一旦帕提农神庙从原有的位置消失，其历史将在这个墓座里终结。

现代主义的预言者试图将未来推向一个明确的终点，一个人类凭借所有努力将会抵达的乌托邦。马克思和恩格斯认定历史是辩证的，是在不断进步的过程中各种理念之间的斗争，一代又一代地向前推进。《建筑师之梦》呈现的就是这一过程，一代又一代的建筑在一个循序渐进、不断提高的过程中，从埃及法老强迫奴隶们为其建造的坟墓，到由工匠自愿参与修建的大教堂。一旦最后的革命成功了，人类的条件完美了，历史本身也就抵达了终点。那时候，建筑设计师们就可以坐在高高的柱顶之上，眼望这个完整的世界，没有什么再需要改变。

在某种意义上，历史确实终结了，但却不是马克思或是现代主义者想象的那样。1989年11月柏林墙的倒下，为历史学家埃里克·霍布斯鲍姆（Eric Hobsbawm）口中“小小的20世纪”提供了一个终点。这个世纪的起点是1914年弗朗茨·斐迪南大公爵（Archduck Franz Ferdinand）被刺，经过恐怖的战壕、奥斯维辛集中营、广岛原子弹爆炸，一直到纽伦堡审判、布拉格之春，最后在柏林结束。当晚的事件象征着“历史的终结”，这是由政治评论家弗朗西斯·福山（Francis Fukuyama）提出的说法。

但是与曼彻斯特的休姆新月楼群不一样的是，柏林墙在倒下之后，并没有因此消失。事实上，过去柏林墙遭人痛恨，在倒下之后，却变得珍贵起来，在变成碎片的同时又被重新拾起收藏。柏林墙奇怪的身后故事，呈现的是“历史终结”的历史。

很久很久以前，在柏林一个不起眼的角落，一条不起眼的街道上，站着一个不起眼的女人。在她面前，在一片没有建筑也没有人影的地段上，是一段又一段的水泥板。

她脸庞宽阔、头发棕红，身穿黑色大衣，嘴里叼着一支烟。站在石子路上，她向西看着，扫视着面前的水泥墙。忽然她眼睛一亮，露出了微笑，她招了招手，不知道是向谁还是向什么东西招手，然后她向左右看了一眼，脸沉了下来，转身低头走开，回到了东边。

乌特（Ute）在这之前从没见过反法西斯保护墙（Antifascist Protection Rampart）。虽然她住在不过几百米之外，来到这里却是危险的，为此她准备了好几个月。她原本是不打算来这里的，她不知道在反法西斯保护墙之后有什么东西。她猜也许就是法西斯分子？要不怎么叫"保护"呢？乌特有一份柏林地图，在这堵墙后面的地方标记的是"未知区域"。对她来说，这堵墙就是西边的地平线了，在这样一个冬日的傍晚，这堵墙后面的东西不管到底是什么，似乎连发出的光线都是凶恶的，仿佛连日落都是边境警卫们草草安排的。没有人走近、触摸或是穿过反法西斯保护墙，那些做过这些事情的人也没有回来讲述自己的故事。

***

1961年，一个晴朗的周日清晨，德意志民主共和国（German Democratic Republic）的一名年轻军官换上靴子，揣起地图，手提一桶白漆和一把刷子，走向柏林市中心。哈根·科赫（Hagen Koch）的行动从弗里德里希大街（Friedrichstrasse）和齐默尔大街（Zimmerstrasse）的交接处开始，很快身边就围起一群人看他要干什么。他把刷子伸到漆桶里沾一沾，然后开始在石子路上画线。

科赫开始画的是一条新的子午线、一条新的赤道线、一道新的世界边缘，在这里，一种思想、政治、经济、社会、历史体系结束了，在另一边开始了一个不同的体系。这条线就是柏林墙的线路。

当时的民主德国政府派发了一份宣传资料，试图回答那些对柏林墙有疑问的人的问题[①]：

这道墙是从天上掉下来的吗？

不是。这是多年来西德和西柏林与我们敌对的结果。

这道墙一定要建起来吗？

既对也不对。这道墙有必要是因为他们（西方）正引来冲突的危险。对于那些听不进劝说的人，必须采取行动。

这道墙阻止的是什么？

我们不愿意继续袖手旁观，看着民主德国的医生、工程师和技术工人被一些为正常人所不齿的手段引诱，放弃他们在这里的安全的家，跑到西德或是西柏林工作……但是我们阻止的还有更为严重的事件：西柏林日益成为军事冲突的起点。我们与华沙条约国在8月13日一致采取的行动，让波恩和西柏林一些头脑发热的家伙冷静了下来。这是德国历史上的第一次，战火在还没有燃烧起来之前，就被我们熄灭了。

和平真的受到威胁了吗？

① Calvin University German Propaganda Archive, http://www.calvin.edu/academic/cas/gpa/wall.htm.

这道墙为世界和平做出了贡献，因为它阻止了西德新希特勒分子企图针对东部的军事行动。

谁被关在墙内了？

按照无比聪明的西柏林议会的说法，我们把自己关起来，生活在集中营里……你不觉得这种说法有点问题吗？西柏林市长勃兰特（Brandt）说在民主德国，一半的公民属于武装人员。如果集中营里一半的人员手中握有武器，你觉得这会是个集中营吗？

是谁切断了人与人的接触？

当然，对许多柏林人来说，目前无法相互见面是件让人苦闷的事。但是如果一场战争让他们永远无法再相见，则将是一件更痛苦的事。

这道墙会威胁到谁吗？

波恩的宣传机器把它形容为“世界共产主义阵营攻击性的证据”。你听说过有谁因为在自己的产业周围树上篱笆而让人觉得具有攻击性吗？

是谁在加剧形势恶化？

是这道墙吗？它只会安静地站着，不会激怒任何人。

这道墙是体操器材吗？

这道墙是民主德国的前线。一个主权国家的前线必须受到尊重。任何不尊重这一点的人受到伤害都是自食其果。

这就是这条线存在的原因。它保护民主德国这一工人阶级的社会主义天堂不受来自其他地方的伤害。

***

在乌特看来，这个工人阶级的社会主义天堂真的没有那么糟糕。那儿的图书馆、游泳池、度假村，公共交通都很好。那儿有封顶的房租、受保障的工作、稳定的退休金。生活也很有规律。事实上，乌特的家庭是在1950年后期自愿搬到民主德国的。她父亲是一名共产党人，在纳粹时期一直抵制希特勒统治，二战之后他劝说他全家搬到东部一起参加民主德国的建设。

“这儿什么都有”，她父亲说，在乌特姐妹长大的村子里，情况确实如此，只是如果你想得到那些你真正想要的东西的话，就比较困难了。如果你想买辆车或是一台电视，你可以加入一个等待名单等上10年，同时你可以存钱。如果你想吃香蕉，那么在每年有一天会供应香蕉，你可以在那天前的晚上到镇上连夜排队。乌特姐妹被教导说要因陋就简，不要期待太高，应该对她们已经拥有的感到满意。但是，她们俩不能满意，想要干点什么改变现状。

***

哈根 · 科赫就像信使一样跑过柏林市中心，身后留下一道白线。这道白线穿过尼德科尔希纳大街（Niederkirchnerstrasse）上原盖世太保总部废墟，穿过原希特勒的首相府以及波茨坦广场上的百货公司废墟，穿过被炸毁的德国议会（Reichstag）以及勃兰登堡（Brandenburg Gate），穿过残疾人大街（Invalidenstrasse）上安静的老兵公墓，穿过贝尔瑙尔大街（Bernauerstrasse），在施维特大街（Schwedterstrasse）的老火车站拐弯，然后在伯恩霍莫大街（Bornholmerstrasse）跨越铁轨上的桥梁。

贝尔瑙尔大街上的居民们一天醒来时发现自己居住的大楼的外墙——这面他们刚刚在单元内重铺了墙纸，在窗户上装上了钩花窗帘，在窗台上摆上花盆的墙壁，现在成了柏林墙的一部分。他们居住的单元墙外，现在成了资本主义的西柏林。

这些居民没想到柏林墙真的会建起来，就在几个星期前，他们的总统还保证说："我们没有建墙的打算"。贝尔瑙尔大街的居民预计到未来会发生什么，马上明白现在该怎么办了。他们冲上二楼，接着上三楼，不行就到四楼，然后打开窗台向外跳去。他们的躯体一个又一个地跌落在属于资本主义西柏林的马路人行道上。他们必须动作很快，不然从楼下冲上来的警卫就会把他们抓住。有些人胆子太小不敢跳，于是终身成为德意志民主共和国的公民。有些人胆子太大、跳得太猛，在落地时摔死摔伤了。

有这么一张照片，其中一名妇女双手吊在一扇窗户上，她大概50多岁的样子，头发染成黑色，烫得十分整齐，身穿深色大衣。东德警察和士兵从窗口探出身子，抓着她的手臂不让她掉下去。但是这可不是一起救援行动，因为在楼下的人行道上有一群路人，其中也许包括她已经逃出来的亲戚，正抓着她的脚腕，要把她拉向西方。

也许她以后快乐地生活着。这道墙静静地站在那里，不激怒任何人，保证世界和平，防止技术工人被勾引成为资本主义的工薪奴隶。但是这个妇女和她的邻居们宁愿跳窗逃走，也不愿意留在社会主义天堂的家中。

难怪政府觉得不能让任何人留在这里。贝尔瑙尔大街上的居民迁走了，原来的大门和窗户用砖砌上了，楼房之间的道路被水泥块、铺街石、砖头和铁丝网等堵上了。

***

乌特姐妹长大之后马上搬到了柏林。在乌特看来，这个工人阶级社会主义天堂的首都并不是那么糟糕。你可以去任何你需要去的地方：去亚历山大广场（Alexanderplatz）上的商店，去巴格门博物馆，或是去马恩广场（Marx-Engels-Platz）参加游行。你可以去很好的医院、歌剧院和图书馆。你可以坐上电梯直到柏林电视塔的顶层，在那里的旋转咖啡厅你可以一直看到远处的西柏林。

只是当你要去那些你想去的地方时，就比较困难。有些街道似乎去不了任何地方，在它们的尽头就是一片空地和一堵水泥墙。如果你想走近仔细看一看，警卫就会出现，让你走开。“这儿危险”，他们会说，“回家去吧”。这样你就越发想去看个究竟了。

亚历山大广场上有座“世界大钟”，上面会显示世界上所有首都的时间。乌特总是用一种嘲讽的眼光看着这座钟。“如果你永远去不了那些地方，知道他们现在几点又有什么鬼用？”她会说。她的地理知识到现在依然非常有限。

***

哈根·科赫在柏林市中心的街道上画上白线之后的几个月，一个小伙子想办法进入了贝尔瑙尔大街44号，他穿过楼房中间的庭院，秋风正在呼呼地吹着。这里已经清空，朝街的窗户也已堵上。他爬上楼梯，在空空的屋子间转来转去，脚下的地板嘎吱作响，整个楼道里只有他自己脚步的回声。他想办法上了阁楼，从那里爬上了屋顶。

警卫门很快发现了他，朝他追来。他们爬上烟囱边狭窄的铁梯，绕过屋顶的坛子和雕塑，跨过栏杆，踩过哗哗作响的水槽，踩松的瓦片掉到了楼下。看着追兵越来越近，贝恩德·林泽（Bernd Lunser）知道自己的梦想落空了，他被逼到一个檐口，无处可去。他跳了下去。

柏林墙静静地站在那里，保证世界和平，防止社会主义工人被勾引成为资本主义的工薪奴隶。但是林泽宁愿跳楼而死，也不愿意享受柏林墙的保护。

难怪政府决定拆除贝尔瑙尔大街上的所有住房。有一张照片是在这之后不久拍摄的，第一眼看去好像是一条林荫道或是公园。在东边的草地上，竖着一堵没有窗户的高墙，在墙的一侧，你能看到脱落的墙纸、地板龙骨在墙上留下的洞、曾经挂过照片的痕迹、悬在高处的壁炉台，所有这些都在告诉你，不久之前，这一侧是住户的房间。

在照片中间空地的另一边，是两堵较小的墙，靠得非常近。其中一道看上去是崭新的，由H形的水泥桩子和桩子间的水泥板组成，顶上是圆形的水泥管和带钩的铁丝网。在这道墙的一边，就在离西柏林居民不远的地方，是一座破败的结构，大约2米左右高。在石块的裂缝中，已经长出了植物，壁柱上所有的装饰都已脱落。仔细看看，便能分辨出这里曾经是大门和客厅窗户，草草地用砖封上了。

在这些墙壁之间是一片空地，只有几千只灰兔在这里生活。这块地方叫作“无人地带”。

***

在乌特看来，她姐姐失踪前，日子还没有那么糟糕。然后有一天警察找上门来，说她姐姐投奔了法西斯分子，现在她终于明白那些去了水泥墙另一边的人的命运了。他们说这是乌特的责任，把她关押起来，折磨了6个月之久。她被迫坐在冰冷的水中，一连几个小时、几天，直到连颤抖的力气都没有了。她被迫光着身子，蹲在一块镜子上小便，守卫们就在一边指着她开玩笑。她听着从走廊上传过来的凄厉的喊叫。她无法入睡，因为灯永远都开着，她也不知道是白天还是黑夜。一段时间后她的头发和牙齿开始脱落，月经也停止了，身体日益衰弱。警察逼迫乌特交代她是如何帮助姐姐逃跑的，但是她什么也没说。到今天她还是不肯说自己到底知道多少。

***

哈根·科赫在柏林市中心的街道上画上白线之后一年，一个名叫彼得·费希特（Peter Fechter）的少年想办法进入了两堵墙之间的那片空地，他朝西边那堵墙冲去，但正当他爬到墙顶的时候，边境警卫开枪了，他后背中枪，躺倒在地。

他在地上躺了三个小时，哭喊着求人来救他，但是没有人知道该怎么办。在西边，有人从墙顶探出脑袋看他，有人把纱布绷带仍给他，但是他受伤太重，没有力气去拿纱布。边境警卫就站在那里看着，他们说他这是自作自受。后来他们放了一个烟雾弹，等到烟雾散尽，警卫和彼得·费希特都不见了。

柏林墙静静地站在那里，不激怒任何人，保证世界和平，保卫社会主义工人免遭西方新希特勒分子迫害。但是彼得·费希特还是从无人地带冲向西边，宁愿死在沙地上，也不愿意待在家中。

难怪政府觉得柏林墙需要加强。一年又一年过去，柏林墙在渐渐改变，到1975年终于完美了。这一设计的官方名称是“75型边境围墙”（Grenzmauer’75），看上去就像是小孩设计的神奇要塞，是一种怪异奇特的多重防卫装置，加上随时准备出击的阿尔萨斯狗。“75型边境围墙”中的每块水泥板都是L形，高3.683米。垂直的外侧对着西柏林，L形的内侧对着东边，内侧是带弧形的设计，所以不可能在上面站住脚。每块水泥板的顶部是粗大的圆形管子，所以手不可能抓得住。水泥板的表面也非常滑手。

这些水泥板构成了柏林墙最靠西边的一侧墙壁，在这之后的空地上是一排反坦克障碍，后面有一条沟，沟后面是一条供巡逻车使用的通道，再后面是供步兵使用的巡逻通道。在巡逻通道后面有一排路灯，路灯之后是一排瞭望塔。瞭望塔的后面是由带钩铁丝网围起来的通道，通道里有警犬巡逻。通道后面是一排低压电网。在这之后是一片从地面向上升起的钉子，然后是另一道水泥墙。在这道厚墙的后面，是一片将房屋清空留下的空地，任何民主德国的公民都不得擅自来到这片空地上。在这条边境的后面，是一个对柏林墙内情毫不知情的社会。

***

据乌特说，等到她终于被放回家之后，事情并不是那么糟糕。她姐姐永远消失了，乌特就当她去世了。她为她伤心，为她难过，但还是回去上班了，也依然去见朋友。如果不是这样，那才是疯了。生活还要继续。

然后有一天，她收到了一条讯息："到贝尔瑙尔大街来，我会在那里见你"。于是乌特去了那儿，试图在"保护墙"后面看到些什么。她看到在西边的一个小小的铁塔上，有一个人影向她招手。因为那时候就是走近贝尔瑙尔大街都是件危险的事，她不得不马上转身离开，仿佛什么也没有看到一样。"那是我最愤懑的一天"，她说道。她宁愿自己从没去过那里。

***

金特·沙博夫斯基（Günther Schabowski）是德国黑森州（Hesse）一家地方报纸的主编，这份工作的成就一般，他快乐地过着日子。但是很久很久以前，他曾是民主德国国家宣传部的部长，有一天他在工作中犯了一个错误。

那是1989年11月9日，他被叫去参加一个记者招待会。当时民主德国面临着一场危机：原来还是小规模越过柏林墙逃往西柏林的细流，已经变成了汹涌的潮流，没有人知道该怎么办。他刚刚度假归来，非常疲惫，但是那一天没有其他人愿意主持记者招待会，这份差事就交给了他。没有人告诉他应该说什么，于是他只好现场发挥了：

"我们知道在我们的公民中有这样的倾向，有些人存在这样的需要，要外出旅行或是离开民主德国。然后，嗯，我们已经有计划推出……也就是说完善我们社会的周密方案，嗯，于是能够实现许多东西……嗯，那么人们就不会觉得需要通过这种方式解决他们的个人问题。

我们已经决定从今天，嗯，开始实施一个规定，将允许民主德国的每个公民从每个边境出口离开。[①]"

记者招待会沸腾了。那么公民们需要签证或是护照才能离开吗？这条规定什么时候开始实施？"这条规定"，沙博夫斯基继续即兴发挥，"根据我收到的信息，马上开始实施"[②]。"这得部长会议通过才能实施，"他的一名助理轻声说道，但是在一片喧嚣声中，没人听得到他在说什么。以后的提问已经听不清楚了，但是沙博夫斯基回答了四次："我没有收到任何与之相反的消息"。

这场记者招待会在民主德国是现场直播的，但是那时候在东德没有人看这种节目。四个小时之后，一个西德的新闻节目在报道这场记者招待会时，用了这样耸人听闻的导语："今年11月9日是一个历史性的日子：东德政府刚刚宣布它的边境对任何人开放，立即有效，向西柏林的大门打开了"[③]。

这不是金特·沙博夫斯基的原话，但没人在意。民主德国的人们从沙发上站起来，穿上大衣，走上大街，涌向柏林墙的关口，以为会看到大

① http://www.coldwarfiles.org/files/Documents/19891109_press%20conference.pdf.

② http://www.coldwarfiles.org/files/Documents/19891109_press%20conference.pdf.

③ 'Tagesthemen', broadcast on ARD, quoted in Frederick Taylor, *The Berlin Wall, 13 August 1961–9 November 1989* (Bloomsbury 2006), p. 427.

门洞开。伯恩霍莫大街上的哨口很快挤满了人，守卫们不知道该怎么办。他们打电话给上级，他们的上级提醒他们部长会议刚刚通过决定，继续限制公民出国。来自西德的新闻不等于东德政府的政策，他们说道。

但是这次不同了，不管守卫怎么说，没有人愿意离开哨口回家。大约在晚上11点半，似乎是收到了一个秘密信号一般，或者只是不知道还能怎么办，守卫们开始让人们走过老铁路桥进入西柏林。他们在那些人的旅行证件上加盖了“离开之后无权回来”的图章，仿佛是在判处他们死刑一般。但是从那一刻起，柏林墙就再也不是柏林墙了，它不再是分割两个国家、两种意识形态、两个半球的边缘，它不过是一面3.683米高、几十厘米厚、长长的水泥墙壁。

***

当天晚上，乌特也在收听西德新闻。她从椅子上慢慢站起，走进卧室，打开箱子，放进几件内衣裤，以及几件衬衣和裤子，因为天气挺冷，接着又放进了一件毛衣。她关掉电灯，轻手轻脚地走下楼梯，穿过院子，摸黑找到大门，在找门锁的时候，她发抖的手拿不住钥匙，掉在了地上。她来到工作地点，在门口的一卷纸上写下留言。她向同事道歉，说要过一阵子才会回来。

第二天，乌特坐在与她分别良久的姐姐在西德的住宅门口，等她下班回来。她们没有谈及柏林墙，她们之间有太多别的话要说了。

***

福尔克尔·帕夫洛夫斯基（Volker Pawlowski）现在在柏林城外的贝尔瑙（Bernau）快乐地生活着。贝尔瑙尔大街就是以这个地方命名的。他拥有一个建筑场地、一辆很大的银色克莱斯勒轿车，以及一个美国专利6076675号。他的专利是：

“一件用来展示和持有小件物体的装置，必须由至少两个可以合在一起的透明部件组成，这两个部件之间形成一个空间。这个物体可以放入另一个中间有同样形状开口的展示件表面，比如一张明信片。这个中空的透明物件用来装盛一个和展示件的主题有关联的物件。[①]”

很久很久以前，帕夫洛夫斯基是东柏林的建筑工人，在柏林墙的大门开放时，他因为脊椎错位而不得不待在家中，在家里待着的时候，他想出了一个将会改变他命运的小设计。他的这项发明只是他发财秘诀的一半，因为是这个明信片上的主题，以及与之相关的“小件物体”，让他的专利产生了巨大的威力。

时不时地，帕夫洛夫斯基会开着他的卡车去柏林运一些柏林墙上的水泥块回来。在他的建筑工场内，他会卸下水泥快，喷上油漆，让这些水泥块看上去像是盖满了涂鸦一样。油漆干了之后，工人开始把水泥块凿成小块，直到变成地上的一堆水泥碎片。接着这些碎片按大小分类，根据专利号6076675，它们会和印着柏林墙著名区段照片的明信片粘在一起。

这些粘在明信片上的柏林墙碎片又被运回柏林，和俄国军刀、东德军徽等等摆放在一起，出现在各个景点，在查理检查哨（Checkpoint Charlie）、勃兰登堡、波茨坦广场等地的旅游纪念品摊位上销售。在他生意的高峰期，帕夫洛夫斯基每年可以卖出3万~4万张明信片。那可是好多柏林墙碎片。“这东西一钱不值，”他说道：“但是好像大家都想买，我有什么可抱怨的？”

帕夫洛夫斯基并不是唯一从柏林墙的拆除中获利的人。在金特·沙博夫斯基犯下错误的第二天，推土机就出现在贝尔瑙尔大街上。虽然柏

① http://www.google.com/patents?vid=USPAT6076675.

林墙上所有关卡都开放了，这些推土机还是在这里弄出了一个新的开口，然后冒着黑烟离开了，把推倒柏林墙的任务交给了其他人。

有些人对柏林墙的改造是从涂鸦开始。在很长一段时间内，世界各地的人们来到面对西柏林的柏林墙前，在上面涂鸦，将它搞得面目全非。东德的边境守卫对柏林墙东侧严密守卫，但是他们对西侧没有管辖权，于是到了1989年，西侧的柏林墙已经成了一片涂鸦的海洋。当推土机推出一个新的豁口之后，艺术家们纷纷来到柏林墙的内侧，这一侧的墙壁到那时为止，还是干干净净的。他们在墙上创作了一组透视画（Trompe-l'oeil），看上去仿佛是墙上出现了缺口，可以通过缺口看到墙背后的景象：一片沙漠令人想起无人地带的沙地，一辆东德轿车特拉邦（Trabant）挤过墙上缺口，苏联总统和民主德国总统疯狂接吻等等。这些作品挑战的正是柏林墙存在的权利。

但是对其他人来说，涂鸦这样的惩罚太轻了。人们拿起小锤和凿子、大锤和撬棍，向柏林墙下手了。在那一年的冬天，柏林城内随时都可以听到敲击的声音，特别到了晚上，那时候人们晚上都不怎么睡觉。钢铁与水泥撞击的声音在黑暗的街道上回响，那些去砸柏林墙的人有了一个外号“墙上的啄木鸟”（Mauerspechte）。

“墙上的啄木鸟”们是出于愤怒捣毁柏林墙，但是他们并没有丢掉自己的战利品。他们中的许多人仔细地收集、分类、包装这些敲下来的碎片，有时候还会摆起小摊向游客出售这些碎片，并附上匆忙制成的产地证书。其他人则把工具借给游客，让他们以后可以自豪地向人展示自己敲下的碎片。另外一些人，比如福尔克尔·帕夫洛夫斯基，野心就更大了。

柏林墙上的碎片跑遍了全世界，到处被人收藏，被人欣赏，好像这是些什么了不起的超自然的东西。日本陶器艺术家西村德宣（Tokusen Nishimura）曾经把一大块柏林墙上的水泥碾成粉末，混入黏土，做成陶器在京都作茶道表演之用。作家阿拉明塔·马修斯（Araminta Matthews）

曾经写过一个故事，说一块柏林墙上的碎片被当作定情信物，经过一个又一个情人手中，从柏林传到了她手上。她把这块碎片给自己的意中人看，谁知这个不知趣的家伙一点儿都不明白其重要性，看了一眼又顺手还给她了。读者们，这家伙当然被她甩了。

柏林墙开放6个月之后，东德政府也加入了倒卖柏林墙谋利的行动中。在摩纳哥的都会宫旅馆里举行了一场隆重的仪式，东德政府拍卖了360块来自“反法西斯保护墙”上的水泥板。每块都列入一本精美的目录中，每块都有出处。那些有漂亮涂鸦的则卖得特别好。

现在可以在各种令人意想不到的地方找到柏林墙的一部分：美国中央情报局总部、夏威夷的火奴鲁鲁社区学院校园、美国拉斯韦加斯的主街车站旅馆（Main Street Station Hotel）的男厕所里。有一块水泥板在意大利山中小镇阿尔比纳（Albinea）的广场上，还有一块在瑞典特雷勒堡（Trelleborg）的儿童游乐场里。在莫斯科的一块水泥板上涂着“柏林”（Berlin）的头三个字母“BER”，而涂着后三个字母“LIN”的水泥板则去到了拉脱维亚首都里加。

当摩纳哥的拍卖正在举行时，在柏林，推土机又重新开工，继续推倒柏林墙。最后花了大约四个月时间才把柏林墙完全推倒，大部分被压到地面上，成为道路的地基。柏林墙被完全推倒三个月之后，德意志民主共和国的历史也走到了终点，1990年10月自我解体，不复存在。

***

乌特没有和姐姐在一起住太长时间，这次姐妹团聚和她多年想象的不一样。她姐姐看上去憔悴而忧愁。她说她还会做噩梦，梦见自己当年是如何被东德边防警卫折磨的。那些折磨她的手段和乌特遭受的一样：被迫坐在冰冷的水中，在镜子上遭受侮辱，还有从走廊上传来的惨叫等等，她因此还患有严重的偏头痛。在遭受了这一番折磨之后，她还经历了另一轮侮辱，民主德国政府把她和一批持不同政见者和罪犯一起扔给西德，换回了一批硬通货。那个押送她的警察警告她说："那儿到处都有我们的人，你要是在西边乱说话，我们会用对付你的办法对付你的家人。"

乌特没有在姐姐那里待太久，但她也没有回到柏林。和柏林墙上的碎片一样，她也要到处看看世界，创造属于自己的财富。

***

现在雅克兰·勒贝尔（Jacquline Röber）是一名社区议员和律师，在贝尔瑙尔大街的一头生活和工作。勒贝尔是物业法专家，她的专长正好是这一带居民面临的大问题。在东德时期，这一带的房租是封顶的，但是在住房高档化的压力下，柏林的住房也市场化了。从小在东德长大，她对统一后的德国没报什么期望。虽然她自己的职业很成功，但并没有忘记自己的根，所以现在经常担当原东德居民代言人的角色。

她的这项事业导致了她和一个与原东德有渊源的公司的直接对峙。当德国统一时，东西德国的铁路公司也合并了，成立了一家新的公司维为科（Vivico），管理以前两家公司拥有的物业，后来这家公司成为德国地产市场的主要角色。

很久很久以前，在贝尔瑙尔大街的一头有一座火车站，铁路线把柏林市中心分成两边：西边叫韦丁（Wedding），东边叫普伦茨劳贝格（Prenzlauerberg）。火车站在二战中被夷为平地，哈根·科赫画的白线在两个区之间划过，穿过火车站的中间。在柏林墙建起之后，原来的铁轨也消失了，在东边被水泥墙、沙子和带钩铁丝网盖没，在西边成了居民种菜的地方。似乎所有人都忘记了这片无人地带原来是一座火车站，更没有人在意这片地是不是还属于谁。

当"墙上的啄木鸟"和推土机完工之后，柏林墙已经不见了，剩下的是一片空空荡荡。因为现在边境警卫也不再管这块地方了，原来的无人地带变成了鸽子和野生植物的天堂：紫色的锦葵、紫丁香，黄色的金菊，还有其他乱蓬蓬但色彩鲜艳的野花在这片被人废弃的都市土地上茂盛地生长。原来警犬奔跑的地方，现在有老奶奶在散步；原来两个世界体系对峙的地方，现在有两帮土耳其人在踢足球；原来探照灯扫射的地方，现在有情侣躲在树荫下卿卿我我。

1994年，在准备申请主办奥运会的过程中，柏林市政府准备将无人地带改造成公园绿地，他们把设计工作交给了汉堡的建筑设计师古斯塔夫·朗格（Gustav Lange）。柏林申奥没有成功，但是却得到了一座新的公园。马尔公园（Mauerpark，即“围墙公园”之意）成为朋克族和青少年逗留的地方，他们在那里抽烟喝酒吸毒，有时还闹事，但大部分时间待在那里无所事事。在马尔公园里有一道墙，是不是原来柏林墙的一部分已不得而知。墙上到处都是色彩鲜艳的涂鸦，但已不是什么艺术或是抗议，而是一帮在此流连的人留下的一堆乱糟糟的东西，在这块没有主人的土地上留下自己的记号。

当然这块地方并不是真的没有主人，它属于维为科，因为原来东西德两国铁路公司拥有的土地现在都由其掌握，而马尔公园的旧址就是原来的贝尔瑙尔大街火车站。这家公司把原火车站的部分地皮捐给了市政府建公园，然后想在剩下的地皮上建房子。但是市政府不同意发放建筑许可，理由是建房会破坏环境。当地居民在雅克兰·勒贝尔的代表下，要求市政府买下剩下的地皮用以保护和扩大马尔公园。维为科公司不反对，但要求以市场价格出售，可市政府是出不起这个价钱的，于是形成了现在这么一个政府买不起、公司建不了的僵局。市民们只好将就使用半座公园，这块土地则被打入无人过问的冷宫，情形和柏林墙还在的时候一样。

***

乌特去了伦敦，成为一家时髦餐馆的糕点厨师。她工作勤奋，收入很高。她终于可以想买什么就买什么了，但是她却不快乐。乌特从没出过国，英语说得吃力。她觉得这里的人虚伪冷漠。“他们总是说想请你去喝茶，总是说见到你多么高兴，”乌特抱怨道，“但是他们说的都不是真心话。”

在离开柏林大约10年之后，乌特又搬回了原来在东柏林的家中。管子工把客厅里烧煤的炉子拆走，换上了中央取暖系统。她把厨房里的所有东西都换掉，重新粉刷了浴室，装上了电话，买了一台电视。窗外的街道她都不认识了，所有的房子都重新粉刷过，换上了明亮的颜色。街边开了购物中心，地铁里的电子售票机让人无所适从，街道上开满了一家又一家的咖啡店。

至少她的老朋友们都没有变吧？乌特想道。但是，她又错了，她们也变得虚伪了，跟她在英国遇到的人一模一样。过去他们生活清苦，都对政府心生恐惧，相互扶持，相互救济。现在她们会说：“我们什么时候一块儿喝一杯，”然后就不再联络。柏林成了一个无名之地，住满了无名之人。在她离开柏林的这些年中，柏林把自己变成了无人地带。

***

哈根·科赫现在过着快乐的生活。他在原东德秘密警察总部上班，现在那里成了一座博物馆，他就是里面的解说员。他会带上游客和学生们到柏林街头寻找柏林墙的痕迹。他收藏了大批柏林墙的纪念品，包括历史手册、照片，当然还有地图，每份都标记了他在1961年那个夏日早晨在柏林街头画下的白线。也就是这个哈根·科赫，29年之后，组织了东德的那次柏林墙拍卖，把水泥板卖给了来自全球的出价最高的竞投者。现在他成了柏林墙遗迹的导游和保护人，这些遗迹已经所剩无几了。

剩下的柏林墙中，有一段在贝尔瑙尔大街上。1989年，有人决定把一段柏林墙圈起来，以防在未来的某一天，有些人可能想看看柏林墙到底是什么样子的。这段柏林墙留在那里谁也没管，不知道是出于什么原因，它竟然在历史终结后幸存了下来。

1995年柏林市政府组织了一次竞赛，希望能选出最好的方案处理这段柏林墙。让当地居民高兴的是，没有一个方案获胜。他们被囚禁在这堵墙的后面多年，现在这堵墙被推倒了，他们觉得没有什么必要保存这堵墙。但是最终合同给了获得竞赛第二名的柏林建筑设计所“科霍夫与科霍夫”（Kolhoff and Kolhoff）。在柏林墙倒下9周年之际，一座纪念馆建成了。

纪念馆非常精确地复制了一段柏林墙。这里有简易的后墙、空旷的无人地带、弯曲的水泥径、弧形杆子顶上的路灯，当然还有“75型边境围墙”水泥板，静静地站在那里，不激怒任何人，不让法西斯分子入侵。但是现在它不过是一道墙，一道在郊外小博物馆内展示的水泥板墙。在这段墙壁的两侧，像两块书立一样，竖着两块巨大的钢板，钢板的表面抛光处理得像镜子一样，把这段墙壁无穷无尽地相互反射过去。

柏林现在已经有了好几处柏林墙的纪念场所，柏林墙被推倒的时间不长，可人们已经想不起来它是什么样子的了。最早一处纪念馆的历史可以回溯到柏林墙建好之后的第三天，这是贝尔瑙尔大街上的一套居民公寓。这套公寓的主人赖纳·希尔德勃兰特（Rainer Hildebrandt）曾经帮助他人逃亡西柏林，然后在自己的博物馆里展示他们的故事。

2004年他的遗孀亚历山德拉（Alexandra）开始了一个更加雄心勃勃的项目，想重建一段柏林墙。在离他们的博物馆不远的一片空地上，一个离柏林墙原址不过10米远的地方，她用从各处拣来的柏林墙碎片，重建起了一段100多米长的柏林墙。但是她重建的无人地带实际上是属于其他人的，很快这第二道柏林墙也被推倒了。

查理检查哨现在是柏林的主要景点之一。在这里，打工的学生穿上美国或苏联的边防警卫制服，摆姿势和游客合影。那座美国士兵使用的小哨所是重建的，那块著名的用英语、法语、俄语和德语写着“你现在正离开美国管区”的牌子也是复制品。原装的牌子在1989年被人偷走了，据说现在挂在美国某户人家沙发的上方。

在柏林东站（Ostbahnhof）的后面，在一个名叫“东区美术馆”（East Side Gallery）的地方，有一段1989年涂鸦艺术家蜂拥而至进行创作的柏林墙。因为年代久远，这些涂鸦的油漆开始脱落，水泥也开始变碎。在这里，有人开始认真地修复这些涂鸦作品，仿佛它们是文艺复兴时期的壁画一般。

在更为遥远的地方，也有人在纪念柏林墙。在瑞典，有人用手工制作了一套柏林墙的模型。这套模型的作者自称埃亚·丽塔·柏林人—墙（Eija Riitta Berliner-Mauer），她说自己在1979年就嫁给了柏林墙，还在柏林的齐森纳大街（Ziethenerstrasse）举行了一个小型婚礼。现在她还在不断给他写哀婉的情诗，一遍又一遍地在客厅里重新搭建柏林墙，而她的猫则在东西两边跳来跳去。

很久很久以前，哪怕是走近看上一眼柏林墙都是危险的，而如今在各种各样的展览中，柏林墙似乎变得很安全了。玻璃的外罩、优雅的灯光、纪念品商店、语音指南等等，把柏林墙的肮脏、残忍和极端的怪异荡涤干净。而且正因为现在柏林墙似乎变安全了，人们也开始怀旧了。德语中现在有一个新词，用来形容前东德的居民、昔日的社会主义工人阶级对他们失去的天堂的向往，叫作“恋东”（Ostalgie）。

***

乌特没怎么遭受“恋东”情绪的折磨。她说自己小时候经常被迫参加许多历史教育活动：观看博物馆里纳粹集中营受害者的头发和牙齿，瞻仰苏联士兵的墓地，参观希特勒地下室上的空地，参观女共产党革命家罗莎·卢森堡（Rosa Luxemburg）被杀害的那座桥梁等等。当时她就受不了这些，现在还是受不了。她觉得人们的牙齿和头发、他们的尸体、他们死去的地方，应该是他们私人的空间，他们的生命也是一样。和其他人间的丑恶一样，柏林墙现在也加入了“我们不能遗忘”的展览，因为这些德国人的恐怖行为，乌特这一代不得不为他们父辈的罪行遭受惩罚。

傍晚的时候，乌特有时会带着孙女儿散步。有一天她说“让我带你去看我向姐姐招手的地方，离这儿不远。”她们在原来的无人地带转了好久，但是乌特就是找不到那个地方。她环顾四周，抽了口烟，低声笑道：“妈的！”她已经记不清了。

第 12 章

拉斯韦加斯之威尼斯：历史被抛诸脑后

从威尼斯到澳门：
威尼斯画家洛多维科·德·路易吉(Ludovico de Luigi) 的作品，他的油画以荒诞而闻名

遗　产

在帕提农神庙旁有无数兜售纪念品的小贩，他们贩卖的有各种神话人物的大理石雕像，当然还有以帕提农神庙为主题的纪念品：雪花球里的帕提农神庙、印在毛巾上的帕提农神庙，还有各种各样印刻着帕提农神庙的镇纸和烟灰缸。

本书中提到的所有建筑，几乎都有过同样的经历。柏林墙曾是世界的边缘，但自从“历史的终结”以来，成为生产碎片纪念品的矿场；圣索菲亚现在是座博物馆；格洛斯特大教堂成为《哈利波特》电影中的魔法学校；阿尔汗布拉宫成为热门景点，要参观得提前三个月预订；整个威尼斯成为一座博物馆，满足的是游客而不是本地居民的需要。

那些被我们野蛮的祖先破坏、偷盗、挪用，被我们中世纪的先辈通过复制进行转化，被我们在文艺复兴时期的先人翻译成经典语言，被我们现代的前辈模仿和修复的一系列建筑，现在都变成了“遗产”，一种可以置身事外随意浏览的东西，就像汤姆斯·科尔画中的建筑师一样不带感情地观看眼前美妙的建筑。《建筑师之梦》这幅画本身，原来是为了挂在建筑设计工作室墙上的，现在已经被请到博物馆中，小心翼翼地保存在自动调温调湿的房间里。

有人认为现在城市的原型是博览会和主题公园。最能支持这种理论的是美国的拉斯韦加斯，这是一座充满宏伟景象的城市，它存在的主要原因就是为倦怠的游客提供娱乐。具有讽刺意味的是拉斯韦加斯所仿造的许多欧洲城市本身也成了游客陷阱，漫步拉斯韦加斯，你会发现这里的贝拉蕉（Bellagio）、摩纳哥、巴黎和威尼斯的仿制品和它们的原型一样人头汹涌。如果你觉得在沙漠中用玻璃钢建成的东西也算是真正的建筑，《建筑师之梦》

中建筑师的梦境真的就成真了。

拉斯韦加斯是一个极端的例子，是一个海市蜃楼、一个沙漠绿洲。但是具有讽刺意味的是，现在它也开始被其他地方模仿，为其他地方的游客提供享乐了。拉斯韦加斯版的威尼斯已经抵达中国，在那里，几百年前，马可波罗曾试图向忽必烈描述他旅行的起点，一个远隔千山万水、叫作威尼斯的地方。现在这些地方都成为城市短假的目的地，此外别无他用。在历史的终结之后，我们坐下来，喝口咖啡，拍照留影。那些建筑曾经改变了历史，也为历史所改变。这一切在今天似乎都不可能再发生了。

柏林墙“历史的终结”已经过去十几年了。这一天，在中南海紫光阁内，一位西方商人站起身来，准备演讲。这是一个懒散的夏日，太液池上荡漾的清波、紫光阁的漆柱釉瓦和威龙雄狮提醒着人们起这里曾是中国古代帝王们的休憩场所。

但是对谢尔登·G·阿德尔森（Sheldon G. Adelson）这位美国财富榜上排名第三的富翁来说，这是一场极为重要的报告。他转头对自己的首席执行官轻声笑道："这里看来还真像是皇家圣地"[①]。灯光暗了下去，投影仪亮了起来，阿德尔森准备发言。他竭力希望获得许可，在澳门的路氹半岛上（Cotai Strip），以意大利威尼斯为模板，建造一座拉斯韦加斯型的赌场。和所有西方商人一样，他迫切地希望打开中国市场，用他的话来说，这是个“发财机会”。

听众之中有中国副总理钱其琛，不过他可能听得并不太认真，可能是听不太懂阿德尔森的口音，也可能是空调吹出的风让他昏昏欲睡，而且他已经决定如何处理阿德尔森的提议。阿德尔森的报告，让他想起了几百年前在北京出现的另一位西方商人：

> “虽然忽必烈不一定相信马可波罗对那些他造访过的城市的描述，但是他对这位年轻的威尼斯商人的故事表现得非常专注。在许多帝王身上，在完成了无尽的疆土扩张之后，在胜利的骄傲过后，往往是一种急切的沮丧，因为他们发现这片集神奇之

---

① Connie Bruck, 'The Brass Ring: A Multibillionaire's Relentless Quest for Global Influence,' *The New Yorker*, 30 June 2008, http://www.newyorker.com/reporting/2008/06/30/080630fa_fact_bruck?currentPage=all.

大成的国土，正在成为一片废墟瓦砾；腐败的坏疽四处扩散，已经无法医治；攻占了敌国的土地，却继承了他们的恶习。只有在马可波罗的描述中，忽必烈才能发现一种极其细微、无人能察的征兆，一种帝国衰亡的征兆。[①]”

回到现实中，阿德尔森的报告正在进行中，一张张照片接着一幅幅预想图，一个圆润的声音道出了威尼斯与拉斯韦加斯的故事。

***

“开始”，这个声音说道，第一幅图画出现在了屏幕上：一片空荡荡的水域。这个地方叫作里沃阿尔托（Rivo Alto），意思就是荒凉海滩边的高岸。在这里生活的人们靠抓螃蟹和牡蛎为生，住在海滩上支起的悬空小屋里。在小屋的砖墙上，时常可以见到随意镶嵌的大理石。里沃阿尔托的人们这么说道：“这些大理石来自我们过去居住的城市，当蛮夷入侵时，我们不得不逃离故乡，把这些大理石也带了出来。它们提醒我们，在很久很久以前，我们曾经是罗马人。”他们梦想着有朝一日会再次成为罗马人。

屏幕上，这片荒凉的海滩化成了一片空旷的沙漠，画外音继续讲诉着这个故事。这个地方叫作拉格镇（Ragtown），意思就是破落之地，确实这里就是沙漠之中绕着一口水井建起来的破破烂烂的营地。这里的主人是“老海伦·斯图尔特”（Old Helen Stewart），自从1884年她男人被手下的斯凯勒·亨利（Schuyler Henry）枪杀之后，她就独自经营着这块地盘。她的牧场原来曾是摩门人的要塞，因为不堪忍受这里的炎炎烈日和印第安人的骚扰，摩门人没在这里待多久就离开了。现在老海伦把尘土

---

① Italo Calvino, *Invisible Cities* (Harcourt Brace 1974), pp. 5–6.

飞扬的牧场租给来此淘金的人居住。她知道这些人要靠她的水井生活，把牧场租出去比种什么都挣钱。晚上这些淘金人围坐在篝火边，讲述自己家乡的故事。他们梦想着有朝一日自己能挣够钱，重回家乡。

***

钱其琛看着阿德尔登，他已经知道面前的这位是一个白手起家的亿万富翁，在某种程度也可以说是一个成功的淘金人。阿德尔登的父母分别来自乌克兰和立陶宛，他做生意起点不高：在街角卖过报纸，做过邮购洗浴用品生意，卖过车窗除冰剂等等。他可不愿意回到自己起家的地方。

在钱其琛脑中，出现了澳门那一片沙滩，住在路氹半岛上的，只有一些渔人。他们住在简陋的小屋中，靠抓螃蟹和牡蛎为生。他们这样的生活方式不会持续太久。

***

"圆满"，画外音继续道。另一幅图片出现了，在波浪之上，是一座美丽的城市，矗立在原来里沃阿尔托所在的地方。

罗马人逃到里沃阿尔托500年之后，威尼斯城出现在了这片土地上。它的塔楼和穹顶仿佛是幻象，飘浮在海水波涛之上，空气中飘扬着教堂的钟声和码头工人的号子声。各色各样大理石修成的宫殿挤满岸边的空地，到处是栏杆、檐口和堞口，运河两边则是刷成红白相间的木桩，被船工们用来系缆船只。

威尼斯是座美丽的城市，同时也是一个经商行事的地方。在总督府（Doge's Palace）前的码头上，堆满了来自地中海东部黎凡特地区（Levant）的财宝。总督府的一边，在雕满花纹的柱子顶上，挂着被处死罪犯的头颅，因为这里既是威尼斯的藏宝殿，又是它的审判庭。那些色彩鲜艳的大理石宫殿里住着的是威尼斯的商人，在城市最东部的船厂里，他们的帆船正接受整修并配上武器。

每一年，威尼斯都会向海水中投下一枚金戒指，用来延续威尼斯与大海之间的因缘。确实，威尼斯的一切财富都来自海上。在威尼斯没有空洞的存在，每部分都在华丽地履行自己的职责。威尼斯海关大楼的顶上，有一座由四个巨人撑起的地球，在地球的顶上是一座青铜制成的雕塑，这位依靠风中扬帆而崛起的财富之神，其实就是威尼斯自己。

屏幕上，威尼斯周围的海浪化成了一片片沙丘，在沙丘之上是另一个城市里的一座又一座行乐宫，矗立在这个曾经被叫作“破落之地”的地方。

拉斯韦加斯的塔楼和行乐宫群在沙漠的暮色中闪闪发光。淘金人在海伦·斯图尔特的牧场上安营扎寨的时代已经过去60多年了。在热带花园赌场酒店（Tropicana）和长街（The Strip）的拐角处，成串的敞篷汽车疾驰而过，音乐轰响，满载着身着汗衫、满脸笑容的姑娘们。在长街上，接踵而至的是各种霓虹标志，宣传沿街的赌场酒店，每个名字都似乎在承诺立即把你带到神奇的异域：热带花园、北非海岸、海岸沙丘、沙漠旅店、撒哈拉、卡罗丽娜庄园、古巴兰乔、星光、银拖鞋、藏富、逐乐（Tropicana, Barbary Coast, Dunes, Desert Inn, Sahara, Hacienda, El Rancho, Stardust, Silver Slipper, Bonanza, Slots-a-Fun）。

一辆豪华轿车在长街上的这样一座霓虹标志处停下，这个标志看上去像是阿拉伯语的“沙子”一词。赌场里的光线仿佛是一种电子暮光，弥漫在赌桌边一张张充满期待的脸庞上。

赌场大厅被人称作“磨坊”：在这里，赌徒身上的钱被一点一点地磨出来。在金沙（The Sands）赌场里，那些玩得时间够长的客人，可以享受免费大餐，其他人则可以享用便宜的自助餐。1995年有个赌徒连续玩了27个小时的二十一点，赢了7.7万美元。然后他把赢来的钱全送人了，在每张100美元的钞票上签名然后送给围观者。建在赌场上方的旅馆高楼，不过是为了给那些赌徒们在赌博的间隙有个睡觉的地方。为了让所有人在任何时候都有机会赌博，旅馆的游泳池边都配备了轮盘和角子老虎机。

酒店里还有各式各样的娱乐活动。科帕酒廊（Copa lounge）里有“世界上最美丽的姑娘”演出，据说是直接从好莱坞招募而来的。美国女星塔鲁拉·班克亥德（Tallullah Bankhead）就曾在这里演出过，在这里演出过的还有迪恩·马丁（Dean Martin）、杰里·路易斯（Jerry Lewis）、纳特·金·科尔（Nat King Cole）和弗兰克·西纳特拉（Frank Sinatra）。1960年版的电影《十一罗汉》（Ocean’s Eleven）就是在金沙取景拍摄的。所有这些娱乐活动都是为了让女士们开心，这样她们的男人们就可以放心地去赌了。

拉斯韦加斯是制造欲望的工厂，是沙漠上道路的终点，是所有耀眼的标志指向的地方。这里的居民也许会想起自己是当年淘金者的后代，现在他们要尽情享用每一分每一毫金钱所能带来的愉悦。

***

钱其琛的助手们已经向他汇报了阿德尔森在拉斯韦加斯发家的经历。他最早是在那里举办每年一度的COMDEX电脑用品展览会，可以说是选对了时间选对了地点，20世纪80年代COMDEX展览会非常成功，往往会场周围70多公里内的旅馆房间都被订满。阿德尔登在1988年买下了一座赌场——金沙，第二年新娶了个老婆，两人一起去了威尼斯度蜜月。

想到高楼大厦，钱其琛不禁回想起当自己童年时，父母会带他到上海外滩游玩，黄浦江对岸那时候还是空荡荡的江滩，现在浦东已经矗满了摩天大楼。他想着会不会有一天澳门的路氹也会变成那个样子。

他把手放在面前的桌子上，对着阿德尔登说：“跟我说说史蒂夫·温（Steve Wynn）”。阿德尔森的脸微红了一下，这是他受刺激时特有的表现。他清了清嗓子，继续报告。

***

"堕落"，画外音幽然说道。一幅18世纪卡纳莱托（Canaletto）的油画作品出现在屏幕上。画中，一条镶金的游船飘浮在一座粉红色宫殿前的水中，周围是许多较小的船筏，在宫殿的台阶上，挤满了身着丝绸服装，头戴格式面具的狂欢人群。

参加狂欢节的人们从一座宫殿涌向另一座宫殿，不断寻找新的刺激。在一个舞会大厅的墙上，一幅壁画展示的是埃及艳后克里奥佩特拉（Cleopatra）把一颗珍珠溶入一杯醋中，然后一饮而尽的情形；在另一处的顶棚上，一幅壁画展示的是一群"即兴喜剧"的小丑在秋千上玩耍。戴着面具的情人们假装互不认识，在跳着嘉禾舞时低声约定幽会的地点，然后躲进运河里的小船上在黑暗中拥抱接吻，船夫的歌声在空旷的宫殿内飘荡。

第二天，参加狂欢节的人们起床之后到斯卡尔齐（Scalzi）的教堂参加弥撒。教堂里有一幅悬空的屏风，挂在欢笑的天使雕像的翅膀之下，屏风背后是教堂的修女唱诗班。参加弥撒的人群在心中揣测这些修女的相貌是否和她们的声音一般美丽，而意大利浪荡公子卡萨诺瓦（Casanova）式的男人则在盘算着如何勾引其中一位和他私奔。弥撒结束之后，相熟的人们会到赌场继续闲聊。

每一年威尼斯总督还会向海水中投入一枚金戒指，曾几何时，这座城市来自海上的巨额财富让其有足够的金钱举办这场盛大的狂欢节，而现在情形已经完全不同了。卡纳莱托靠给游历威尼斯的英国贵族们作画描绘狂欢节的场景发了大财，他比谁都更早地意识到，威尼斯狂欢节的未来将不是依靠海水或贸易，而是狂欢节所塑造的形象。

威尼斯逐渐衰落，船厂变得空空荡荡，总督府宫前也不再有来自黎凡特（Levant）的财宝。在威尼斯共和国存在的最后一天，总督召集各家贵族开会商讨威尼斯的未来，但是没有几家感兴趣。于是他只好回到宫中，勉强面带微笑，把手中锃亮的总督徽章交给了仆人。威尼斯的宴席散场了。

***

"很有意思"，钱其琛说道："但是我问的是史蒂夫·温"。阿德尔森并未停顿，屏幕上卡纳莱托的油画化成了一幅亚特兰蒂斯（Atlantis）的图画，一个沉没在水底的文明世界，在一片高塔和穹顶之间，游弋着成群的热带鱼。

"海市蜃楼"是一个城市，建在三座矗立在绿色丛林中的金色高塔之上。每隔15分钟，一座火山就会喷发一次，空气中顿时弥漫着果汁朗姆酒（piña colada）的味道。围观的人群看到火山喷发的壮丽景色，鼓掌欢呼之后继续游览。在招待处有一座巨型的鱼缸，鲨鱼和神仙鱼在一座沉没的城市废墟间游弋。海豚在一处私家海域玩耍，在一座秘密的花园内，德国魔术师西格弗里德和罗伊（Siegfried and Roy）与来自蒂姆巴瓦蒂（Timbavati）的白狮子一起演出。当然，在来到这里之前，你必须经过角子老虎机和赌博桌。"海市蜃楼"地如其名，是一种幻象，是"磨坊"的另一种形象而已。

那些想离开"海市蜃楼"的人会走入另外一处幻境。在一座通往金钱岛的桥梁上，人们可以看到桥下的一个加勒比环礁湖。湖边一座白色的房子坍塌在水中，码头边系缆着两条大帆船，船头是一个丰满女性的雕像，船上的索具和风帆都已被暴风雨撕裂。每天晚上，披头散发的海盗们都会想办法抵抗一群半裸海妖的诱惑，而每天晚上他们都会倒在海妖的脚下。演出结束之后，观众们鼓掌欢呼，然后跨过桥梁，继续走向成片的轮盘赌台和角子老虎机。

那些想离开金钱岛的人们又会遇到另一座充满金钱诱惑的岛屿。穿过一片热带丛林之后，是一个隐藏的湖泊，湖面上一座水声轰鸣的瀑布让周围倍感清凉。无尽的走廊上挂满了印象派的画作、精致的瓷器和古代遗迹的碎片。走廊的尽头是一座高尔夫球场，在绿色的草坪和轻摇的松树之外则是沙漠的热气。走廊的两边有一家又一家的品牌专卖店，每家都“为你的生活方式量身定做”[①]。到了晚上，玩够了高尔夫或是在商店中满载而归的人们可以去剧院观看著名的太阳马戏团（Cirque de Soleil）表演“梦想”（Le Rêve）。海报上的广告词“睁眼看到你的梦”[②]概括了这里所发生的一切：所有人的梦想，都是由史蒂夫·温定制的。

***

钱其琛其实对史蒂夫·温的历史了如指掌，他向阿德尔森提问，不过是为了表示十分认真地听取了这位美国商人的报告。温是一个外表英俊、诙谐聪颖的美国商人，和许多人一样，他生意的起点也不高，曾在美国东部马里兰州经营一家宾果赌博（bingo）游戏场，后来转移到了拉斯韦加斯寻找发财的机会。他从低层做起，从赌场一直做到旅馆。他的特长似乎是能够吸引不同寻常的游客：那些来自美国东部、富裕体面但对赌博不怎么感兴趣的家庭型游客。

温很快意识到这些游客并不是冲着赌博来拉斯韦加斯的，开始为这些游客开发项目。“海市蜃楼”和“金钱岛”这两个项目在20世纪90年代早期曾被人认为风险太高，因为它们其实不能算是赌场，更像是度假村。温后来在谈及“海市蜃楼”时说过：“我们当时的目标是修建一座能够提供一切服务的酒店，让客人们觉得住进这家酒店之后就完全满足了……

---

① http://www.wynnlasvegas.com/#Shopping/.

② http://www.wynnlasvegas.com/#entertainment/.

就像是佛罗里达州奥兰多的迪斯尼世界一样。[1]”和迪斯尼世界一样，“海市蜃楼”和“金钱岛”也如同一个无穷无尽、壮丽华美的狂欢节一般。这不是一个容易达到的目标，但是建成之后却非常物有所值。“举办一场盛宴比收钱换筹码难多了，”温说道：“一个傻子都能做收钱换筹码的事，而我们周围这样的人已经太多了。[2]”

钱其琛的眼光转移到紫光阁外的太液池上，他的思绪飘到了澳门的路氹。现在那里几乎什么都没有，但是一个新的享乐时代即将从那里开始。

阿德尔森的想法是一样的，他急切地希望能抢在温之前落实开发路氹的项目，在开发项目方面，他再也不想被温牵着鼻子走了。对于这一切，钱其琛同样了如指掌。

阿德尔森买下金沙后三年，这座赌场酒店越来越像是失去了存在的意义。曾几何时，这里的演艺娱乐活动非常著名，但是到了1991年，却已经请不起最领潮流的艺人了。酒店总裁抱怨道：“昨日的明星到今天已无人问津，看看报纸头条上有没有他们的名字就知道了。我们这里都成蜡像馆了，尽是过气的人物，毫无新意。[3]”

与温的“海市蜃楼”相比，金沙看上去就像是个灰蒙蒙的卡车停车场。阿德尔森十分恼火：“他们的接待大厅比我们整座旅馆都漂亮得多！”他决定不能坐视不管。1996年6月30日，在最后一名赌徒被送出金沙之后，这座赌场酒店关闭了。在以后的5个月中，这里唯一的客人是电影《空中监狱》(Con Air)的摄制组成员，他们把这里改造成了电影布

① Steve Wynn, quoted in Las Vegas Strip Historical Site, http://www.lvstriphistory.com/ie/sands66.htm.

② Steve Wynn, quoted in, http://thinkexist.com/quotes/steve_wynn/.

③ Sands President Henri Lewin, quoted in Las Vegas Strip Historical Site, http://www.lvstriphistory.com/ie/sands66.htm.

景，赌场恢复了原样，一个星期之后他们拍摄了一架飞机撞向赌场的镜头，然后就离开了。1996年11月26日晚上9时，金沙的霓虹灯最后一次熄灭，然后整座大楼被炸塌，扬起一片尘土。

金沙大楼坍塌的照片出现在屏幕上，然后是一片黑暗、一片安静。此时圆润的画外音再次响起："三年之后，在这片土地上出现的是一番完全不同的景象。"屏幕上开始播出的一段录像，展示了当时的情景。

***

一位白手起家的美国富翁，手中牵着一位美丽的女人，让她坐到一条刚朵拉船中。她转过头来，莞尔一笑，他也不禁报以微笑。坐在阿德尔森身边的，是著名意大利女明星索菲亚·罗兰（Sophia Loren），两人肩并肩斜躺在船中的软垫上，身穿红白横间条衫的船工唱起歌儿，撑起船篙让刚朵拉在运河中前行。

然后这对快乐的男女一起走向圣马可广场的大理石台阶，在那里一边喝香槟一边观看头戴狂欢节面具的演员的表演；他们一起走进花园，月光洒在无垠的水塘之上，空气中弥漫着茉莉花的清香；他们漫步在石头回廊中，一起寻找轻柔音乐的来处；他们一起仰头欣赏一座巨大圆顶上的壁画，一起走在弯曲的小巷中，透过街边商店的玻璃窗，饶有兴趣地研究窗户背后闪亮的狂欢节面具和漂亮的玻璃饰品。

他们来到一扇大门前，门上的扶手由青铜制成，状如刚朵拉船头的铁饰。大门打开，他们走进威尼斯总督府楼上的阳台。在他们身边，威尼斯的各种建筑在黑暗中熠熠生辉。每到整点，圣马可钟楼的钟声便会响彻夜空，接着是无数来自其他教堂的钟声。在一片热闹场景中，这位年迈的亿万富翁和身边这位青春永驻的意大利女星站在一起，欣赏着夜空中的焰火。五颜六色的烟火投射在湖面上，非常美丽。

他们根本无暇顾及马路对面的火山喷发和飘着果汁朗姆酒香味的岩

浆，对海妖与海盗的决战也毫无兴趣。他们回到屋内，在宾客满座的大厅里，著名歌手雪儿（Cher）正在高唱《假如我能让时光倒流》（*If I Could Turn Back Time*）。

摄像机镜头横摇过去，向观众一一展示威尼斯人酒店的明星建筑。总督府是其中心建筑，在两边分别是黄金宫（Ca'd'Oro）和里亚托桥（Rialto Bridge），里亚托桥又通向圣马可钟楼，仿佛威尼斯的重要建筑都在这里聚首。摆在一起，这些建筑重现了卡纳莱托画中威尼斯狂欢节的场景。

这一切当然都是人工重建的，摄像机的镜头并不能掩盖这一事实。大运河、狭窄的巷子，还有圣马可广场在这里都变成了内景：轻柔的夜晚可以用灯光调配，用空调控温，用威尔第的音乐来增加气氛。这里永远都是黄昏，一个最适宜悠闲地散步、坐下来喝一杯、想象夜晚享乐的时刻。这个室内城市不再受四季变化的影响，却可以让游人舒适地享受《四季》音乐。

威尼斯人酒店可以说是威尼斯的理想状态：目不暇接的壮美景观、一座永远不会被洪水侵袭的城市、一座永远不会变老变冷的城市、一个从没有不愉快事件发生的地方。没人说这里是真的威尼斯，在酒店接待处就会有人告诉你这一点，但确实是一场壮观的演出，所有细枝末节都被认真考虑过。比如运河边船工用来系船的木桩就安排得略有倾斜，仿佛已经在威尼斯的泥土中站立了几十年一般。运河河底被重新油漆过多次，直到其蓝色恰到好处。有关圣马可广场上边的云彩也经过了激烈的争论，到底应该是用投影呢？还是画上去呢？或者是用透明的钓鱼丝吊着一些白色蓬松的东西呢？

威尼斯人酒店不仅是座漂亮的舞台，其中的人物角色也是完美的：门廊处的男伺打扮成刚朵拉船夫的样子，保安打扮成意大利警察的样子，鸡尾酒吧的女招待则是一身滑稽演员的行头。即兴喜剧中的角色在窄巷里穿梭，在圣马可广场上表演，在酒店的宣传手册中，他们被称为“街头气氛制造者”（Streetmosphere）。在恩诺特卡餐厅（Enoteca San Marco）里，男招待们故意做出无礼的样子，身穿水洗牛仔裤和笔挺的白衬衫，头上支着古驰牌（Gucci）的太阳镜，而且只会给你送来意大利的佩罗尼啤酒（Peroni）。游客们自然也十分配合，从叹息桥（Bridge of Sighs）的窗口向外张望，斜靠在麦秆桥（Ponte della Paglia）上叹息，仿佛真的在享受威尼斯的风光。

***

屏幕上出现了一条警句："奇幻的基础是真实"[①]。钱其琛不禁想到，威尼斯人酒店既是奇幻又是真实。它仿佛是关于一座城市的电影，将所有最精彩之处剪辑在了一起，无趣的部分则被剪掉了。这部电影将威尼斯的核心部分筛选出来，打上绚丽的灯光、配上优美的音乐，以熏陶最有戏剧性的效果。这是一部有着完美结局的电影，就像好莱坞导演最擅长拍摄的那种片子一样。

威尼斯并不是唯一在拉斯韦加斯获得复制和再处理的地方。当威尼斯人酒店在屏幕上淡出时，另一段录像开始了。

著名法国女星凯瑟琳·德纳夫（Catherine Deneuve）驱车行驶在香榭丽舍大街（Champs Elysées）上，来到埃菲尔铁塔的顶端，按下一个按钮，一片焰火立刻在拉斯韦加斯的天空中绽放开来。从车窗向夜空中望去，她看到了意大利的科莫湖（Lake Como），湖边石岸上点缀着意大利松树和漂亮的房子。她刚刚有机会聆听一下扬声器中传来的蝉鸣，整个场景就忽然充满了席琳·狄翁（Céline Dion）和安德烈·波切利（Andrea Bocelli）高亢的歌声。整个科莫湖也随歌而起，几百处喷泉随着歌声起

① Wimberly Allison Tong and Goo, *Designing the World's Best Resorts* (Images Publishing 2001), p. 110.

伏舞动。德纳夫还看到了纽约的布鲁克林大桥、自由女神像、纽约中央车站，以及在它们之上的纽约天际线。过山车环绕着这些建筑飞驰而过，车上游客们的惊叫也传了过来。在更远处，在自由女神像之外，她还隐约能够看到世界各地、各个时代的建筑：英国亚瑟王时代的城墙塔楼、埃及卢克索（Luxor）的黑色金字塔，还有缅甸曼德勒湾（Mandalay Bay）的镶金佛塔等等。

在更远的地方，远离所有这一切辉煌景观的沙漠之中，有一座陈旧的路标孤零零地站立在91号公路边，路标上是用老式有机玻璃拼成的一句话："欢迎来到拉斯韦加斯"。

当这座路标刚刚搭建起来的时候，拉斯韦加斯不过是沙漠中一条布满霓虹灯的大街，现在这里已经俨然成为一座"光芒峡谷"，跟威尼斯一样，身上沾满了各种各样从别处偷来的影像。

***

阿德尔森看到钱其琛嘴角露出的一丝微笑，精神为之一振。为了建造威尼斯人酒店，阿德尔森投入了成百上千万美元，但是他很肯定自己能够把这些钱都挣回来。当为中国副总理做这场报告时，他的金沙集团已经拥有2.8万名雇员，股票总价值达355亿美元，他本人控制了其中三分之二的股权。阿德尔森是一个庞大帝国的统治者，其心脏就是拉斯韦加斯威尼斯人酒店的总督府。其帝国已经将势力延伸到了新加坡、以色列和东欧地区，现在他的目光又投向了澳门的路氹半岛。

***

"商业规划"，画外音继续道。各种数字和图表在屏幕上闪过。但是钱其琛对这些数字似乎并不十分感兴趣。

威尼斯人酒店有三座高达35层的大楼，一共可以住下1.4万名客人。

每天清晨醒来之后，客人们做的第一件事不是拉开窗帘，而是打开浴室里的电视。梳洗完毕后他们来到走廊，那里有8部电梯等着他们。即便如此，每部电梯还总是站满了人。

到了楼下，他们可以到大运河边的餐馆或快餐厅吃早饭，喝咖啡。如果是来开会的，可以去酒店附属的会议中心，那里有五个楼层的巨大空间，可以满足人们的各种需要。如果是来休闲的，可以在这里的10个游泳池中任选一个，躺着观赏各色人群或是明星名流，或者也可以躺在游泳池边的空调小屋中看电视消磨时间。

在游泳池边坐烦了，可以去赌场试一下手气，赌场面积有1.1万平方米。大客户可以在私人雅座里玩，那里的女招待十分殷勤，客人还没开口，他们喜欢的鸡尾酒便已送到跟前。如果厌烦了赌博，可以到豪华品牌店巴内斯（Barneys）和博泰加 · 韦内塔（Bottega Veneta）购物，在各色的手袋、鞋子和高档玩具中挑选喜欢的东西。如果厌烦了购物，可以在附近的11座高档餐厅、9座中档餐厅或是两座快餐厅中任选就餐。在沃尔夫冈 · 普克（Wolfgang Puck）的主持下，一支庞大的厨师队伍为客人提供世界各地的菜肴口味。

如果在赌博、购物和吃饭之后还有精力，客人们还可以去剧场：这里有音乐剧《歌剧魅影》（*The Phantom of the Opera*）和《蓝人》（*Blue Man Group*）、太阳马戏团，还有各种餐厅歌舞节目。看完演出之后，他们要么再回去赌一把，要么就去“道”（Tao）夜总会，看看是不是能在那里发现明星名流。

威尼斯人酒店还曾有过一个古根海姆基金会（Guggenheim）赞助的美术馆，由著名的欧洲建筑设计师雷姆 · 库哈斯设计。第一场展览是印象派作品，第二场是由弗兰克 · 盖里策划的《摩托车的艺术》（*The Art of the Motorcyle*）。美术馆现在已经关闭，在拉斯韦加斯，客人们根本无暇关心艺术。

负责照顾威尼斯人酒店1.4万名客人的，是同样多人数的服务大军。在旅馆走廊里推着清洁车的墨西哥清洁工安静无声，在餐馆里向客人们解释奇异菜名的演员神采飞扬，在赌场做庄和负责转盘的东欧女孩不动声色。这些都是这座城市的常住居民，但是他们留在这里的唯一原因，是为暂住的客人提供服务。

客人在享受威尼斯人豪华服务的同时，其一举一动都被摄像头监控着。每次使用旅馆房间内的迷你吧，或是其他任何服务，红外线传感器都会记录下他们的购物行为，自动使用客人的信用卡支付。如果客人们在赌桌上刷爆了所有的信用卡，他们都进不了电梯也没办法回房间收拾东西走人。

干吗要收拾东西走人呢？到处都是威尼斯人酒店的地盘，在酒店后边是另一座金沙集团的赌场，里面也是由漂亮的东欧女孩递送鸡尾酒，沃尔夫冈·普克也是这里高档餐厅的总监，太阳马戏团也曾在这里演出过，所有的商务需求都可以在这里的会议中心得到满足，连游泳池边也有装着空调的休憩小屋。

威尼斯人酒店的1.4万名客人大都只在这里待几天，假期结束后，他们就飞回波士顿、匹兹堡、明尼阿波利斯等地，又欣慰地看到了熟悉的街景。但是即使回到家中几周之后，每当他们在豪华商场购物，或是在联系客服听到话筒中传来的威尔第音乐时，他们会发现，其实自己还是没有离开拉斯韦加斯。

***

他们即使去了真正的威尼斯，也还是没有离开拉斯韦加斯。每天早晨有7.4万人来到威尼斯，来上班的会选择早班火车或巴士以避开高峰人群，来旅游的则可以悠闲地坐在咖啡馆里，一边就着咖啡吃个法国牛角包，一边看着周围的人群。

他们看够了周围的游客之后，可以在附近的街道上散步购物，在豪华手袋、鞋子、面具和玻璃制品之间挑选，或是在旧货摊上翻找湮没的珍品。他们厌烦了购物之后，可以排队买票参观美术馆、威尼斯学校（scuole）和教堂：古根海姆博物馆、学院美术馆（Academia）、弗拉里教堂（Frari）、圣乔凡尼保罗大教堂（San Giovanni e Paolo）和圣扎卡里亚教堂（San Zaccaria）等。如果参观人数太多，每位游客就只能允许停留10分钟左右，飞快地欣赏一下建筑中堆积的那个逝去的威尼斯遗迹。

看够了艺术品之后，游客们可以在广场和运河边无数的餐馆中任选一家吃点儿冷盘牛肉，喝点儿鸡尾酒。吃饱喝足之后，可以去凤凰歌剧院（Fenice）看一场歌剧。他们不会去看电影，因为除了一年一度的威尼斯电影节之外，这里没有电影放映；他们也不会去夜总会，因为威尼斯没有夜总会。

一切都享受完毕之后，游客们需要有个地方睡觉。这里有无数的选择，从整洁高效的丹尼利商务酒店（Danieli Business）到豪华的奇普里亚尼（Cipriani），或者是朱提卡区（Guidecca）简易的青年旅舍。除此之外，威尼斯还有成千上万的小型旅馆和带家具的短租公寓。

比起每年1100万的游客来说，威尼斯的常住居民人数极少。1950年有15万常住居民，到2008年就只剩下5.8万。这里的人口死亡率是出生率的两倍。按照这样的速度，到2034年，威尼斯将不剩下任何常住居民了。

威尼斯是一个住不起的地方：大量公寓被改造成了假日短租房，剩下的房租急速上升。这里学校的数量日益下降，孩子们也没有什么地方可以玩耍。大批威尼斯岛上的居民都搬到了紧邻的大陆郊区，那里房价便宜，而且也有活动空间。

也许你会想到，在这样一个人口濒于灭绝的地方，当地人应该会想出什么激烈的措施遏制人口数量的下降，保证这个地方的生存吧？在威尼斯，这却不是许多人的期望，他们认为自己的使命是修复教堂，虽然去教堂的人早已日渐趋微；或是修补宫殿，虽然那里的居住者早已逝去。他们会讨论如何提供平价居屋，但从未考虑过要建新房。

这么做当然也有道理。靠着那几百万的游客，威尼斯始终是一座繁荣的城市。威尼斯双年展上展示的是现代前卫的建筑、设计和艺术，而举办的地点在过去几个世纪都没有任何变化。

每天一大早，那些曾是威尼斯常住居民的人们从邻近大陆的郊区赶来，走过那些曾是他们出生长大的街区，来到自己曾经住过的公寓为游客打扫房间、在曾是自己家客厅的地方为游客送上早餐，在自己曾经流连的酒吧擦亮酒杯准备迎接游客。

2008年4月，一批仍然留在威尼斯的常住居民在圣马可广场上举行了一次抗议活动，他们拉开一条横幅，上面写道“威尼斯不是酒店”[①]。但事实上，威尼斯真的成了一座酒店。许多游客在这里不过待上几天，然后飞回巴黎、爱丁堡、慕尼黑等地，又欣慰地看到自己熟悉的街景。但是几个月之后，当在旧厂房改造的艺术场地漫步时，在由银行改造的酒吧喝酒时，在周末开车去乡下的度假小屋时，他们才会意识到，其实自己还在威尼斯。

***

法国作家居伊·德博尔（Guy Debord）认为威尼斯是一个将生活“展现为一个浓缩景象”的地方，“所有实在的生活都被用来向人展示”。威尼斯人的生活是一个“分离的伪世界，只用来被人观看”[②]。这是一个伪装的生活，一个将非生命体的自动运行伪装成生命的景象。

然而钱其琛想到的，却是成千上万的中国人除了去城里打工，从来没有去过其他地方度假。威尼斯的游客也许享受了太多的休闲活动，已

---

① ‘Protests Against More Venice Hotels: Residents Group Fight Proposed New Law,’ *Wanderlust Magazine,* 17 April 2004, http://www.wanderlust.co.uk/article.php?page_id=1112.

② Guy Debord, *The Society of the Spectacle*, tr. Ken Knabb (Rebel Press), p. 7.

经失去了新鲜感，但这对于许多中国人来说，还是一种奢侈。他们从来没有机会成为威尼斯“景观”的消费者，如果真有这样的机会，对他们来说也是件好事。

阿德尔森感觉到自己的发财梦想就将变成现实了。有一次，他参加了一个科学家云集的社交聚会，却没有太留意科学家们对于生命意义的无休无止的讨论。他后来对记者说：“如果能让别人开心，我也很开心。我才不会在有生之年花时间考虑这个问题呢。[①]”

史蒂夫·温在谈到他创造的“海市蜃楼”和“金钱岛”时曾经说过：“我们首先要问的问题是：‘我们的顾客是什么人，他们想要什么’，对这个问题的回答是一切项目的基础。我们的目的是满足顾客们在情感和心理上的欲望。除此之外，我看不出我们的项目还能有其他什么意义。[②]”

如果你知道顾客想要什么，而你唯一的目标就是满足这些要求，那么你就可以创造一个新世界，在那里顾客的所有欲望都将被事先预期，然后得到满足、最终受到控制。在伊甸园中，人类还有自由意志，但是在拉斯韦加斯，自由意志却是不存在的。温曾经说过：“拉斯韦加斯就是那种如果上帝有钱也会创造的地方”[③]。他可不是在开玩笑。

阿德尔森递给钱其琛一份漂亮的宣传手册，封面上是威尼斯人酒店的照片，标题却是“澳门”：

> “澳门向前发展时，也保留了丰富的欧陆文化遗产，将来的人们，当他们踩在鹅卵石铺成的路面上，仰望有着几百多年历

① Bruck, ‘The Brass Ring’.

② Steve Wynn, quoted in http://thinkexist.com/quotes/steve_wynn/.

③ Steve Wynn, quoted in http://www.woopidoo.com/business_quotes/authors/steve-wynn/index.htm.

史的庙宇和教堂时，可以体会到这里曾经有过的生活。

这座复合式的度假村酒店将能提供3000套客房、9万多平方米的'大运河'购物区、一座1.5万座的演唱馆、11万平方米的会议中心、一座专门为'太阳马戏团'的新作'萨雅'（ZAIA）建造的剧场……

在澳门威尼斯人酒店，顾客们可以进餐、饮酒、购物、住宿、游戏，还可以从事商务活动。[①]"

钱其琛的眼睛亮了起来，"现在我们算是说到一块儿去了！"他说道。

***

"陛下，我已经把我见过的所有城市都讲述了一遍。"马可波罗说道。

忽必烈说："但是有一座城市你却从来没有提到过。"

马可波罗向忽必烈鞠了一躬。

"那就是威尼斯，"忽必烈道。

马可波罗微笑道："您觉得我一直都在说的难道不是它吗？"

忽必烈说："可是你从来没有提起威尼斯的名字。"

马可波罗答道："每当我描述一座城市的时候，其实我都会想到威尼斯的某些特点……在描述这些城市时，为了体现各自的特色，我必须以其源头为起点，但又不能提到源头的名字。这座源头城市就是威尼斯。"

忽必烈说："如果是这样，当你在讲述你的旅行故事时，必须从威尼斯开始，把你知道的所有关于它的一切统统道来，绝不能有任何遗漏。"

马可波罗答道："记忆中的图画一旦化作文字，便会消失。也许我

---

① Venetian Macao Brochure. http://www.venetianmacao.com/uploads/media/download/brochures_english.pdf.

害怕的是，如果提及威尼斯，那么我记忆中的威尼斯就会消失无踪。也许，当我谈及其他城市时，我记忆中的威尼斯已经开始消失，一点一滴地消失。”①

***

2007年8月，金沙集团首席执行官正在接受记者们采访：“澳门金沙酒店代表了澳门将真正成为一座国际性的、全天候服务、多方位的旅游度假城市。它就像是把拉斯韦加斯76年的发展成果放到了一个地方、一座屋顶之下。②”

也许你可以说是将威尼斯1500年的历史浓缩在一座屋顶之下。

一个星期之后，阿德尔森牵着一位美丽女星的手，让她坐到一条刚朵拉船上。她对他莞尔一笑，他也不禁报以微笑。与他并肩靠在刚朵拉的软垫上的，是美国女星黛安娜·罗斯（Diana Ross）。刚朵拉的船工为两人唱起了歌儿，撑起船篙将船划向运河之中。整点到来时，圣马可钟楼浑厚的钟声响彻夜空。两人无暇顾及的，是路氹半岛外南中国海的海浪拍打在沙滩上的声音。

① Calvino, *Invisible Cities*, pp. 86–7.

② Associated Press, ‘Sands calls US$2.4b casino opening a “massive step” in Macau’, *International Herald Tribune*, August 16, 2007.

第 13 章

耶路撒冷之哭墙：或是一如往昔，或是沧海桑田

一座空想的桥梁，一场失败的谈判：

根据这个构想，巴勒斯坦人可以不通过耶路撒冷进入尊贵圣所（Haram e-Sharif）。构想由埃亚尔·魏茨曼（Eyal Weizman）和拉菲·西格尔（Rafi Segal）绘制

继承权

本书所提及的所有建筑中，最后这座建筑的历史比帕提农神庙长得多，在一些地方这座建筑的名声也大得多。同时它还是一个奇特的旅游景点，周围有严密的安保措施，比世界上绝大部分的机场都严格。监控摄像机紧盯着墙上濒临剥落的石块，每个访客都必须在士兵的监督下，走过一座金属探测门。附近商贩出售的纪念衫上，印着的也不是通常的喜乐文字：有的印着“枪炮与摩西”，还有的印着“以色列，乌兹冲锋枪能做到！”等等。许多旅游团的最后一项活动是集体祈祷，然后在以色列国旗下合影。在旁边的展台上刻着士兵的名字，他们为以色列建国、让这些游客有机会拜访这座建筑而献出了自己的生命。

帕提农神庙被称之为废墟，有两种含义，一来建筑本身已经濒于崩塌；二来作为神庙已经失去了存在的意义：它已经变成了一份代表着过去的遗产。但是本章将要讲述的建筑却不一样，不管是好事还是坏事，这座建筑涉及一份依然有效的继承权。它身上所带的争议是如此强烈，以致没有人知道到底应该如何称呼它，它的每个名字都显示了其争议性。对于犹太人来说，这个地方叫圣殿山（Temple Mount，犹太语Har Babyait）；对穆斯林来说，这个地方叫尊贵圣所（Noble Sanctuary，阿拉伯语Haram e-Shairf）。这座建筑的西墙被英国的巴勒斯坦托管会（Palestine Mandate）称作“哭墙”（Wailing Wall），现在BBC在新闻广播中称它为“西墙”（Western Wall）；在阿拉伯半岛电视台（Al Jazeera）的广播中，它被称为“布拉克墙”（Al-Buraq Wall），即真主穆罕默德坐骑飞马的名字；对于犹太人来说，它就是“那堵墙”（犹太语Kotel）。

根据犹太教的宗教法令，犹太人不允许进入圣殿山内部。所有想访问这座建筑内部的，不管是犹太人中的异见者还是好奇的非犹太人，都必须通过极为严格的安全检查。在通往这座建筑内部的桥上，到处都是被没收的《圣经》和犹太经文，因为这些东西是不允许带进穆斯林圣所的。防暴盾堆放在入口处附近，以防下一轮的族群冲突。一旦进入内部，那里既没有博物馆，也没有导游手册，更没有纪念品商店。尊贵圣所是现代社会中的异类：一个拒绝为游客服务的历史遗迹。

在这座建筑的西墙外，许多人是跋涉了几千公里，专程来抚摸这堵墙壁的。如果他们自己来不了，可以发来电子邮件，有人专门负责打印这些邮件塞入墙壁的裂缝中，然后大量的打印件在晚上被付之一炬。在美国科罗拉多州的科罗拉多斯普林斯（Colorado Springs），一个福音派基督教组织正在其总部所在地修建一座和西墙一模一样的墙壁，他们说这是为了表示与以色列的团结。

今天的西欧城市已经渐渐变得和《建筑师之梦》中的一样：古建筑慢慢成为博物馆中没有生命的展示品。但是在其他一些地方，古建筑依然被偷盗、挪用、复制、诠释、模仿、修复和预言。与过去一样，这些建筑仍然在演变，因为它们依然能够触发人们内心激烈的情绪。在印度北方邦（Ayodhya），印度教激进分子曾推倒了一座清真市，然后在废墟上建立起一座神庙，这一过程几乎是帕特农神庙历史的反转；在日本，神道教的虔诚教徒们每隔20年就要将伊势的神庙按原来的样子重修一遍，这一传统已经持续了近2000年；在印度尼西亚，一座村庄被整个地搬到一家豪华度假村内，成为餐厅的一部分，那里的服务生身着18世纪农民的装束。在西方以外，历史建筑不再局限于《建筑师之梦》中，它们冲破历史的框架，让自己成为现实的一部分。在那里，历史没有终结。

2004年2月14日的下午，耶路撒冷的天空变暗，开始下雪了。在市中心的一座广场边有一堵古老的墙壁，在墙壁的高处有一扇门，门口是一道鹅卵石铺成的坡道通往广场。当雪渐渐变成雨时，这条坡道开始渗水塌陷，两天之后，坡道终于坍塌，出现一个大坑，一堆碎石散落在广场上。

市政当局关闭了那道门，并封锁了坡底的区域。他们说这里太危险，不宜供游客使用。问题在于，这个道坡是游客唯一的通道，可以走到墙上那道门的门口，然后进入墙的另一边。当局不能对危险的坡道坐视不理，但又拿不定主意该怎么办，一直拖到当年12月才宣布将搭建一条木制走道，从广场通往墙上的那道门。

这条木制走道当然只能是个临时措施，在那场暴雨过后大约一年左右，一位当地的建筑设计师向当局提交了一个永久性的解决方案：原来那道坡将被完全移走，在墙脚下腾出更多的空间，一座跨越广场的水泥桥将取代现有的木制走道，让访客们可以从广场直达墙上的那扇门。

唯一的问题是，那道坡和耶路撒冷城的所有东西一样，自古以来就已存在，叫作穆格拉比古道（Mugrabi path）。任何工程开工之前，都必须进行完整的考古发掘。这又造成了再次的拖延，不过既然木制走道还在，而那堵墙已经存在了2000多年，时间似乎还很充裕。但是2007年初耶路撒冷又经历了一场暴风雪，坡道出现继续坍塌的迹象，考古学家们不得不从2月6日起开始发掘工作。

情势顿时急转直下，第二天成千的巴勒斯坦人聚集在坍塌的坡道前面举行示威，反对考古发掘。阿訇们威胁要发动起义，巴勒斯坦当局则指控现场以色列推土机的真正目标是古墙背后、位于尊贵圣所内的阿克萨清真寺（Al-Aqsa Mosque）。以色列立法会中的阿拉伯成员阿巴斯·扎科尔（Abas Zkoor）也来到现场支持抗议的巴勒斯坦人，宣称现场挖出的泥土中有一座古清真寺的遗留残迹。星期五祈祷时，骚乱发生了，以色列当局向人群发射了橡皮子弹。2月9日在巴勒斯坦的拿撒勒（Nazareth）发生的抗议游行中，有一面横幅上的标语声称以色列正在发动第三次世界大战。

以色列总理不得不就此发表声明说：

> “对穆格拉比古道的修复工程，是在这条古道因下雨坍塌成为危险结构之后进行的。修复工作获得了各方的协作，包括周边国家、穆斯林官方代表、多个国际组织等等。修复工作只在圣殿山外进行，不会对圣殿山或是伊斯兰圣迹造成损坏。[①]”

人们对这项声明并不满意。伊朗宗教领袖哈梅内依（Ayatollah Khamenei）怒言道：“这是犹太复国主义者对伊斯兰的侮辱，伊斯兰世界必须做出强烈反应”[②]。以色列驻开罗大使被埃及当局召见并传达了不满，与此同时埃及议会开始辩论是否要废除1979年与以色列签署的和平协议，一名埃及执政党议员宣称“和以色列没有什么好谈的，最好用一颗核弹炸平了事”[③]。约旦国王阿卜杜拉（Abdullah）呼吁美国介入，制止以色列的考古发掘工作。土耳其总统派了一队考古学家到现场考察，没有发现任何问题，于是这些考古学家马上被骂人成是犹太人的帮凶。联合国教科文组织要求考古发掘立刻停止，等到先准备好一份报告再说。

---

① ‘Arabs Increase Threats at the Western Wall Plaza’, *Israel Faxx*, Friday, 9 February 2007, http://www.allbusiness.com/middle-east/israel/3954928-I.html.

② Associated Press, ‘Ayatollah blasts construction work by Temple Mt.’, *Jerusalem Post*, 7 February 2007.

③ http://www.ynetnews.com/articles/0,7340,L-3364346,00.html.

考古发掘只进行了一个星期就停止了，修建永久性桥梁的计划被撤销了，一名以色列政府的部长说中东和平会谈召开在即，最好不要让这些计划对以色列的谈判策略造成负面影响。和谈结束后，一项新的建桥计划再次提交了上去，星期五祈祷会马上出现了骚动，警方再次向人群发射橡皮子弹，联合国教科文组织不得不出面调停。时至今日，在穆格拉比古道上进行的这项工程，不管是叫作考古发掘、保护还是破坏，依然没有完工。解决方案迟迟无法找到，但临时搭建的木桥却维持不了多久，如果再来一场暴雨，这座木桥本身也可能坍塌。

但是，争议双方依然不肯妥协。这堵古墙以及古墙背后的圣地，对双方来说都有极大的魔力。犹太人和穆斯林对墙后的这块地方有着不同的称呼，犹太人称之为“神灵显现处”（Shekhinah），穆斯林称之为“安宁神”（Sakina），而双方都将其视为自己的圣地。

***

因考古发掘工作引发以色列与穆斯林方面的争执，这已经不是第一次了。负责管理尊贵圣所日常运作的穆斯林机构宗教财产委员会（Waqf），一直以来都对以色列在墙外进行的考古发掘持反对态度。

以色列考古发掘队伍，在本杰明·马萨尔（Benjamin Mazar）的指挥下，在沿着西墙地基的地方挖出了一系列的地道。他们从西墙的南端开始，逐次向下挖开了奥斯曼（Ottoman）、马穆鲁克（Mameluke）、十字军（Crusader）、矮马亚（Ummayad）、拜占庭（Byzantine）、罗马（Roman）时期的遗迹，挖出了一条与西墙并行的古街道。他们声称这条街道和西墙一样，都是由《圣经》中希律王（King Herod the Great）所建。

再往北走，这条希律王时期的街道就被埋在耶路撒冷的穆斯林街区之下了。如果马萨尔的考古队伍想从穆斯林街区的地面向下挖，将会遭遇和穆格拉比古道发掘工作同样激烈的抵抗，于是他们采取了另一种办法，从这条已经被挖开的街道的位置向北挖隧道，在穆斯林街区的地底下、在罗马人建的拱顶之下挖出了一组隧道，这组隧道向北延伸了约800米，直到尊贵圣所西部外墙的北端。

这组被称作"西墙隧道"的隧道是对公众开放的，在隧道之内，时不时可以看到一些拱顶，表明此处是某个广场的一口井，或是某户人家的地窖等等，西墙的巨石在隧道中看起来更为庞大。在隧道的尽头，导游会说："看，那里有一道门，但是因为安全原因被关上了。现在只能原路返回。"

1996年以色列当局曾试图打通隧道最北端的出口，马上引发了一场骚乱，穆斯林认为这是以色列对他们所属街区的侵犯。在骚乱中，有70名穆斯林和15名以色列士兵被打死。后来以色列当局和伊斯兰宗教财产委员会达成了协议，隧道北端的出口可以在白天打开，作为交换条件，宗教财产委员会获许在尊贵圣所内新建一座清真寺。

于是推土机开进了尊贵圣所，为新建清真寺做准备，到2000年，尊贵圣所的西南角上已经挖出了6000吨泥土。这一回轮到以色列人发怒了，巴伊兰大学（Bar Ilan University）的一位考古学家说道："你能想象在古迹上大肆挖掘这样的行为会发生在雅典卫城（Acropolis in Athens）和罗马万神庙（Pantheon in Rome）这些地方吗？而且还是在毫无考古学家监督的情况下？[①]"伊斯兰宗教财产委员会则回应道："我们所有的挖掘工作都是在伊斯兰考古学家的紧密监督下进行的……。他们对挖掘出来的泥土进行取样研究，没有发现属于任何时期的建筑结构、遗物或是考古遗迹。[②]"但是以色列当局还是以禁运相威胁，要求停止所有的挖掘工作。

时至今日，那些已经挖出的泥土依然堆积在尊贵圣所内，以色列当局下令，这些泥土只有经过以色列考古学家鉴别通过之后才能运出去。

---

① http://www.juf.org/news/israel.aspx?id=10300.

② http://www.robat.scl.net/content/NAD/press/jerusalem/adnan_husseini.php.

伊斯兰宗教财产委员会则决不允许以色列考古学家靠近这些泥土，在西墙之外，伊斯兰当局也一再干扰以色列的考古发掘。这些纷争不禁让人产生疑问：以色列当局到底想在尊贵圣所的圆顶清真寺（Dome of Rock）之下找到什么呢？

***

其实谁都知道这个问题的答案。在西墙外的隧道中间，有一座小小的洞窑，内部摆满了犹太教的宗教书籍。在昏暗的灯光下，导游对游客们说："这里是西墙中最神圣的地方，你如果想祈祷的话，可以在这里进行。这里原是一座玫瑰花园，当年犹太神庙（Temple of Jews）内的神甫就是用这里的玫瑰花瓣做成熏香、用在祈祷仪式上的。在西墙的那一边是犹太神殿（Holy of Holies）曾经矗立的地方，也就是说在这堵墙后面就是神圣显现的地方。"

巴勒斯坦人认定以色列人想重建犹太神庙，他们指出最好的证据就是那一系列以此为宗旨的组织：比如"神庙学校"（Yeshiva of the Crown of the Priests）是专门用来学习犹太神庙内采用的仪式的；"圣殿山信徒协会"（Society of the Temple Mount Faithful）是专门向美国的基督教原教旨主义者筹集资金用于重建圣殿山的；"圣殿山研究所"（The Temple Institute）开办了一家博物馆，里面陈列着圣殿山内使用的各种法衣，法衣上缀满了由"圣殿山妇女"（Temple Women）组织捐出的珠宝，等待着可以重新披挂上身的那一天；有一个组织建立了轮班制度，保证每天都有一名犹太教拉比[①]站在圣殿山的入口，身上穿着古代犹太人部落利未人（Levite）的白袍；还有一个组织则专门研究如何培养完美的红色小牝牛，在古代犹太教记载中，这是最高级的祭品。每隔几年这些组织都会

---

① 拉比(rabbi)为犹太教经师或神职人员。——译者注

以“圣殿山敬拜者”（Temple Lovers）的名义召开大会，交流研究成果，并组织拜访圣殿山。他们的梦想是重建圣殿山，让神灵再次显现。

这些组织讨论的主题可不是单纯的修复工程。因为和雅典卫城不同，要在圣殿山重建犹太神庙，就必须先拆除那里的圆顶清真寺和阿克萨清真寺，这就是“圣殿山敬拜者”的目的之一。过去就已经有过不少破坏尊贵圣所的企图，包括用迫击炮轰击、机枪扫射、纵火焚烧等等。这些破坏行动并不都是少数人的盲目行为，有些拉比甚至鼓励别人这么做，用他们的话说，目前以色列当局与伊斯兰宗教财产委员会的合作，是“考古学家贪图金钱出卖了自己”[①]。在这些人散发的传单上，清楚地写着他们的目的：“我们不能再坐视不理。以色列政府：请把异教徒和阿拉伯人赶出圣殿山。[②]”

以色列政府的官方反应是谴责这种极端主义行为，并让伊斯兰宗教财产委员会不必担心。宗教财产委员会并不相信以色列政府的保证，因为在他们看来，对尊贵圣所最大的威胁就来自以色列政府。

***

1967年6月7日，阿拉伯与以色列之间的“六日战争”进入了第三天，一支以色列军队进入了耶路撒冷的阿拉伯人街区。11点钟，随军拉比什洛莫·格伦（Shlomo Goren）吹响了羊角号，疲惫万分的士兵们身上粘着血迹，跪倒在石墙边哭泣起来。接着他们砸开了石墙上的大门，进入了这个阿拉伯人叫作尊贵圣所、犹太人叫作圣殿山的地方，这个曾经矗立着犹太神殿、神灵显现的地方。其中一名年轻的士兵后来回忆道：“我所站立的地方，过去大教士每年只能进来一次，每次都必须沐浴五次，光

① http://groups.yahoo.com/group/Bible_Codes/message/39738.

② www.keshev.org.il/FileUpload/20010101_Tample_Mount%20_Full_Text_Eng.doc.

着脚走进来……而我现在脚上穿着鞋，头戴钢盔，身携武器。我对自己说：这就是征服者的风范。①”

“六日战争”的最后一天，以色列军队开进西墙边的穆格拉比街区，限令当地居民在三个小时内离开。士兵们说这里是疾病肆虐的贫民窟，需要拆除清理。许多天之后，这里变成了一座巨大的广场，原来的穆格拉比街区仅剩下一条通往西墙上方大门的坡道。因为原来坡道两边的房子都被拆除了，坡道看上去有点儿不安全，但是所有人似乎都觉得这样也挺好，认为坡道暂时应该没有什么问题。

后来联合国出面谴责了以色列占领耶路撒冷旧城区、拆除穆格拉比街区的行为。作为一种和解的姿态，以色列把伊斯兰的尊贵圣所交回给了伊斯兰宗教财产委员会，但是并没有交还穆格拉比古道顶端那扇大门的钥匙，一直到今天这把钥匙还在以色列手中。为什么不交还这把钥匙呢？耶路撒冷市长泰迪·科莱克（Teddy Kollek）说：“墙内要出了什么事，我们得知道，我们必须对这里的一切负责”。就是这个理由，把一切国际谴责和调解都挡回去了。

他所说的“一切”还包括了地下的一切。6月27日，以色列政府宣布任何在耶路撒冷挖掘出来的古代物品都属于以色列政府。一个月之后又宣布整个耶路撒冷属于古迹，在兴建任何建筑之前，都必须首先进行考古发掘。通过这一系列命令，以色列政府事实上控制了整个耶路撒冷。

然后以色列人启动了自己的发掘工作。拆除穆格拉比街区，不过是一系列征服巴勒斯坦人行动的开始。本杰明·马萨尔在西墙的考古发掘，不管他本人的动机如何，已经不仅仅是一种学术活动，而是以色列军事行动的一部分。在隧道中，设置了许多阶梯和暗门，让以色列军队能够

---

① Ehud Sprinzak, *The Ascendance of Israel's Radical Right* (Oxford University Press 1991), p. 44. Quoted in Karen Armstrong, *Jerusalem: One City, Three Faiths* (Ballantine 1996) p. 400.

随时随地出现在耶路撒冷的穆斯林街区。这种做法进一步鼓励了越来越多的正统派犹太人在穆斯林街区买房，建立犹太学校和活动场所。他们建立的宗教学校就在穆斯林人的市场楼顶上课，窗口之外直接可以看到圣殿山，这些场所同时还和地下隧道内的犹太人祈祷场所联通在一起。

2000年，也就是以色列下令停止在尊贵圣所内修建清真寺的时候，巴勒斯坦当局领袖阿拉法特和以色列总理巴拉克在美国总统克林顿的邀请下，一起到戴维斯营（Camp David）参加又一轮的和平谈判。和谈没有什么进展，于是克林顿想出了一个新奇的点子，建议将来以色列和巴勒斯坦国的边境在尊贵圣所这里可以改成平行的，也就是巴勒斯坦国拥有地面上的所有建筑，而地面以下的部分，也就是以色列人念念不忘要挖掘的部分，可以归属以色列。这自然是个荒唐的主意，但是在巴以冲突这样的背景下，却显得相当自然。当然阿拉法特和巴拉克两人谁也不可能接受这样的方案，不出任何人的预料，和谈再次失败。

就是在这次失败的峰会之后，以色列著名的鹰派政客、国防部长沙龙，不顾冲突双方的反对，访问了尊贵圣所。他对前来采访的记者们说："我到这里来是因为我相信犹太人和阿拉伯人可以和平共处。我相信我们可以共同兴建和开发。这是一次和平访问，难道不应该鼓励以色列的犹太人朝拜他们心中最神圣的地方吗？[①]"说完这些他就走了，身后跟着数以千计的以色列武装警察。沙龙的访问像是点燃了导火线，第二天，穆斯林开始从尊贵圣所内向西墙外的犹太朝拜者投掷石块，第二次巴勒斯坦人大起义（intifada）开始了。

在沙龙访问圣殿山两年之后，以色列建筑设计师埃亚尔·魏茨曼和拉菲·西格尔在柏林举办的世界建筑大会（World Congress of Architecture）上举办了一场展览。展览的核心是一组照片剪接，展示了一个巨大丑陋

① http://www.mideastweb.org/Middle-East-Encyclopedia/second_intifada.htm.

的水泥高架桥，这座高架桥跨过汲沦谷（Kidron Valley），把尊贵圣所和橄榄山（Mount of Olives）连在一起。两位建筑设计师大胆地声称，这座高架桥一旦建起，巴勒斯坦人到尊贵圣所朝拜时，就不必侵入以色列的土地，甚至都不需要进入耶路撒冷。这是一个故意设计的怪异方案，目的是向世人显示耶路撒冷局面的荒唐程度。今天巴勒斯坦人在离尊贵圣所几公里处就被以色列竖起的一道水泥墙挡住。就像犹太人在西墙外悲悼他们失去的圣地一样，巴勒斯坦人也在这道水泥墙外悲悼他们失去的圣地。有人在墙上写下了这么一句话“这不是我见到的第一堵高墙”，写这话的人显然见过柏林墙。

在穆格拉比古道的冲突中，同一幅卡通画反复出现在阿拉伯媒体上，画面上一台画着大卫之星的推土机正企图推倒圆顶清真寺。以色列当局声称他们在坍塌的穆格拉比古道上所做的不过是考古发掘而已，但是巴勒斯坦见过太多以色列人的考古发掘，早就不相信他们了。

***

但是，最早对这座古建筑进行考古发掘的并不是以色列人，也不是巴勒斯坦人，而是盎格鲁-撒克逊人后代中的新教徒，所以今天西墙上的许多重要地标都有英语名字。在西墙的最南端，有一块石头标志着一座断裂的古桥遗迹，这座桥叫作鲁宾逊拱梁（Robinson’s Arch），因为它最早是由一位名叫爱德华·鲁宾逊（Edward Robinson）、19世纪30年代从美国派来的传教士绘测的。在穆格拉比古道之下，残存着一座拱门的巨型门楣。这座拱门叫作巴克利门（Barclay’s Gate），因为它是在19世纪40年代被另一位美国传教士巴克利发现的。在西墙外的隧道中，最大的一个厅是一座带拱顶的古罗马建筑遗迹。这个大厅以查尔斯·威尔逊爵士中将（Sir Charles Wilson）命名，他在19世纪60年代指挥英国皇家工兵对耶路撒冷进行了测绘。

爱德华·鲁宾逊虽然是派来传教的，但是他对自己使命中的政治成分非常清楚：

> "这里的人们一般来说愿意把他们知道的情况告诉我们，他们似乎对我们并无不信任之处，这里的居民似乎希望西欧国家能派支军队驻扎在这里。他们过去已经对土耳其失去信心，现在对埃及人更是不抱幻想，所以他们欢迎任何西欧的军队来到这里，不是来镇压民众（因为那毫无必要），而是来占领这片土地。①"

1865年，英国人成立了巴勒斯坦探索基金会（Palestine Exploration Fund，PEF），用于搜集有关这片土地的所有资料。对于那些为PEF工作的虔诚的新教徒来说，他们早已从《圣经》中对这片土地有了深入的了解，并对这片土地的神圣意义深信不疑。对他们来说，在静谧的阿拉伯村庄农田之下，保存着一块神圣的土地。对这块地方进行挖掘是一种宗教义务。所以搜集这块圣地的资料不是为了科学，而是出于虔诚。

再进一步，夺取这块圣地的控制权更是一项神圣的义务。在PEF成立典礼上，约克大主教无比自信地说道："巴勒斯坦属于你和我，是我们大家的。它是耶稣基督为解救我们而受难的地方，是我们所有希望的来源。我们对它的爱护，就如我们对亲爱的英格兰的爱护一样深。②"

巴勒斯坦的穆斯林当局对英国人的意图非常明了，于是下令禁止在尊贵圣所进行任何考古发掘工作。英国人当然对之置若罔闻，当时

---

① Edward Robinson, *Biblical Researches II*, quoted in Jay Williams, 'The Life and Times of Edward Robinson', http://www.bibleinterp.com/articles/robinson.htm.

② Quoted in Armstrong, *Jerusalem*, p. 361.

皇家工兵的一名军官、后来成了伦敦大都会警署总警长的查尔斯·沃伦（Charles Warren）在尊贵圣所的南边租了几套房子，然后开始向下挖掘，坑道一直打到地基下的罗马拱顶。在那里他发现了“大湖”：一座刻入石头中的巨型水槽，还有无数的洞穴。

他们如此胆大妄为，并非出于无知无畏，而是带着强烈的宗教信念。鲁宾逊和沃伦都对巴勒斯坦当地基督教徒的生活方式不满，认为充满了拜占庭遗留下来的仪式和迷信。他们希望能将这些基督教徒从错误中拯救出来，让他们接受更为理性的新教教义。传教士们相信，向当地的基督教徒们展示如何用科学的方法进行历史、考古和地理研究，可以让他们放弃可笑的星象学，转而接受现代的世界观。

英国人对当地信奉其他宗教的居民的举动也不屑一顾。他们观察到犹太人会站在耶路撒冷中心的一堵墙下因悲哀而哭泣，边哭边摇动着身躯。看着这些好笑的举动，他们就把这堵墙叫作了“哭墙”。

***

犹太人在这堵墙面前悲痛哭泣，因为他们曾经的圣殿，现在就剩下这唯一的东西了。西班牙诗人耶胡达·哈齐里（Yehuda al-Haziri）在描述穆斯林的尊贵圣所时写道：“看到我们的圣堂变成了一座外人的神庙，多么令人伤心欲绝！这个神灵曾经显现的古老地方，现在被外人盖上了他们的神殿，面对这一切，我们只好转过脸去。[1]”犹太人在这堵墙前悲痛哭泣，还因为这里是他们能走到的离圣殿最近的地方。不仅仅因为穆斯林控制了这块地方，过去犹太神殿还在的时候，也只允许大教士每年一度在犹太赎罪日（Yom Kippur）进入，而且必须是在沐浴之后，光脚而入。任何擅自进入其中的犹太人都有冒犯神灵的危险，所以大部分拉比

① Al-Haziri, quoted in Armstrong, *Jerusalem*, p. 229.

都警告犹太人不要进入这块圣地。

1850年，一名来自印度孟买的著名犹太人阿卜杜拉（Abdullah）试图从奥斯曼帝国手中买下这堵墙，1887年，埃德蒙顿·罗斯柴尔德男爵（Baron Edmond de Rothschild）也试图买下这堵墙对面的所有房屋，他们的要求都被拒绝了。伊斯兰宗教财产委员会不介意犹太人在西墙下祈祷，但是尊贵圣所的所有权不容置疑，任何试图把西墙变成一个永久性祈祷场所的举动都会马上遭受压制。有一次，犹太人试图建起一道分界线，把祈祷的男女左右分开，这马上引发了一场骚动，几百人死于暴力中，而这道所谓的分界线不过是一排椅子而已。有时候兴致来了，穆斯林们会在一边取笑祈祷的犹太人，或是从西墙上方的尊贵圣所向下面的犹太人投掷石块。现在他们还会时不时地这么做。

1902年，一位名叫希施贝格（A.S. Hirschberg）的德国犹太人到耶路撒冷拜访西墙。他是一个有现代意识的人，觉得耶路撒冷是一个落后肮脏的地方。但是当他走向西墙时，却发现自己泪如雨下，心中充满了一种从未有过的悲哀。他后来写道："所有的个人烦恼都与国家意识交缠在一起，变成了一股感情的巨流。[①]"没有比西墙更能代表犹太人的苦难和顽强了：他们不得不在一座废墟上朝拜追寻自己的上帝，同时被告知就是连这座废墟他们都无法拥有。难怪他们那么积极地想在这里开展尽可能多的考古发掘。

***

犹太人对自己圣殿的历史十分着迷，他们对古迹的迷恋早在现代考古学诞生之前就已经开始了。他们早就知道，西墙上的石头记载了一个族群的历史。

---

① Meri Ben Dov, *The Western Wall*, quoted in Armstrong, *Jerusalem*, p. 229, p. 367.

1524年，一个身披昂贵丝绸服装的矮个子男人来到了威尼斯。他叫戴维·鲁文尼（David Reuveni）。他兄弟约瑟夫（Joseph）在萨姆贝辛河边（River Sambation）统治着以色列10个已经失踪的部落，萨姆贝辛河中奔腾着石头与火焰的湍流，每年只有在安息日这一天才会平静下来。至少这是他告诉威尼斯商人们的版本，也是他告诉罗马教皇、葡萄牙约翰国王（King John）以及雷根斯堡（Regensburg）的卡雷尔皇帝（Keiser Karel）的版本。这位自称为“犹太人国王”派来的人，是带着一项使命而来的。商人、教皇、国王与皇帝们都愿意助他一臂之力，因为他提议由他率领一支大军攻打他们共同的敌人——君士坦丁堡的苏莱曼大帝（Sultan Suleiman）。他们在宫廷内接见他，并许诺给他大炮、马匹和士兵。

但是鲁文尼的真实目的并不在于推翻苏莱曼的统治，而是准备迎接犹太救世主的再度降临。他说在圣殿山的西墙上有一块石头，是在所罗门国王（King Solomon）时代由以色列北方王国的国王耶罗波安（Jeroboam）亲手放置的。但这块石头取自一座众神教的神庙，所以身上带着一道魔咒。只有将这块石头移走，救世主才会降临。发兵攻打苏莱曼大帝，不过是为了攻占奥斯曼帝国控制之下的耶路撒冷，移走这块石头，等待救世主的降临。所有认识鲁文尼的犹太人都劝他不要透露其真实计划，因为基督教支持者肯定不愿意听到犹太救世主再度降临的故事。犹太人还担心一旦鲁文尼的计划败露，将给犹太人带来兵火之灾。鲁文尼果然因此遭受了杀身之祸，但对犹太人来说，幸运的是其他人并未受牵连。鲁文尼后来被押往西班牙接受宗教裁判，1535年被烧死在火刑柱上。

其实鲁文尼计划推翻的苏莱曼大帝与基督徒相比，对犹太人的同情程度高得多。当看到犹太人如何虔诚地抚摸亲吻圣殿山的墙壁时，他命令自己的建筑师希南（Sinan）为犹太人提供一个空间便于祈祷。希南清除了墙角下的一片空地，移走了杂物，让墙看上去更加高大，还建起了一个院子让犹太人可以安心祈祷。犹太人说苏莱曼大帝曾亲手用玫瑰花水洗净了这块地方，仿佛他就是那位与他同名的犹太人国王所罗门[①]。

***

鲁文尼期待的救世主并未降临，今天的西墙不过是尊贵圣所一小段不起眼的围墙。尊贵圣所是伊斯兰教第二神圣的地方，在一片拱廊环抱之中是一片美丽的橄榄树和柏树林，这里布满了各种神殿，犹太人和基督教徒们会用这些神殿讲述自己的历史。这里的圆顶链清真寺（Dome of the Chain）过去曾经是以色列大卫王（King Daoud）主持审判的地方；那里是所罗门国王的座位，在完成圣殿山的兴建之后，他曾在此休息；一边还有耶稣的摇篮，当他自己还是一个孩童时就开始在那里讲道。尊贵圣所的北部入口是一道拱廊式的大门，在审判日到来的那一天，所有人的灵魂都将在此接受审判。

尊贵圣所的南部是阿克萨清真寺，自公元7世纪建成以来，它和许多中世纪的教堂一样被重修了一次又一次。象牙讲经台是由阿尤布王朝（Ayyubid Dynasty）的创始人萨拉丁（Saladin）装上的，东耳殿的哥特式玫瑰花窗是由东征的十字军修建的，穹顶之下的大理石柱子则是墨索里尼的赠品。

圣所的中央是圆顶清真寺，在公元7世纪后期由阿布德·马利克（Abd Al-Malik）哈里发[②]主持兴建。镀金的穹顶由两排色彩鲜艳的蛇斑石柱子撑起，穹顶外侧则铺着闪闪发光的蓝瓦。在穹顶之下，就是那块圣石了，突起在大理石的地面之上，身上布满了多少个世纪以来崇拜与伤害的痕迹。

阿克萨在阿拉伯语中意为“最远处”，阿克苏清真寺和圆顶清真寺都是用来纪念《古兰经》中一段令人费解的文字，其中提到先知穆罕默德

---

① 阿拉伯语中的苏莱曼即犹太语中的所罗门。——译者注

② 哈里发（caliph）为旧时伊斯兰国家统治者的称号。——译者注

在一天晚上从“神圣清真寺”到了“最远处清真寺”[①]。跟格洛斯特大教堂和圣母小屋的故事一样，一开始只是一个简单的故事，但是在一次又一次的重述时，每次都比上一次更为详尽具体。

有一天晚上，先知穆罕默德从睡梦中醒来，穿过麦加的街道来到黑石（Ka'aba）边开始祈祷。天使加百列出现在他身边，把他带到一匹带翼的骏马旁，这匹神奇的飞马叫作布拉克（AI-Buraq）。天使拉住布拉克的耳朵，穆罕默德骑上了飞马。他们在空中飞行，在麦地那、西奈、伯利恒等地停下祈祷。很快就来到一座带围墙的城市上空，身下那些带穹顶的教堂、带柱廊的街道和宫殿内的庭院都沐浴在一片银色的月光中。在住宅包围之中有一个长方形的巨大平台，周围被石墙围起，其中并无任何居屋，好像一座柱基正等待雕塑的降临。巴拉克敏捷地降落在这座城市中，穆罕默德把它拴在这个巨大平台西墙的一个铁圈上，然后径直走向平台上露出的一块石头。

石头旁边站着一群年迈之人，这些人穆罕默德都能够认出来。他们中有亚当（Adam），他对穆罕默德说：“这是我被上帝赶出伊甸园后落足人间的第一个地方”；他们中有易卜拉欣（Ibrahim），他对穆罕默德说：“这是我把儿子伊萨克（Ishaq）献出作为祭品的地方”；他们中有雅各（Jakoub），他对穆罕默德说：“这是我看到连接天堂与人间阶梯的所在”；他们中有摩西（Mousa），他对穆罕默德说：“这里是他们放下约柜（Ark of the Covenant）的地方”；他们中有所罗门国王，他对穆罕默德说：“这里是我兴建圣殿的地方”；他们中还有耶稣，他对穆罕默德说：“我预言了这座圣殿的毁灭”。所有这些先知都让在一边，让穆罕默德从中走过，领着他们一起祈祷。

随后穆罕默德从圣石上冲天而起，穿过天堂中的七道圆环，被引向

---

① Koran 17:1.

天堂宝座。当再次从天堂降落时，他回到了西墙边，骑上神驹布拉克，飞回了麦加。那个用来拴布拉克的铁环至今仍在那里，在20世纪30年代被人发现。穆罕默德坐骑的名字，从此被穆斯林用来称呼尊贵圣所的那堵西墙。

在穆罕默德这趟神奇之旅后的17年，他的继承人奥马（Omar）从拜占庭人手中夺下了耶路撒冷。兵临城下之时，城内居民派出一名使者，为征服者送去一条信息："把你的哈里法派来，我们就会把城市大门的钥匙交给他"。奥马是一个虔诚而谦逊的人，他穿上山羊毛衣，骑上骆驼，等待拜占庭的首领索福劳尼（Sophronius）前来。索福劳尼身穿直挺挺的金色袍子，在一片香火烟雾中走出城来。奥马简单地说："带我看看你的城市"。索福劳尼心怀恐惧，带着奥马走过耶路撒冷的街道，直至圣墓教堂（church of the Holy Sepulchre），并请奥马和他一同祈祷。"我不会在这里祈祷"，奥马答道，"我也不会鼓励我的穆斯林兄弟们在此祈祷。你可以保留你的教堂，我们不会在此修建清真寺。请带我到阿克萨。"

索福劳尼十分疑惑，因为他从未听说过什么是阿克萨。"我想看看大卫清真寺"，奥马接着说道。索福劳尼以为自己听明白了，于是带着奥马来到锡安山上埋葬大卫王的地方。但是奥马并不满意，"我不会在此祈祷"，他说道，"带我去阿克萨，所罗门的清真寺。"

"您是说所罗门的神庙？"索福劳尼问道，"但那个被诅咒的地方已经给推倒了，我们把垃圾倒在那里，以期赢得上天的赞许。"奥马点了点头，于是他们继续骑马来到一堵巨大的石墙面前，这里许多房屋和街巷沿着石墙而建。奥马的手下将堵着石墙大门的垃圾全部挪开，大门打开之后，奥马让索福劳尼先行入内，在散落的乱石之间寻找道路，终于来到了墙内一座空旷的平台之上。奥马从地上抓起一把尘土投向石墙之外，借此将这块地方回归纯净。这时候他看到在平台上厚厚的垃圾中露着一块石头。他向这块石头走去，说道："这就是先知祈祷的地方，也将是我们祈祷的地方"。

奥马和他的幕僚们商量兴建清真寺的地点。幕僚之一卡比·伊宾·阿荷巴（Kaab ibn Ahbar）是皈依伊斯兰教的犹太人，他把自己记得的有关这里犹太人圣殿被毁的故事告诉了奥马，他还提醒奥马说在先知穆罕默德选择麦加作为伊斯兰的第一圣地之前，他曾指示穆斯林在祈祷时朝向耶路撒冷。"如果您把清真寺建在山顶北部，这样祈祷时我们可以既朝向耶路撒冷，又朝向麦加"，他说道。奥马生气了："难道你不是一个真正的穆斯林？我们必须把清真寺建在山顶南部，这样当我们祈祷时，我们只面向麦加。麦加是伊斯兰信徒祈祷时的唯一方向。"

奥马的手下开始在犹太人的圣殿山废墟上修建他们的尊贵圣所，这座清真寺几乎把犹太人的圣殿废墟完全盖住了，只有两处犹太人圣殿的遗迹依然可见，一处是在清真寺镀金圆顶下的石头，另一处就是日渐破落的西墙。这两处遗迹永远都在提醒穆斯林和犹太人：这处圣迹，既属于他们，又不属于他们。

***

公元70年，也就是奥马骑马进入耶路撒冷山顶废墟前的500多年前，罗马皇帝的儿子提图斯（Titus）召集手下将领开会，决定如何处置犹太人的圣殿。罗马人和犹太人的战争已经进行了很长时间，现在快到最后关头了。罗马人占领了巴勒斯坦的大多数地区，现在耶路撒冷也大部分被攻下了，所有的犹太抵抗者都躲进了圣殿山作最后的抗争，绝无投降之意。当时在场的一位罗马将军后来回忆道："一些将领坚持要将犹太抵抗者的最后据点夷为平地。但是提图斯说，虽然犹太人把圣殿山改成了军事要塞，但他的对手是犹太人，不是他们的建筑，更何况他不会把这样一座堪称艺术品的建筑毁掉，这最终会是罗马的损失。如果能保住这座圣殿，那将是罗马帝国的建筑珍品。[1]”

但是事态的发展并没有像提图斯想象的那样，他低估了犹太人对圣殿的感情。罗马军队冲破圣殿山外墙之后，犹太人并没有投降，而是继续反抗，从外邦庭（Court of the Gentiles）撤到妇女庭（Court of the Women）。当罗马军队攻入妇女庭时，犹太人撤到了以色列人庭（Court of Israelites）。当以色列人庭即将失守时，利未部落的犹太人（Levites）退到了神甫庭（Court of the Priests），其他部落的犹太人为了不亵渎本族圣所，宁愿战死也不后退。

当罗马军队终于冲进神甫庭后，他们看到“在祭台附近尸体越堆越高，祭台下的台阶上淌满了鲜血”[2]。仅剩的几个犹太战士爬到了圣殿屋顶，拆下砖瓦向罗马人砸来。被他们遭遇的抵抗激怒，一些罗马士兵不顾提图斯的命令，放火烧毁了犹太圣殿。

当圣殿山陷入一片火海时，提图斯看到周围的犹太人并没有试图将火扑灭，知道犹太人已经放弃抵抗了。提图斯亲自走向圣殿山，他想看一看这座犹太人先是殊死守护，然后宁愿焚毁也不愿意看着它落入敌手的圣殿到底是什么样子。圣殿南边的七臂烛台、北边的祭拜台都还在，但是等到他走到犹太人圣殿面前时，这里就只剩下一片瓦砾了。

***

提图斯把所有的犹太人都关到了圣殿山上，11000人在那里死去，他们不是饿死就是被罗马士兵所杀。能活下来的大部分被送到埃及矿场做工，一些最高大健壮的被押往罗马作为战利品展览。今天你还能在罗马看到他们：在遗址提图斯拱门（Arch of Titus）上，刻着这些犹太的形

---

① Josephus, *The Jewish War*, tr. G.A. Williamson, rev. Mary Smallwood (Penguin 1970), p. 356.

② Josephus, *The Jewish War*, p. 358.

象，他们抬着犹太圣殿内的七臂烛台，送往罗马的朱庇特神庙（Temple of Jupiter the Best and Greatest）。

幸存下来的犹太人四处逃难，散布世界各地。虽然他们的圣殿已毁，但是每年的逾越节（Passover），当犹太人庆祝祖先摆脱奴隶身份、走出埃及时，他们还会相互说："明年在耶路撒冷见！"直到今天他们还会如此相互许诺。

犹太人被迫背井离乡已经许多年了，他们做梦都想着圣殿山。在犹太人的传说中，他们最早的祖先亚伯拉罕（Abraham）遵从上帝的召唤，离开美索不达米亚平原上的伊拉城（Ur）来到迦南（Canaan）。离开了祖先的神庙来到这里之后，亚伯拉罕把自己的儿子伊萨克（Issac）放在一座山顶的一块石头之上，作为献给上帝的祭品。后来，他的孙子雅各（Jacob）外出玩耍，爬上了同一座山顶，躺在了同一块石头之上，亲眼目睹天使们顺着一条梯子从人间爬上天堂。对于犹太人来说，这块石头所在的圣殿山从来都是一块圣地。

然而，虽然犹太人一直向往回归圣地，却认为并不需要建一座神庙或在里面摆上一尊神像。当雅各的后代流放埃及时，曾被迫为埃及人修建神庙，但他们自己却盼望着回到耶路撒冷那座空无一物的圣殿山顶。当年亚伯拉罕听从上帝旨意，把伊拉的神庙抛在身后；后来，当他的后代离开埃及时，也把那些埃及人的神庙抛在身后。他们敬拜的是一个无形永生的神灵，这个神灵不允许犹太人为他塑像[①]。

当犹太人离开埃及，重返以色列时，神灵带领他们穿过沙漠。为了将神灵的箴言带在身边，犹太人建造了一个柜子。柜子放在由两根杆子和皮带做成的担架上，每到晚上，他们放下柜子，在上面支起一个帐篷，神灵会在柜子上休息。天明之后，神灵会再次起身，化作天边的火焰和

① Exodus 20:2–3 (King James version).

烟云，为犹太人指引方向。

历尽艰险险阻之后，以色列人终于回到了圣殿山，回到了这个亚伯拉罕献上儿子作为祭品、雅各目睹天使由人间登上天堂的山顶。这只柜子也终于抵达了旅途的终点，大卫王在柜子面前跳起舞来，他的儿子所罗门则准备在此修建一座圣殿安放这只柜子，他派人去黎巴嫩采集杉木用来搭建屋顶，去示巴（Sheba）采集辣椒做成祭台上的熏香。

如怒云烈火般掠过辽阔沙漠的神灵一向禁止人们为他塑像，然而这一次，他对所罗门修建圣殿一事的态度却不明朗，多少有点儿自相矛盾。他对所罗门说道："关于你打算修建的这座建筑，只要你维护我的法例，执行我的命令，保证你的子民遵从我的戒律，那么我就保佑你们，就跟我曾和你父亲说过的那样，我会与以色列的后代在一起，我不会抛弃以色列人。[①]"

上帝的承诺是有条件的，也许还是一种警告，但是所罗门并没有停下修建圣殿的步伐。以后的以色列国王将圣殿装饰得越来越华美，一个又一个预言家警告他们不要光顾着满足自己的虚荣，提醒他们上帝并不需要丰盛的祭品和浮华的典礼[②]。

400多年过后，圣殿被入侵的巴比伦人洗劫一空，犹太人被流放到巴比伦。他们为失去的圣殿哭泣，誓言永远不会忘记耶路撒冷："如果我忘记了耶路撒冷，那就让我的右手残废；如果我不再记得耶路撒冷，那就让我的舌头裂成两半"[③]。当终于结束流放回到耶路撒冷后，他们重建了圣殿。

这次在废墟上重建的圣殿比过去的简陋得多，于是希律大帝（King Herod the Great）对它加以扩建，要比当年所罗门王修建的圣殿还要大，

---

① 3 Kings 6:12, 13.

② Isaiah 1:12, 13.

③ Psalm 137 (King James version).

还要华美。犹太人担心扩建工程会影响祭祀和典礼，于是希律大帝保证在所有建筑材料都齐全之后才开始扩建，没有影响一天的祈祷。扩建完工之后，犹太人非常自豪，他们说："没有见过耶路撒冷圣殿的人就不知道什么是华美的建筑。"

犹太人的骄傲没能持续多久，圣殿扩建完工没几年，就被提图斯的军队付之一炬。圣殿被毁之后，以色列人说上帝抛弃了他们，因为他们没有维护上帝的法例，执行上帝的命令。上帝是天边的火焰和烟云，他不允许凡夫俗子用任何方式将他物化禁锢。以色列人为无形的上帝建了一个物质的家，但最后他们把这个物质的家当作了崇拜的对象，犹太人的圣殿一开始只是一座建筑，后来却成了一座崇拜的偶像。

***

星期五的傍晚，在耶路撒冷的西墙边，如果你左顾右盼像是一个迷路的游客，也许会有犹太家庭邀请你和他们共进安息日晚餐。在日落前18分钟，餐桌上会点起两支蜡烛，一家之主的父亲会为全家祈福，每个人都会喝一杯赐福红酒，接着全家洗净双手，父亲为放在餐桌上的两片辫子面包赐福，然后全家坐下一起进餐。

这是一个简单的仪式，也是一个古老的仪式，从圣殿建起之时一代又一代地传承下来。实际上圣殿的布局就像是安息日餐桌上的蜡烛、面包和红酒一样。16世纪的拉比伊萨克·德鲁比亚（Isaac de Luria）曾这样写道：

"在南边我放上了神秘的烛台，

在北边我留出地方，

安放桌子，摆上面包。

……

让神灵显现、置身中央，

周围摆上六片面包。

让每个方向，

都能通往天堂般的圣所。[①]”

神灵在每个安息日都会显身，然后飞天而去，直到下一个安息日。与此同时，圣殿山的边界，现在成了一座建筑神像。不管你把它叫做什么：哭墙、“那堵墙”，还是巴拉克墙，西墙的拥有权和考古发掘已经成为一个无解的难题，它所带来的复仇与冲突就像西墙的石块一样沉重坚硬。

如果像《建筑师之梦》中的建筑设计师一样，把所有建筑都看作是恒久不变的，就会得出以上这样的结论。然而，读完本书，你就会意识到，随着时间的流逝，西墙和本书中讲述的所有建筑一样，都曾被野蛮人捣毁，被忠实的信徒复制，被其他信仰的人挪用。西墙的故事被人用希伯来语和拉丁语重述，用阿拉伯语和英语传播，被挖掘、修复，变成了一个旅游景点。在过去的许多世纪中不断地演变，而且还会继续演变下去。

所有这一切，在时间的长河中都不过是弹指一挥间。跟所有的建筑一样，西墙就像是夜间一场神奇的暴风雪，天明之时，便会化成一场盈盈细雨。

① Quoted in Armstrong, Jerusalem, p. 337.

参考文献

引　言

Alexander, Christopher. *The Timeless Way of Building.* Oxford University Press 1979.

Alexander, Christopher, et al. *The Oregon Experiment.* Oxford University Press 1975.

Alexander, Christopher, Ishikawa, Sara and Silverstein, Murray. *A Pattern Language: Towns, Buildings, Construction.* Oxford University Press 1977.

Brand, Stewart. *How Buildings Learn.* Viking 1994.

Brooker, Graeme and Stone, Sally. Rereadings: *Interior Architecture and the Design Principles of Remodeling Existing Buildings.* RIBA Press 2004.

Calasso, Roberto. *The Marriage of Cadmus and Harmony.* Vintage 1994.

Calasso, Roberto. *The Ruins of Kasch.* Vintage 1995.

Dal Co, Francesco, and Mazzarol, Guiseppe. *Carlo Scarpa, Complete Works.* Electa and Architectural Press 1990.

Darnton, Robert. *The Great Cat Massacre and Other Essays. Vintage 1985.*

Darnton, Robert The Great Cat Massacre and Other Episodes in French Cultural History. Allen Lane 1984.

Fawcett, Jane, ed. *The Future of the Past.* Thames and Hudson 1976.

Frampton, Kenneth. *Studies in Tectonic Culture.* MIT Press 1995.

Hollis, Edward. 'Architecture about Architecture: Script and Performance.' Proceedings of the 5th Conference of the European Academy of Design, Barcelona, 2003, http://www.ub.es/5ead/princip5.htm.

Hollis, Edward. 'Constructed Tradition: A Comparative Study of Carlo Scarpa's Castelvecchio and Geoffrey Bawa's garden at Lunuganga.'Paper delivered at the Mind the Map Conference, Istanbul Technical University, 2002.

Hyde, Lewis. *The Gift: How the Creative Spirit Transforms the World.* Canongate 2006 (1st ed. 1979).

Jokkilehto, Jukka. *A History of Architectural Conservation.* Butterworth Heinemann 1999.

Miele, Chris, ed. *William Morris on Architecture.* Sheffield Academic Press 1996.

Milling, Jane and Ley, Graham. *Modern Theories of Performance.* Palgrave 2001.

Murphy, Richard. *Carlo Scarpa and Castelvecchio.* Butterworth Architecture 1990.

Norberg-Shulz, Christian. *Genius Loci: Towards a Phenomenology of Architecture.* Rizzoli 1979.

Perry, Gill, and Cunningham, Colin, eds. *Academies, Museums and Canons of Art.* Yale University Press and the Open University Press 1999.

Rossi, Aldo. *The Architecture of the City,* tr. Diane Ghirardo and Joan Ockman. MIT Press 1982.

Rowe, Colin and Koetter, Fred. *Collage City.* MIT Press 1978.

Ruskin, John. *St Mark's Rest: The History of Venice. 1885.*

Schon, Donald. *The Reflective Practitioner: How Professionals Think in Action.* Basic Books 1983.

Scott, Fred. *On Altering Architecture.* Routledge 2008.

Scott Brown, Denise and Venturi, Robert. *View from the Campidoglio: Selected Essays 1953–1984.* Harper and Row 1984.

Venturi, Robert. *Complexity and Contradiction in Architecture.* MOMA New York andArchitectural Press 1966.

Viollet-le-Duc, Eugene-Emmanuel. *On Restoration,* tr. Charles Wethered. Sampson Low, Marston and Searle 1875.

Woodward, Christopher. *In Ruins.* Chatto and Windus 2001.

第 1 章　雅典之帕提农神庙

Beard, Mary. *The Parthenon.* Harvard University Press 2003.

Cooke, Brian *The Elgin Marbles.* British Museum Publication 1997.

Dontas, George. *The Acropolis and its Museum.* Clion Editions 1979.

Freeman, Charles. *AD 381: Heretics, Pagans, and the Christian State.* Pimlico 2008.

Herodotus. *The Histories,* tr. A. De Sélincourt. Penguin 1954.

Miller, Helen. *Greece through the Ages.* Dent 1972.

Neils, Jenifer, ed. *The Parthenon: From Antiquity to the Present.* Cambridge University Press 2005.

Plutarch. *The Age of Alexander: Nine Greek Lives by Plutarch,* ed. Ian Scott Kilvert. Penguin 1973.

Plutarch. *Greek Lives,* tr. Robin Waterfield. Oxford University Press 1998.

Plutarch. *Livs,* tr:John Dryden. http://clcssics. mit.edu/plutarch.

Routery, Michael. *The First Missionary War. The Church Take over the Roman Empire, Ch. 4* (1997).

http://www.vinland.org/scamp/grove/kreich/chapter4.html.

Thucydides. *The History of the Peloponnesian Wars,* tr. R. Warner. Penguin

1974.

Tomkinson, John. 'Ottoman Athens II.'

http://www.anagnosis.gr/index.php?pageID=218&la=eng.

Wood, Gillen. 'The Strange Case of Lord Elgin's Nose: Or, a Study in the Pathology of Hellenism.' Columbia University, Prometheus Unplugged, http://prometheus.cc.emory.edu/panels/5E/G.Wood.html.

第 2 章　威尼斯之圣马可教堂

Basilica of San Marco, official site, www.basilicasanmarco.it.

Freeman, Charles. The Horses of San Marco. Abacus 2005.

Gibbon, Edward. *Decline and Fall of the Roman Empire.* Wordsworth Publications 1998.

Goy, Richard. *Venice: The City and Its Architecture.* Phaidon 1997.

Grundy, Milton. *Venice Recorded.* Anthony Blond 1971.

Herrin, Judith. Byzantium: *The Surprising Life of a Medieval Empire.* Penguin 2007.

Howard, Deborah. *The Architectural History of Venice.* Yale University Press 1980.

Niketas Choniates. *Historia, tr. Bente Bjornholt.* Corpus Fontium Historiae Byzantinae, vol. XI. De Gruyter 1975.

Norwich, John Julius. *A Short History of Byzantium.* Penguin 1998.

第 3 章　伊斯坦布尔之圣索菲亚大教堂

Constantini Pophyrogeniti Imperatoris de Ceremoniis Byzantini, 2 vols., ed. J. J. Reiske, CSHB (1879), vol. 1, pp. 191—6.

Crowley, Roger. *Constantinople:* The Last Great Siege 1453. Faber 2005.

Herrin, Judith. *Byzantium: The Surprising Life of a Medieval Empire.* Penguin 2007.

Kaehler, Heinz and Mango, Cyril. *Hagia Sophia.* Zwemmer 1967.

Kelly, Lawrence, ed. *A Traveller's Companion to Istanbul.* Constable and Robinson 1987.

Mainstone, Rowland. *Hagia Sophia: Architecture, Structure and Liturgy of Justinian's Great Church.* Thames and Hudson 1988.

Mark, Robert and Çakmak, Ahmet, eds. *Hagia Sophia from the Age of Justinian until the Present.* Cambridge University Press 1992.

Procopius. *De Aedis,* tr. H.B. Dewing (Loob cldssical Library 1940).

Procopius. *The Secret History,* tr. G.A. Williamson. Penguin 1966.

第 4 章　洛雷托之圣母小屋

Coleman, Simon 'Mcanings of Movement, Place and Home at Walsingham'. *Culture and Religion,* vol. I.No.2(November 2000), pp. 153-169.

Corbington, Robert. 'The Wondrous Flitting of the Kerk of Our Lady of Laureto.' Inscription in the Basilica di Santa Casa, Loreto.

Garatt, William. *Loreto: The New Nazareth and its Centenary Jubilee.* Kessinger 2003.

Katherine Maria MICM, Sister. 'The Holy House of Loreto.'

http://www.catholicism.org/loreto-house.html.

Hollis, Christopher and Brownrigg, Ronald. *Holy Places: Jewish, Christian and Muslim Monuments in the Holy Land.* Praeger 1969.

Santarelli, Guiseppe. *Loreto: Its History and Art.* Fotometalgrafica Emiliana 1983.

Phillips, G. *The Holy House.* Loreto Publications 2004.

Pynson, Richard. *Ballade of Walsingham, 1490.*

Roli, Renato. *Sanctuary of Santa Casa, Loreto.* Officine Graphiche Poligrafici il Resto di Carlino 1966.

Shapcote, Emily Mary. *Among the Lilies and Other Tales: With a Sketch of the Holy House of Nazareth and Loreto.* Kessinger 2008, 1st published 1881.

'Shrines of Our Lady – Walsingham.' www.shrinesofourlady.com/_eng/shrines/walsingham.asp.

Vail, Anne. *Shrines of Our Lady in England.* Gracewing 2004.

第 5 章　格洛斯特大教堂

Braun, Mark. *Cathedral Architecture.* Faber 1972.

Duffy, Mark. *Royal Tombs of Medieval England.* Tempus 2003.

Gimpel, Jean. *The Cathedral Builders,* tr. Teresa Waugh. The Cresset Library 1983.

Harvey, John. *The Cathedrals of England and Wales.* Batsford 1950.

Harvey, John. *The Medieval Architect.* Wayland 1972.

Harvey, John. *The Perpendicular Style 1330—1485.* Batsford 1978.

Morgan, Giles. *Freemasonry.* Pocket Essentials 2007.

Pevsner, Nikolaus and Metcalf, Priscilla. *The Cathedrals of England: Midlands, Eastern and Northern England.* Viking 1985.

Saaler, Mary. *Edward II, 1307—1327.* Rubicon Press 1997.

Summerson, John. *Heavenly Mansions and Other Essays on Architecture.* Norton and Co. 1998.

Verey, David and Welander, David. *Gloucester Cathedral.* Alan Sutton 1979.

Weir, Alison. Isabella: *She-Wolf of France, Queen of England.* Jonathan Cape 2005.

Welander, David. *The History, Art and Architecture of Gloucester Cathedral.* Alan Sutton 1991.

Westwood, Jennifer and Simpson, Jacqueline. *The Lore of the Land: A Guide to England's Legends from Spring Heeled Jack to the Witches of Warboys.* Penguin 2005.

第 6 章　格拉纳达之阿尔罕布拉宫

Fletcher, Richard. *Moorish Spain.* Phoenix Press 1994.

Galera Andreu, Pedro, ed. *Carlos V y la Alhambra.* Patronato de la Alhambra 2000.

Goodwin, Godfrey. *Islamic Spain.* Penguin 1990.

Grabar, Oleg. *The Alhambra.* Penguin 1978.

Irvine, Washington. *Tales of the Alhambra.* Editorial Everest 2005.

Irwin, Robert. *The Alhambra.* Profile Books 2005.

Trevelyan, Raleigh. *Shades of the Alhambra.* Folio Society 1984.

第 7 章　里米尼之马拉泰斯塔礼拜堂

Alberti, Leon Battista. *On the Art of Building in Ten Books, tr. Joseph Rykwert,* Neil Leach, and Robert Tavernor. MIT Press 1988.

Bicheno, Hugh. *Vendetta: High Art and Low Cunning at the Birth of the Renaissance.* Weidenfeld and Nicolson 2008.

Borsi, Franco. *Leon Battista Alberti Complete Edition.* Phaidon 1975.

Burckhardt, Jacob. *The Civilization of the Renaissance.* Modern Library 2000.

Grafton, Anthony. *Leon Battista Alberti: Master Builder of the Italian Renaissance.* Penguin 2001.

Hutton, Edward. *The Mastiff of Rimini: Chronicles of the House of Malatesta.*

Methuen 1926.

Jarzombek, Mark. *On Leon Battista Alberti: His Literary and Aesthetic Theories.* MIT Press 1989.

Il Potere, Le Arti, La Guerra: Lo Splendore dei Malatesta. Electa 2001.

Rainey, Laurence. *Ezra Pound and the Monument of Culture: Text, History, and the Malatesta Cantos.* University of Chicago Press 1991.

Tavernor, Robert. *On Alberti and the Art of Building.* Yale 1998.

Wittkower, Rudolf. *Architectural Principles in the Age of Humanism.* John Wiley and Sons 1998.

第 8 章 波茨坦之无忧宫

Bergdoll, Barry. *Karl Friedrich Schinkel: An Architecture for Prussia.* Rizzoli 1994.

Boyd Whyte, Iain. 'Charlottenhof: The Prince, the Gardener, the Architect and the Writer.' *Architectural History,* vol. 43 (2000), pp. 1—23.

Danchev, Alex, and Todman, Daniel, eds. *War Diaries 1939–1945: Field Marshal Lord Alanbrooke.* Weidenfeld and Nicolson 2001.

Dilks, David, ed. *The Diaries of Sir Alexander Cadogan 1938—1945.* Cassell 1971.

Eden, Anthony. *The Reckoning: The Eden Memoirs,* vol. 2. Cassell 1965.

Gilbert, Martin. *Churchill: A Life.* Minerva, 1991.

Glad, Betty, ed. *Psychological Dimensions of War.* Sage publications 1990.

Grisebach, August. *Karl Friedrich Schinkel: Architekt, Staedtebauer, Maler.* Im Insel Verlag 1982.Ist published Leipzig 1921.

Kugler, Franz. *Karl Friedrich Schinkel: Eine Characteristik siner kuenstlerischen Wirksamheit.* Berlin 1842, 1st published in the Hallesche Jahrbuecher

1838.

Mielke, Friedrich. *Potsdamer Baukunst: Das Klässiche Potsdam.* Verlag Ullstein GmbH, Propyläen Verlag 1981.

Mitford, Nancy. *Frederick the Great.* penguin, 1970.

Pliny the Younger. *Letters.* Harvard University Press 1909–14.

Snodin, Michael. *Karl Friedrich Schinkel: A Universal Man.* Yale University Press 1991.

Van der Kiste, John. *Dearest Vicky, Darling Fritz.* Sutton Publishing 2002.

Watkin, David. *German Architecture and the Classical Ideal 1740-1840.* Thames and Hudson 1987.

第 9 章　巴黎圣母院

Bottinau, Yves. *Notre Dame de Paris and the Sainte-Chapelle.* George Allan and Unwin 1967.

Hearn, M.F., ed. *The Architectural Theory of Viollet le Duc: Readings and Commentary.* MIT Press 1990.

Hugo, Victor. *Notre Dame of Paris,* tr. John Sturrock. Penguin 2004.

Jokkilehto, Jukka. *The History of Architectural Conservation.* Butterworth Heinemann 1999.

Midant, Jean Paul. *Viollet le Duc and the French Gothic Revival.* L'Aventurine 2002.

Miele, Chris, ed. *William Morris on Architecture.* Sheffield Academic Press 1996.

Murray, Stephen. 'Notre Dame de Paris and the Appreciation of Gothic,' *The Art Bulletin,* vol. 80, no.2(July 1998).

Pevsner, Nikolaus. *'Ruskin and Viollet le Duc,' Englishness and Frenchness in the Appreciation of Gothic Architecture.* Thames and Hudson 1969.

Temko, Allan. *Notre Dame of Paris.* Secker and Warburg 1956.

Viollet-le-Duc, Eugène-Emrnanuel, and Lassus, Jean-Baptiste. *Project de Restauration de Notre Dame de Paris.* Lacombe 1845.

Viollet-le-Duc, Eugène-Emrnanuel,. *Entretiens sur Architecture,* complete ed. P.ierre Mardaga *1977.*

第 10 章　曼彻斯特之休姆新月楼群

Department of the Environment. *Hulme Study Stage One: Initial Action Plan.* HMSO 1990.

Conrad, peter *Modern Times, Modern Places: Life and Art in the Twentieth Century.* Thames and Hudson 1999.

ExHulme: www.exhulme.co.uk.

Glendinning, Miles, and Muthesius, Stephan. *Tower Block: Modern Public Housing in England, Scotland, Wales and Northern Ireland.* Yale University Press 1994.

Hulme Regeneration Limited. *Rebuilding the City: A Guide to Development in Hulme,* June 1994.

Hulme Views Project. *Hulme Views: Self Portraits.* Hulme Views Project 1990.

Le Corbusier. *The Athens Charter.* Grossman 1973.Ist Published 1943.

Le Corbusier. *Towards a New Architecture,* tr. Fre derick Etchells. Architectural Press 1991. Ist publisbed 1923.

Le Corbusier. *The Radiant City: Elements of a Doctrine of Urbanism to be Used as the Basis of our Machine-Age Civilization (*tr. of *La Ville Radieuse).* Orion Press 1967.

Makepeace, Chris. *Looking Back at Hulme, Moss Side, Chorlton on Medlock and Ardwick.* Willow Publishing 1995.

Manchester Corporation Housing Department. *A New Community: The Redevelopment of Hulme. 1966.*

Manchester Housing Workshop. *Hulme Crescents: Council Housing Chaos in the 1970s.* Moss Side Community Press Women's Co-op 1980.

Marinetti,Filippo *The Founding and Manifesto of Futurism, 1909.* http://www.cscs.umich.edu/~crshalizi/T4PM/futurist-manifesto.html.

Ramwell, Rob, and Saltburn, Hilary. *Trick or Treat? City Challenge and the Regeneration of Hulme.* North British Housing Association and the Guinness Trust 1998.

Reynolds, Simon. *Rip it Up and Start Again: Postpunk 1978—1984.* Faber 2005.

Wilson, Anthony. *24 Hour Party People.* Channel 4 Books 2002.

Wilson, Hugh, and Womersley, Lewis. *Hulme 5 Redevelopment: Report on Design.* City of Manchester, October 1965.

第 11 章　柏林墙

Beevor, Anthony. *Berlin: The Downfall 1945.* Penguin 2002.

'The Berlin Wall: The Best and Sexiest Wall Ever Existed!!'

http://berlin-wall.org/.

Bernauerstraße Wall Museum. http://www.berlinermauerdokumentationszentrum.de/eng/index_dokz.html.

Buckley, William. *The Fall of the Berlin Wall.* Wiley 2004.

Calvin University German Propaganda Archive. http://www.calvin.edu/academic/cas/gpa/wall.htm.

City Guide to the Wall. http://www.stadtentwicklung.berlin.de/bauen/wanderungen/en/strecke4.shtml.

East Side Gallery. http://www.eastsidegallery.com.

Funder, Anna. *Stasiland: True Stories from Behind the Berlin Wall.* Granta 2003.

The Günther Schabowski Conference.

http://www.coldwarfiles.org/files/Documents/1989-1109_press%20conference.pdf.

Hensel, Jana. *After the Wall: Confessions of an East German Childhood and the Life that Came Next.* Public Affairs 2008.

Katona, Marianna. *Tales from the* Berlin Wall. Books on Demand GmbH 2004.

Ladd, Bryan. *Ghosts of Berlin: Confronting German History in the Urban Landscape.* University of Chicago Press 1998.

Petschull, Jürgen. *Die Mauer, von Anfang und vom Ende eines deutschen Bauwerks.* Stern Bücher 1990.

Schneider, Peter. *The Wall Jumper: A Berlin Story.* University of Chicago Press 1998.

Taylor, Frederick. *The Berlin Wall, 13 August 1961–9* November 1989. Bloomsbury 2006.

第 12 章　拉斯韦加斯之威尼斯

Bruck, Connie. 'The Brass Ring: A Multibillionaire's Relentless Quest for Global Influence,' *The New Yorker,* 30 June 2008.

http://www.newyorker.com/reporting/2008/06/30/080630fa_fact_bruck?currentPage=all.

Calvino, Italo. *Invisible Cities.* Harcourt Brace 1974.

Debord, Guy. *The Society of the Spectacle, tr. Ken Knabb. Rebel Press* 2006.

Earley, Pete. *Super Casino inside the 'New' Las Vegas.* Bantam Books 2000.

Komroff, Manuel, ed. *The Travels of Marco Polo.* Liverlight 2003.

Koolhaas, Rem. *Delirious New York.* Monacelli Press 1994.

'Las Vegas Strip Historical Site.' http://www.lvstriphistory.com/ie/sands66.htm.

Moore, Rowan. *Vertigo: The Strange New World of the Contemporary City.* Laurence King 1999.

'Protests Against More Venice Hotels: Residents Group Fight Proposed New Law.' *Wanderlust Magazine 17* (April 2004).

http://www.wanderlust.co.uk/article.php?page_id=1112.

Ruskin, John. *The Stones of Venice,* ed. Jan Morris. Faber 1981.

Sehlinger, Bob. *The Unofficial Guide to Las Vegas.* John Wiley and Sons 2008.

Sorkin, Michael, ed. *Variations on a Theme Park: The New American City and the End of Public Space.* Hill and Wang 1992.

Venetian Macao Brochure. http://www.venetianmacao.com/uploads/media//download/brochures_english.pdf.

'Venice in Numbers.' http://www.myvenice.org/The-new-populations.html.

Venturi, Robert, and Scott Brown, Denise. *Learning from Las Vegas.* MIT Press 1972.

Wimberly Allison Tong and Goo. *Designing the World's Best Resorts.* Images Publishing 2001.

Wynn interview with *Newsweek* 2006. http://www.podcastdirectory.com/podshows/1360547.

第 13 章 耶路撒冷之哭墙

Abu El-Haj, Nadia. *Facts on the Ground: Archaeological Practice and Territorial Self Fashioning in Israeli Society.* University of Chicago Press 2001.

Amico, Fra Bernardino. *Plans of the Sacred Edifices of the Holy Land.* Franciscan Printing Press 1997.

Armstrong, Karen. *Jerusalem: One City, Three Faiths.* Ballantine 1996.

Biesenbach, Klaus, ed. *Territories: Islands, Camps, and Other States of Utopia.* KW Institute for Contemporary Art 2003.

The Gaza Strip: One Big Prison. B'Tselem: The Israeli Information Center for Human Rights in the Occupied Territories 2005.

Gilbert, Martin. *Jerusalem in the Twentieth Century.* Pimlico 1996.

Goldhill, Simon. *Jerusalem, City of Longing.* Belknap Press 2008.

Jerusalem: Injustice in the Holy City. B'Tselem: The Israeli Information Center for Human Rights in the Occupied Territories 1999.

Josephus. *The Jewish War,* tr. G.A. Williamson and Mary Smallwood. Penguin 1970.

Kohn, Michael et al. *Israel and the Occupied Territories.* Lonely Planet 2008.

Kroyanker, David. *Jerusalem Architecture Periods and Styles: The Jewish Quarters and Public Buildings Outside the Old City Walls 1860–1914.* Domino Press 1983.

Safdie, Moshe. *The Harvard Jerusalem Studio: Urban Designs for the Holy City.* MIT Press 1986.

A Wall in Jerusalem: Obstacles to Human Rights in the Holy City. B'tselem: The Israeli Information Center for Human Rights in the Occupied Territories 2006.

Weizman, Eyal. *Hollow Land: Israel's Architecture of Occupation,* Verso 2007.

Williams, Jay. 'The Life and Times of Edward Robinson.' http://www.bibleinterp.com/articles/robinson.shtml.

图片来源

引 言

The Architects. Dream Thomas Cole, 1838.

第 1 章

The destruction of the Grand Mosque of Athens.

G.MK Verneda, in F. Fanelli, *Atina Attica, 1707.*

Mary Evans Picture library.

第 2 章

A staging post for four horses. Engraved by Onofrio Panvinio, *De Ludi Circensibus,* Venice, 1600 ,with creative commons license, at flickr: http://www.flickr.com/photos/bibliodyssey/3442538337/sizes/o/.

第 3 章

A Roman building seen through Muslim eyes.

Seyyid Loktun, Şehame-I Selim Han, MS T.K.S.A. 3595, fol. 156r, p. 214.

Reproduced by permission of the Topkapi Palace Library.

第 4 章

The Holy House of Loreto Carried by Angels.

Mary Evans Picture Library/Interfoto Agentur.

第 5 章

The germ of a cathedral.

Engraving (b/w photo) by Hubert Gravelot (1699-1773). Private Collection/ Bridgeman Art Library. Nationality / copyright status: French / out of copyright.

第 6 章

A contract of architectural marriage.

Biblioteca del Palacio Real, Madrid. Caja IX m 242 no.F2(1) (detail).

Reproduced by Permission of the Patrimonio Nacional, Spain.

第 7 章

The emblem of a great man.

National Gallery of Art, Washington, D.C.

第 8 章

Classical Ruins.

Engraving by Johann Friedrich Schleuen, c. 1775.

Wikimedia Commons: http://de.wikipedia.org/w/index.php?title=Datei:Ruinenberg.jpg&filetimestamp=20061117165653.

第 9 章

A Nineteenth-century fiction.

Frontispiece of 'Notre Dame de Paris' (1831) by Victor Hugo (1802-85), engraved by Auguste Franc, ois Garnier, 1844 (engraving) (b/w photo) by Franc, ois Joseph Aime de Lemud (1817-87) (after). Private Collection/ Archives Charmet/ Bridgeman Art Library. Nationality / copyright status: French / out of copyright.

第 10 章

Remember Tomorrow.

Reproduced by permissions of Joshua Bolchover and Shumon Basar (Newbetter).

第 11 章

History for Sale.

Photo by Berlin, Germcny.© H.P. Stiebing/ The Bridgeman Art Library.

第 12 章

Venice to Macao.

Reproduced by permission of Galleria Ravagnan, Venice.

第 13 章

The architecture of failed diplomacy.

Reproduced by permission of Eyal Weizman.

译后记

2010年爱丁堡图书节上，本书作者爱德华·霍利斯向听众展示了一张照片。照片从爱丁堡市中心王子大街中段北侧向南拍摄，前景是苏格兰国家美术馆大楼，一座长方形的新古典主义风格大楼，楼前部由一排粗大的爱奥尼亚式立柱撑起，在稍远处的山坡上，是爱丁堡大学“新学院”（New College）的两座哥特式塔楼。看着这两座不同风格的建筑，游客们很容易想象它们建于不同时期，因为新古典主义兴起于18世纪，而哥特式却盛行于13世纪。但实际上，这两座建筑的设计师是同一人，19世纪英国著名建筑设计师威廉·亨利·普莱费尔（William Henry Playfair），两座建筑建成的时间相差不过十几年。

霍利斯展示这张照片的目的，是为了说明不能单凭外表判断建筑的“新”与“旧”，其实每座建筑都有自己的故事，而《建筑的前世今生》就是在讲述这些故事。写建筑历史的书籍已经有很多，霍利斯却独辟蹊径，认为书中每一座建筑完工的那一天，才是生命真正的开始。也许每个建筑设计师都幻想自己设计的建筑能恒久不变，永远保持着建成时的面貌，但实际上，随着时光的流逝、环境的改变，每座建筑都可能有一段曲折的生命轨迹：改建、扩建、拆除、重建、修复，建筑外形因此面目全非、建筑功能随之改变，许多年以后，真的可能有一种前世今生的沧桑。

作者选择的13座建筑或地标中，有10座属于古代建筑。这些建筑今天依然存在，但是与当初设计者的初衷已经完全不同。希腊雅典的帕提农神庙（Parthenon），最初是为希腊神话中的女神雅典娜而建，在随后数千年的历史中，根据征服者的意志曾被改成基督教堂、伊斯兰清真寺，又几乎被炮火摧毁，再后来所有的添加部分都被拆除，外墙上的大理石雕被巧取豪夺，如今繁华散尽，仅有少部分建筑结构残留下来。土耳其伊斯坦布尔的圣索菲亚（Ayasofya），最初是东罗马皇帝在希腊教堂的原址上所建的一座东正教教堂，拜占庭帝国陷落之后，在奥斯曼帝国手中变成了一座清真寺，到了20世纪，在坚持世俗主义的土耳其“国父”阿塔土克（Ataturk）的命令下，又变成了一座博物馆。英国格洛斯特大教堂（Gloucester Cathedral）的生命历程似乎没有那么跌宕起伏，其改造过程是渐进式的，每次改造工程都从上次改建中获得灵感，用作者的话说，是一部“进化”的历史。而巴黎圣母院的修复，似乎跟格洛斯特大教堂的“进化”史恰恰相反。1863年，当两位建筑师主持修复工程时，面临的是一座经过多次改建的教堂，那么应该修复成哪个年代的巴黎圣母院，才算是“恢复原貌”呢？

书中的其他古代建筑都各有自己独特的生命轨迹，从威尼斯的圣马可广场、洛雷托的圣母小屋、格拉纳达的阿尔罕布拉宫、里米尼的著名神庙，到波茨坦的无忧宫，既有精彩也有悲哀。而耶路撒冷的西墙，汇集了种族、宗教、文化的纠葛，在几千年后的今天，依然是高度敏感的地标。

作者选择的三座现代地标：曼彻斯特的休姆新月楼群、柏林墙以及拉斯韦加斯的威尼斯人酒店，拥有的是更为奇特的生命历程，反映出当代人对建筑在社会环境中地位的理解。今天休姆新月楼群已不复存在，柏林墙在被推倒之后又被收藏甚至重建，而拉斯韦加斯版的威尼斯却似乎充满了生命，甚至在世界各地都被不断拷贝。作者在2010年爱丁堡图书节的讲座中表示，不愿意看到城市成为只供游客观光的博物馆。与本地居民因“住不起”而纷纷迁离的正版威尼斯相比，他觉得那些开着空调、提供各种快餐娱乐的拉斯韦加斯版“威尼斯”反而更加具有生命力。

本书是一部另类的建筑历史作品，作者刻意采用诗化的笔调，在叙事中揉入了神话传说、宗教故事、诗歌等等，让文字更为生动传神，对翻译来说则是一种挑战。我们在翻译过程中，经常不得不停下来仔细讨论推敲，希望尽量做到在保证故事连贯性的同时，保持原文的韵与美。

《建筑的前世今生》是一部优秀的作品，希望读者能像我们享受翻译的过程一样，享受阅读的乐趣。

吕　品　朱　珠

2013年于爱丁堡